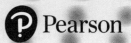

GO语言编程指南

[美] 马克·贝茨（Mark Bates） 科瑞·拉诺（Cory LaNou）◎著

白明 刘瑞强 于昊 郭宇◎译

人民邮电出版社

北京

图书在版编目（CIP）数据

　　Go语言编程指南 /（美）马克·贝茨（Mark Bates）
著；（美）科瑞·拉诺（Cory LaNou）著；　白明等译
. -- 北京：人民邮电出版社，2024.6
　　ISBN 978-7-115-63621-8

　　Ⅰ．①G… Ⅱ．①马… ②科… ③白… Ⅲ．①程序语
言－程序设计－指南 Ⅳ．①TP312-62

　　中国国家版本馆CIP数据核字(2024)第021108号

版权声明

◆ 著　　[美]马克·贝茨（Mark Bates）
　　　　　科瑞·拉诺（Cory LaNou）
　　译　　白　明　刘瑞强　于　昊　郭　宇
　　责任编辑　杨绣国
　　责任印制　王　郁　焦志炜
◆ 人民邮电出版社出版发行　　北京市丰台区成寿寺路 11 号
　　邮编　100164　　电子邮件　315@ptpress.com.cn
　　网址　https://www.ptpress.com.cn
　　北京市艺辉印刷有限公司印刷
◆ 开本：800×1000　1/16
　　印张：29.5　　　　　　　2024 年 6 月第 1 版
　　字数：628 千字　　　　　2024 年 6 月北京第 1 次印刷
　　著作权合同登记号　图字：01-2023-1916 号

定价：119.80 元
读者服务热线：(010) 81055410　印装质量热线：(010) 81055316
反盗版热线：(010) 81055315
广告经营许可证：京东市监广登字 20170147 号

内容提要

本书涵盖了 Go 语言的基础语法、核心概念、惯用法和高级特性，并提供了丰富的代码示例，旨在帮助开发人员快速上手 Go 语言编程。

本书首先介绍了 Go 语言如何管理包、模块和依赖，帮助读者建立良好的项目结构。接着介绍了字符串、变量和常量等基础知识。随后详细介绍了 Go 语言中的复合类型，如数组、切片、map、控制结构、函数、结构体、方法和指针等的正确使用方法。之后传授了编写高质量测试代码的方法，并介绍了 Go 语言的接口和最新的泛型功能及其使用方法。并发编程是 Go 语言的重要特性，本书最后专门介绍了如何利用并发提升代码性能，并详细讲解了通道、Context 及其他高级同步原语的使用方法。

本书根据作者的 Gopher Guides 培训课程编写，适合 Go 语言初学者和具备其他编程语言知识的开发人员学习和参考，也可作为高等院校相关专业的教学参考书。

译者序

你手中的这本《Go 语言编程指南》是我们东软睿驰车联网先行产品团队历时半年翻译的成果。Go 语言凭借其简洁高效的优势，已经成为我们的主要开发语言。我们使用 Go 语言开发的车联网中间件产品已经在多家主机厂的量产项目中落地。为了使更多中文读者能够掌握 Go 语言开发的精髓，我们决定翻译这本著名的 Go 语言入门教程。

作者马克·贝茨（Mark Bates）和科瑞·拉诺（Cory LaNou）在 Go 社区非常活跃，他们编写的 Gopher® Guides 系列培训教程深受广大 Gopher 欢迎。本书汇集了他们多年的实战经验，涵盖了 Go 语言基础的各个方面。

我们的翻译过程力求严谨，每一章都经过多轮校对，力求传递作者的思想精髓。同时，我们也修正了原文中一些描述不准确的概念，以帮助读者更准确地理解 Go 语言的设计思想。我们的具体分工如下：白明负责第 1～3 章的翻译以及全书的校对，刘瑞强负责第 4、8、11、13 章的翻译，于昊负责第 7、10、12、14 章的翻译，郭宇负责第 5、6、9 章以及本书其余内容的翻译。在这个过程中，我们受益匪浅，不仅翻译技能得到了提高，Go 语言水平也有了长足进步。这是一次难得的团队协作与成长过程。

在此，我们衷心感谢人民邮电出版社编辑杨绣国的悉心指导，没有她的精心组织，这部译作也不会呈现在读者面前。同时，我们也对马克·贝茨和科瑞·拉诺表达崇高的敬意，感谢他们创作了这部优秀的入门教材。我们会继续努力，为中国的 Go 语言社区贡献更多优质的翻译和原创内容。最后，感谢你选择本书，让 Go 语言的魅力在中国继续传播。因团队能力有限，翻译可能存在不当之处，恳请读者批评指正。

东软睿驰车联网先行产品团队

2024 年 4 月于沈阳

---

⑧ Gopher 是对 Go 社区成员的统一称呼。——译者注

推荐序

能为本书作序，我既兴奋，又很荣幸，甚至有点受宠若惊。

我认识马克和科瑞已有十多年了，现在 Go 语言项目的发展已经超越了我们的 1.0 愿景，我很希望有人能写一本优秀的图书来介绍 Go 语言最新的技术和发展。我对自己有机会深度参与 Go 语言项目和加入 Go 语言社区感到非常荣幸。十多年前，我在 Hugo、Viper、Cobra 敲入了最初的几行代码，现在这些项目都在以不可思议的速度快速发展。能够与我的伙伴拉斯·考克斯（Russ Cox）和萨米尔·阿杰马尼（Sameer Ajmani）一起领导 Go 语言项目，并与 Google 的 Go 语言团队和整个 Go 语言社区的杰出程序员一起工作，是我一生中最荣幸的事情。

我和马克在第一届 Gotham Go 大会上因同为演讲嘉宾而相识，我很快就被他吸引了，他在台上的表现实在太耀眼了。同年，GopherCon 大会的组委会让我主持闪电演讲项目，并告诉我已经为我找到了完美搭档。估计你也猜到了，那个人就是马克。与马克熟悉之后，我了解到生活中的马克和舞台上一样，都很出色。他是一个忠诚的朋友，愿意为 Go 语言社区做任何事，他的幽默与胆量是无限的……或者说是不可限量的……过去十年，马克和我一起上台多次，一起做过许多项目，马克在做事时，总是会倾注所有热情。他是一个非常棒的朋友，很感谢与马克的这些共同经历。

我是在第二届 GopherCon 大会上遇到科瑞的，一见面我就被他深深吸引了。科瑞天生是一位老师，他极具魅力且善解人意。他非常关心 Go 语言社区，想要确保社区所有人都会使用 Go 语言，尤其是新人。我与他合作举行过各种社区活动，他在 Go 语言方面的深厚底蕴和丰富的学习经验让我印象深刻。

马克和科瑞作为 Gopher Guides 的顶尖培训讲师，他们已经合作多年。他们共同为客户制定了出色的培训计划，这些客户包括世界 500 强中的许多知名品牌。他们在 Go 语言教学方面有着深厚的专业知识，并且擅长以同理心理解学员的需求。这些专长都是经过数千小时的课堂教学积累而成。他们合作无间，为 Go 语言的第二阶段（即带有模块和泛型的阶段）学习编写了 *The Go Book* 一书。

本书基于马克和科瑞在 Go 领域与 Go 语言社区的多年经验创作而成，采用最基础的学习方法来引导和帮助程序员成为 Gopher。本书还利用了他们编写 Go 库和应用程序的实践经验，向读者提供实用的解决方案和简明的解释。

本书会像老朋友一样指导你，告诉你处理问题的技术方法，同时也会传达编码规范和惯用方法。本书回答了大多数书里都没有提到的问题，这些问题在马克和科瑞的课堂上多次被学生提出。通过阅读和应用本书的内容，你将从一个普通程序员逐渐成长为一个编写 Go 代码的程序员，最终成为一名 Gopher（Go 语言社区的成员）。

我为你即将踏上阅读本书的旅程而感到兴奋。我相信，通过本书，你会感受到同样的兴奋与共鸣，就像我与马克和科瑞在所有冒险中所共同经历的那样。我希望在你学习 Go 语言时，能像我十年前第一次发现 Go 语言时那样再次爱上编程。

——史蒂夫·弗朗西亚（Steve Francia）

@spf13

前言

多年来，我们有幸培训了数千名 Go 语言开发人员，这对我们来说是难得的经历。能够促进其他开发人员成长与进步，对也是开发人员的我们而言是莫大的荣誉。这本书是我们经验的总结。

我们俩加起来有将近半个世纪的经验，我们都喜欢 Go 语言。Go 语言是一种快速、高效且相当简单的语言。我们都认为 Go 是非常棒的入门语言。

与我们之前使用的语言不同，Go 语言中没有太多的"魔法"。开发人员很少会对某个函数或者类型的来源感到困惑。尽管 Go 语言确实提供了一些工具，如 reflect 包，但这些工具并不常用。基于这种设计理念，社区普遍的共识是优先使用标准库而非第三方库。这一共识源自之前在其他语言中因过度依赖而带来各种问题的经验。此外，早期的 Go 语言中没有包管理功能，因此管理依赖是一个挑战。

Go 语言之所以如此受欢迎，其编译器功不可没。Go 语言的发展也得益于其编译速度够快。对开发者来说，更快的编译速度意味着更短的反馈周期。大型的 Go 应用程序总是能在几秒钟之内完成编译。而当使用 go run 编译和执行小型的 Go 应用程序时，其速度之快甚至堪比脚本语言。这种快速的编译和执行速度也同样适用于测试。对于 Go 语言开发人员来说，每次保存文件时运行整个测试套件并不罕见，但在其他语言中并不常见。

Go 语言编译器、Go 语言的类型系统及其快速的编译速度可以迅速捕捉到许多常见的错误，这对 Go 语言开发人员来说是一个巨大的优势。这些特性可以使开发人员更加关注业务逻辑的开发，而不必担心犯下低级错误，例如使用未定义的变量或忘记在循环中使用 range 关键字。

就像在清单 P.1 中那样，我们可以很快在输出中看到编译器捕捉到的错误。

清单 P.1　Go 编译器可快速提供反馈

```
package main

import (
    "fmt"
    "os"
    "os/exec"
    "time"
)

func main() {
    letters := []string{"a", "b", "c"}
```

```
    for _, l := letters {
        fmt.Println(l)
    }
}
```

```
$ go run .

# demo
./main.go:13:11: syntax error: cannot use _, l := letters as value
```

```
Duration: 64.341084ms
Go Version: go1.19
```

我们将在第 3 章讨论更多关于循环的内容，也会在后面进一步讨论 Go 编译器和运行时的原理。

最后，Go 语言有着出色的并发能力。Go 语言从一开始就考虑了并发性，这意味着程序员不需要担心线程、创建进程或者其他类似的问题，就可以轻松写出并发代码。

在清单 P.2 中，我们使用 goroutine、通道和同步类型（例如 sync.WaitGroup）来创建一个能够正确处理并发的应用程序。

清单 P.2　Go 的并发处理

```
func main() {
    //创建 int 类型的通道
    ch := make(chan int)
    // 创建等待组来跟踪 goroutine
    var wg sync.WaitGroup

    // 创建一些 goroutine 来监听通道上的消息
    for i := 0; i < 4; i++ {

        // 增加 WaitGroup 的计数
        wg.Add(1)

        // 创建一个 goroutine 调用 sayHello 函数
        go func(id int) {

            // 调用 sayHello 函数
            sayHello(id, ch)

            // 当 sayHello 函数退出时，减少 WaitGroup 的计数
            wg.Done()
        }(i + 1)
    }

    // 在通道上发送消息
    for i := 0; i < 10; i++ {
```

```
        ch <- i
    }

    // 关闭通道，以通知 goroutine 退出
    close(ch)

    // 等待所有的 goroutine 完成
    wg.Wait()
}

func sayHello(id int, ch chan int) {

    // 监听通道上的消息，当通道关闭时，退出循环
    for i := range ch {

        fmt.Printf("Hello %d from goroutine %d\n", i, id)

        // 模拟长时间运行的任务
        sleep()
    }
}
```

```
$ go run .

Hello 2 from goroutine 4
Hello 1 from goroutine 2
Hello 3 from goroutine 3
Hello 0 from goroutine 1
Hello 4 from goroutine 1
Hello 5 from goroutine 2
Hello 6 from goroutine 1
Hello 7 from goroutine 1
Hello 8 from goroutine 4
Hello 9 from goroutine 3
```

```
Go Version: go1.19
```

你可以在第 11、12、13 章中接触到更多关于 Go 并发模型的内容。

如何阅读本书

本书需要读者从头至尾阅读，本书的每一章和每个例子都是循序渐进的。部分有 Go 语言开发经验的读者可能想直接跳到后面的章节，但我们还是建议按章节顺序读完整本书。

我们保证每个章节和示例都不包含任何在此之前没提到过的内容。例如，我们在第 9 章介绍了 Go 语言中的错误（error），要想理解错误是如何工作的，先要学习第 8 章中的接口。有时候我们也会尽力解释概念，或者指出哪章对它进行了解释。

关于样例

如上所述，我们花费了大量时间来设计本书和我们的培训材料中的示例，以使其尽可能地清晰、简洁，并确保所有的代码、输出和文档都是准确无误的。

为做到这一点，我们使用了专门的设计系统，以确保每个代码片段都来自真实的文件，每个命令都被执行过，每个输出都是精确的，每个文档都是最新的。

例如，清单 P.3 列出了其中一个文档的内容。

清单 P.3   有关如何写本书的样例

```
###命令和文档

在<ref>exit</ref>中，我们可以看到一小段代码。
它会在 src/bad 文件夹内执行 go run.命令。这个命令结束时预计会返回退出码 1。该命令的输出将被自动收集并插入当
前文档中。

<figure id="exit" type="listing">
<code src="module.md#exit" esc></code>
<figcaption>处理非成功退出码</figcaption>
</figure>

在<ref>panic</ref>中，可以看到程序运行失败的输出。请注意，在输出结果的顶部可以看到执行的命令是
$ go run.。在底部我们可以看到该程序使用的 Go 语言版本是 1.19。

<figure id="panic">
<go src="src/bad" run="." exit="1"></go>
<figcaption>程序运行失败的输出</figcaption>
</figure>

虽然本书是基于 Go 1.18 版本编写的，但本书所有示例和文档都在 Go 1.19 版本上运行过。
在<ref>appendf.doc</ref>中，我们可以看到一个插入文档的示例。在这个例子中，我们插入的是 Go 1.19 新函数
fmt.Appendf 的文档。就像<ref>panic</ref>中命令的输出一样，获取文档和 Go 版本的命令在输出结果底部显示。

<figure id="appendf.doc">
<go doc="fmt.Appendf"></go>
<figcaption>'fmt.Appendf'函数文档</figcaption>
</figure>
```

清单 P.3 的输出内容在下一节。

命令和文档

清单 P.4 展示了一个代码片段。

该代码片段在 src/bad 目录下执行命令 go run .，期望的退出码为 1。命令的输出被自动捕获并插入文档中。

清单 P.4   处理非成功退出代码

```
<go src="src/bad" run="." exit="1"></go>
```

清单 P.5 展示了程序运行失败的输出。其中输出的第一行代码展示了命令 go run.的运行情况，输出的最后一行展示了程序运行的版本是 Go 1.19。

清单 P.5　程序运行失败的输出

```
$ go run .

panic: Hello, World!

goroutine 1 [running]:
main.main()
        ./main.go:5 +0x2c
exit status 2
```
Go Version: go1.19

虽然本书是使用 Go 1.18 版本编写的，但本书所有示例和文档都在 Go 1.19 版本上运行过。

清单 P.6 展示的是在文档中插入 Go 1.19 新增的 fmt.Appendf 函数的文档。就像清单 P.5 中命令的输出一样，用来获取文档的命令 go doc fmt.Appendf 展示在第一行，Go 语言的版本号展示在最后一行。

清单 P.6　fmt.Appendf 函数的文档

```
$ go doc fmt.Appendf
// 以下为执行 go doc 命令后输出的 API 手册内容①

package fmt // import "fmt"

func Appendf(b []byte, format string, a ...any) []byte
    Appendf formats according to a format specifier, appends the result to the
    ➥byte slice, and returns the updated slice.
```
Go Version: go1.19

小结

本书系统讲述了 Go 语言基础知识，其中包含概念、类型、包、规范和其他特性。

Go 语言的生态系统跟社区都很庞大和复杂，且充满活力。由于篇幅所限，我们无法在书中涵盖更多内容。

我们的目标是在本书结束时，能够帮助读者成为一个熟悉 Go 语言的开发人员，让读者不仅可以自信地使用 Go 语言，还能写出更规范的 Go 代码和测试，并最终成为优秀的社区成员。

亲爱的读者，感谢你们的支持，非常荣幸可以将本书和我们的知识分享给你们。我们都爱 Go 语言，希望你们也如此。

——马克·贝茨和科瑞·拉诺
2022 年 8 月

---

① 本书中执行 go doc 命令后输出的 API 手册内容均未翻译。——译者注

致谢

写书是一件非常难的事，无论是自己出版还是与像 Addison-Wesley 这样的出版商合作。编写正确的样例代码、重构代码等都需要很长时间，这些事情通常会导致自行出书的作者无法坚持下去。然而，与出版商合作的话，这还只是一个新阶段的开始。

在完成书稿并提交之后，相关工作人员就会接手，尽力让书变得更好。行业专家负责审核代码和内容的正确性，文字编辑会仔细研究语法、错别字、标点和风格上的问题，排版和印刷人员负责书籍的最终交付。正如谚语所说："众人拾柴火焰高。"

Gopher Guides 要感谢编辑金·斯彭斯利（Kim Spenceley）和管理编辑黛布拉·威廉姆斯-考利（Debra Williams-Cauley），他们从始至终给予我们无可比拟的支持。他们的乐观和热情激励我们前行。如果没有金和黛布拉，就不会有这本书。非常感谢他们。

除了金和黛布拉，Gopher Guides 还要感谢在这本书变为现实的过程中提供帮助的 Addison-Wesley 的工作人员。

文字编辑和项目经理：夏洛特·库根（Charlotte Kughen）

出版经理：桑德拉·施罗德（Sandra Schroeder）

出版编辑：朱莉·纳希尔（Julie Nahil）

封面设计：楚蒂·普拉瑟思（Chuti Prasertsith）

开发编辑：克里斯·赞（Chris Zahn）

校对员：莎拉·基恩斯（Sarah Kearns）

Addison-Wesley 的其他工作人员

多年来，Go 语言社区为 Gopher Guides 提供了巨大支持。感谢 Go 语言团队的辛勤付出，创造了如此让人喜爱的语言。感谢所有多年来致力于 Go 语言项目的人。再次应了那句话："众人拾柴火焰高。"

Gopher Guides 还要特别感谢以下给予我们帮助的 Go 语言社区成员。

史蒂夫·弗朗西亚（Steve Francia）

罗恩·埃文斯（Ron Evans）

阿什莉·威利斯（麦克纳马拉）（Ashley Willis(McNamara)）（设计了 Gopher Guides 徽标）

比尔·肯尼迪（Bill Kennedy）

布莱恩·凯特尔森（Brian Ketelsen）

马特·赖尔（Mat Ryer）

布莱恩·莱尔斯（Bryan Liles）

卡门·安道（Carmen Andoh）

本・约翰逊（Ben Johnson）

约翰尼・布尔西科特（Johnny Boursiquot）

戴夫・陈尼（Dave Cheney）

蒂姆・雷蒙德（Tim Raymond）

马特・艾蒙内蒂（Matt Aimonetti）

东尼奥・帕加诺（Antonio Pagano）

弗朗西斯科・坎普伊（Francesc Campoy）

蕾妮・弗伦奇（Renee French）（创建了 Gopher 徽标）

来自马克・贝茨

除了感谢上述人员，我还想表达我个人的谢意。

首先，感谢我的合伙人跟朋友科瑞・拉诺。我跟科瑞相识是在社区，但我们真正相互了解并成为好朋友是在印度班加罗尔和阿拉伯联合酋长国迪拜参加 GopherCon 大会的旅行过程中。我们都在此会议上做了演讲，会议很成功，但真正拉近我们关系的是我们一起开发课程做培训。我们还一起骑骆驼、驾驶沙漠越野车去了沙漠绿洲，那是很棒的经历。

大约一年后，2017 年科瑞和我想要成立一家帮助人们学习 Go 语言的公司，于是 Gopher Guides 诞生了。我从来没有在任何其他地方工作超过两年半的时间。在我写本书的时候，Gopher Guides 已经运营了五年多。这是我工作时间最长的一次，超过了之前任何一份工作的两倍。原因很简单：科瑞・拉诺是一个出色的伙伴和一个伟大的朋友。在和科瑞一起工作之前，我在其他公司从未感受到如此强烈的支持和理解。

科瑞，感谢你的耐心、理解和支持。我为我们一起建立的这个公司和我们长久的友谊感到自豪。

接下来，我想要感谢金・斯彭斯利和黛布拉・威廉姆斯-考利，我认识她们已经很久了。黛布拉是我于 2009 年和 2012 年在 Addison-Wesley 出版的两本书的编辑。金是第一本书的出版协调员。这两位强大的女性多年来给了我很大的支持。很幸运的是，我能够找到像 Addison-Wesley 这样专注于作者的出版公司，能拥有像黛布拉和金这样的编辑，感谢你们帮助我实现出书的梦想，这也鼓励我继续创作。

最后，我要感谢我的家庭，没有比我妻子瑞秋（Rachel）更好的伴侣、朋友和支持者了。她是一位真正的女超人，那句"伟大的男人背后有一个伟大的女人"就是形容她的，她充满活力和热情。她的目标是在美国的每个州跑一次半程马拉松比赛，到目前为止，她已经完成一半以上。我开半程马拉松的车都会喘气，我是夜猫子，而她跟我相反。瑞秋是一位成功的商业女性，她一直致力于为职场上的女性发声，她成为了一代商界女性的导师，而当年她自己没有受到过这样的指导和帮助。我有幸认识了一些女性，她们对瑞秋的尊敬和感激让我的内心感到温暖。

最后，除了这些年来的支持、爱和奉献，瑞秋还给了我最棒的礼物：我们的两个儿子迪伦

（Dylan）和里奥（Leo）。他们善良、关心他人且诚实。他们都非常聪明，富有才华且具有幽默感。他们一直让我惊喜不断，并且让我感到骄傲。每天晚上，我们一家人一起吃晚饭，一起看电视。我们的狗 Ringo 蜷在沙发的另一头，我们都很享受彼此的陪伴。在那些时候，我被他们的爱所包围，我真的很幸福。

谢谢瑞秋、迪伦和里奥！（还有 Ringo——我们家的狗，不是那个披头士的 Ringo，虽然他也很酷！）谢谢你们所有的支持和爱，我深深地爱着你们。

来自科瑞·拉诺

首先要特别感谢我的合伙人马克·贝茨。马克和我是通过 Go 语言社区认识的。我们不仅是合作伙伴，还是很要好的朋友。我们都热衷于 Go 语言和培训，这也是我相信我们能取得成功的原因。

非常感谢莱维·库克（Levi Cook）在 2012 年 3 月介绍我接触 Go 语言，并鼓励我在科罗拉多州的丹佛市创办了 Go 语言交流会。莱维不仅向我介绍了 Go 语言，也引导我了解开源，最重要的是了解 VIM！

我还想要感谢曾经在 InfluxDB 项目中与我合作过的优秀且富有才华的开发人员。本·约翰逊（Ben Johnson）是那种有能力解决那些看似不可能的事情的人；贾森·怀尔德（Jason Wilder）打开了我的思路，教会了我把复杂的事情拆解成简单的事情；菲利普·奥图尔（Philip O'Toole）会对我在 Go 代码库中引入的每个新概念都提出质疑；大卫·诺顿（David Norton）是我共事过的最友善的人（他做过最棒的 SQL 演讲！）；乔·勒加斯（Joe LeCasse）是那个会毫不犹豫跟我结伴编程的人。同时，我要感谢和我在 InfluxDB 团队中一起工作过的所有了不起的人。

在我搬回威斯康星州与家人团聚后，我知道我会想念丹佛繁荣的技术社区。我要感谢道格·罗滕（Doug Rhoten），他负责组织奇佩瓦山谷开发者聚会（Chippewa Valley Developers Meetup），并且让我感到非常受欢迎，谢谢他如此努力地为当地的技术社区工作！

最后，我的家庭同样重要，我的妻子卡丽（Karie），即使我做了非常疯狂的商业冒险，她也一直都给予我支持与信任，没有她就没有我今天的成就。为了我的儿子洛根（Logan）和女儿梅根（Megan）能够享受培根早餐，我付出了漫长的时间，他们也对我表达了感谢！

关于作者

马克·贝茨是 Gopher Guides 的联合创始人和讲师，而 Gopher Guides 是 Go 语言培训、咨询和会议研讨方面的行业领导者。1999 年，马克从利物浦表演艺术学院音乐专业毕业后，作为软件工程师加入了互联网热潮并开始了他的技术生涯。从那以后，马克开始与一些很大且具有创新性的公司（包括 Apple、Uber 和 Visa）合作。

2013 年夏天发现 Go 语言后，马克立即被 Go 语言及其生态吸引。2014 年，马克在第一届 GopherCon 大会上认识了科瑞·拉诺。之后的七年，马克主持了 GopherCon 大会的闪电演讲，并且非常自豪地向社区介绍了数百名新的演讲者。此外，马克还是 Go Time 播客的常客。

闲下来的时候，马克非常享受与家人在一起的时光，他喜欢旅行、录制唱片等。写这本书时，马克正在攻读伯克利音乐学院的音乐制作硕士学位。

科瑞·拉诺是一位全栈技术专家，致力于创业已经有 20 年。科瑞这些年创建了多家科技公司，其中包括 Pulsity，这是他在 20 世纪 90 年代末运营的一家网站咨询公司。他基于这家公司的模式上创建了 Local Launch 公司（互联网营销技术公司），并在 2006 年将公司卖给了 RH Donnelly。

科瑞在 Go 语言领域有着丰富的经验，他曾在为 InfluxDB 做出过贡献的核心团队工作过。InfluxDB 是用 Go 语言编写的一个高度可伸缩的分布式时序数据库。科瑞也在其他几个 Go 语言项目中工作过，他专注于应用程序的性能分析和优化，且会运用高级性能分析技术，例如火焰图和跟踪剖析。

科瑞与 Go 语言社区关系密切，并且创建了 Denver Gophers，这是世界上较早的 Go 语言交流会之一。他还协助举办了首届 GopherCon 大会。科瑞创建了许多 Go 语言工作坊，并设计了多门培训课程，发表了多篇与 Go 语言相关的在线文章。他坚持不懈地帮助组织多个社区技术交流会，并指导新的开发者。科瑞也是 Gopher Guides 的合伙人。

当科瑞不忙于编写新的 Go 语言培训材料时，他会利用自己的业余时间来帮助本地创业者，向他们提供免费的服务和商业建议，例如如何注册公司建立网站，并给予他们实现梦想所需的精神支持。

服务与支持

本书由异步社区出品，社区（https://www.epubit.com/）为您提供后续服务。

提交错误信息

作者和编辑尽最大努力来确保书中内容的准确性，但难免会存在疏漏。欢迎您将发现的问题反馈给我们，帮助我们提升图书的质量。

当您发现错误时，请登录异步社区（https://www.epubit.com/），按书名搜索，进入本书页面，单击"发表勘误"，输入错误信息，单击"提交勘误"按钮即可（见下图）。本书的作者和编辑会对您提交的错误信息进行审核，确认并接受后，您将获赠异步社区的 100 积分。积分可用于在异步社区兑换优惠券、样书或奖品。

图书勘误		发表勘误
页码： 1	页内位置（行数）： 1	勘误印次： 1

图书类型： ◉ 纸书　○ 电子书

添加勘误图片（最多可上传4张图片）

+

提交勘误

与我们联系

我们的联系邮箱是 contact@epubit.com.cn。

如果您对本书有任何疑问或建议，请您发邮件给我们，并请在邮件标题中注明本书书名，以便我们更高效地做出反馈。

如果您有兴趣出版图书、录制教学视频，或者参与图书翻译、技术审校等工作，可以发邮件给我们。

如果您所在的学校、培训机构或企业想批量购买本书或异步社区出版的其他图书，也可以发邮件给我们。

如果您在网上发现有针对异步社区出品图书的各种形式的盗版行为，包括对图书全部或部分内容的非授权传播，请您将怀疑有侵权行为的链接通过邮件发送给我们。您的这一举动是对作者权益的保护，也是我们持续为您提供有价值的内容的动力之源。

关于异步社区和异步图书

"异步社区"是由人民邮电出版社创办的 IT 专业图书社区，于 2015 年 8 月上线运营，致力于优质内容的出版和分享，为读者提供高品质的学习内容，为作译者提供专业的出版服务，实现作者与读者在线交流互动，以及传统出版与数字出版的融合发展。

"异步图书"是异步社区策划出版的精品 IT 图书的品牌，依托于人民邮电出版社在计算机图书领域 40 余年的发展与积淀。

目录

第 1 章

模块、包和依赖

在本章中，我们开始探索 Go 语言，看看它是如何管理模块（module）、包（package）和依赖（dependency）的。首先，介绍了模块，模块是一种基于特定的版本号将一组包进行分发的方式，它实现了无缝的依赖管理。然后，我们介绍了包的概念，包是可以被导入其他包中的代码单元。最后，我们看一下如何从标准库中导入包和导入第三方包。

1.1 模块

Go 模块是 Go 包及其依赖的集合，可以将其作为一个单元来进行构建、版本控制和管理。清单 1.1 展示了一个 Go 模块的文件布局。

清单 1.1　一个 Go 模块的文件布局

```
$ tree

.
|-- go.mod
|-- pkga
|    '-- pkga.go
|-- pkgb
|    '-- pkgb.go
'-- pkgc
     '-- pkgc.go

3 directories, 4 files
```

Go 模块的根路径下有一个 go.mod 文件。如清单 1.2 所示，该文件指定了该模块的依赖、所需的 Go 最小版本，以及其他元数据。

清单 1.2　go.mod 文件

```
module demo

go 1.19
```

1.1.1　工具链

模块是 Go 工具链的核心，用于构建和管理 Go 包。go build、go test 和 go get 等命令都是围绕模块来实现的。因此，对用户来说使用模块的过程是透明的。

然而，当你需要直接与模块交互时，可以使用 go mod 命令。go mod 命令有许多可用于管理模块的子命令，通过执行 go help mod 命令可以输出这些子命令的清单以及用途，如清单 1.3 所示。

清单 1.3　go mod 命令

```
$ go help mod

Go mod provides access to operations on modules.

Note that support for modules is built into all the go commands,
not just 'go mod'. For example, day-to-day adding, removing, upgrading,
and downgrading of dependencies should be done using 'go get'.
See 'go help modules' for an overview of module functionality.

Usage:

        go mod <command> [arguments]

The commands are:

        download    download modules to local cache
        edit        edit go.mod from tools or scripts
        graph       print module requirement graph
        init        initialize new module in current directory
        tidy        add missing and remove unused modules
        vendor      make vendored copy of dependencies
        verify      verify dependencies have expected content
        why         explain why packages or modules are needed

Use "go help mod <command>" for more information about a command.
```
Go Version: go1.19

1.1.2　初始化一个模块

　　要初始化一个新模块，可以使用 go mod init 命令。该命令要求输入模块的名称，且会在当前目录下使用该名称创建一个 go.mod 文件。清单 1.4 展示了 go mod init 命令的帮助信息。

　　清单 1.4　go mod init 命令

```
$ go mod help init

usage: go mod init [module-path]

Init initializes and writes a new go.mod file in the current directory, in
effect creating a new module rooted at the current directory. The go.mod file
must not already exist.

Init accepts one optional argument, the module path for the new module. If the
module path argument is omitted, init will attempt to infer the module path
using import comments in .go files, vendoring tool configuration files (like
Gopkg.lock), and the current directory (if in GOPATH).

If a configuration file for a vendoring tool is present, init will attempt to
import module requirements from it.

See https://golang.org/ref/mod#go-mod-init for more about 'go mod init'.
```

```
Go Version: go1.19
```

　　模块的名称遵循与 Go 包相同的命名规则。在清单 1.5 中，我们使用 go mod init 命令创建一个名为 demo 的新模块，并生成一个模块名称为 demo 的 go.mod 文件。

　　清单 1.5　运行 go mod init 命令后得到的 go.mod 文件

```
$ go mod init demo
```

```
module demo

go 1.19
```

1.1.3　版本控制系统与模块

　　如今，开发人员大多使用 GitHub、GitLab 和 Bitbucket 等服务来管理他们的代码。因此，Go 工具链支持这些服务底层所使用的版本控制系统（VCS），如 Git 和 Mercurial。这意味着你可以通过 Go 工具链使用在这些版本控制系统中托管的 Go 模块。

　　如果你打算使用这类服务或某个内部版本控制系统来托管 Go 模块，那么这些模块最好是可以通过 go get 命令从版本控制系统获取的模块。

例如,如果你在 https://github.com/user/repo 处托管你的模块,你的模块名称就会是 github.com/user/repo,如清单 1.6 所示。

清单 1.6 模块名为 github.com/user/repo 的 go.mod 文件

```
module github.com/user/repo

go 1.19
```

你或其他人都可以使用 go get 命令从版本控制系统中获取该模块,如清单 1.7 所示。

清单 1.7 使用 go get 获取 github.com/user/repo 模块

```
$ go get github.com/user/repo
```

1.2 包

1.2.1 什么是包

包是共享同一导入路径的 Go 文件的集合。同一个包的文件几乎总是在同一个目录下,并且目录名几乎总是与包的名称相同。

清单 1.8 所示的结构中有两个文件夹:smtp 和 sound。这两个文件夹中都包含以.go 为后缀名的 Go 源文件,因此它们被认为是包。

清单 1.8 包含多个 Go 包的文件夹结构

```
$ tree

.
|-- go.mod
|-- smtp
|   |-- smtp.go
|   '-- template.go
'-- sound
    |-- analyzer.go
    '-- sound.go

2 directories, 5 files
```

包内的代码可以引用包内的任何标识符,如函数、变量或类型,而不管该标识符是否被导出。任何导出的标识符都可以被任何其他包使用。

1.2.2 包命名

包名必须在每个 Go 源文件的顶部使用 package 关键字来声明。

正确命名包非常重要。包是 Go 代码中的基本组织单元。

在 Go 语言中，包命名须遵循一些命名规则和惯例，比如包的名字应是小写的，并且只应包含字母和数字，不允许以数字作为包名的开头。清单 1.9 举例说明了好的和糟糕的包名。

清单 1.9　好的和糟糕的包名示例

```
// 好的包名
package http
package sql
package oauth2
package base64

// 糟糕的包名
package 1_is_The_loneliest_number
package help!
package structured-query-language
package structuredQueryLanguage
package Structured_Query_Language
```

1.2.2.1　短且简单

首先，你的包名应该是简短和自描述的。例如，sql 是一个好的包名，但 structured-query-language 不是。你的包名将用于导入路径中，所以它应该是短且简单的。那些使用你的包的人还需要使用你的包名来引用包内的标识符。清单 1.10 中的示例展示了在代码中使用长包名所带来的不便。

清单 1.10　短包名和长包名的示例

```
package main

import(

    "sql"
    "structured-query-language"
)

func main() {
    sql.Query("SELECT * FROM users")
    structured-query-language.Query("SELECT * FROM users")
}
```

1.2.2.2　缩写

为了使包名尽量简短，你可能需要使用缩写。缩写包名时，你应该确保该代码的读者容易理解此缩写。例如，sql 是一个好的缩写，但 structql 不是。

1.2.2.3 命名冲突

你的包名应尽量避免与其他包的名字发生冲突，尽管这并不总能如愿。为此，应该尽量避免使用 Go 标准库中的常见包名，或常用变量名如 user、conn 和 db 等。

1.2.2.4 避免通用包

建议不要使用通用包，如 util、helpers、misc 等。这类包名不够具体，也容易收纳杂乱代码。通用包的内容通常可以重构到更合适的包中。

> 你的软件包应该专注于它们提供的具体功能和问题空间。

1.3 文件夹、文件与代码组织

除了少数例外，文件夹名和包名通常是一样的。在清单 1.11 中，有一个包含了两个文件夹 smtp 和 sound 的文件系统。每一个文件夹都包含 Go 代码，并且每个文件夹都对应一个同名 Go 包。比如，清单 1.12 中的 sound/sound.go，其文件夹的名字是 sound，包的名字也是 sound。

清单 1.11 带有多个 Go 包的文件夹结构

```
$ tree
.
|-- go.mod
|-- smtp
|   |-- smtp.go
|   '-- template.go
'-- sound
    |-- analyzer.go
    '-- sound.go

2 directories, 5 files
```

清单 1.12 sound 包

```
package sound

// sound 是一个用于处理声音的软件包
```

再比如，清单 1.13 中的 smtp/smtp.go，其文件夹的名字是 smtp，包的名字也是 smtp。

清单 1.13 smtp 包

```
package smtp

// smtp 是一个用于处理 SMTP 协议的软件包
```

文件夹名和包名不一定要一致，但遵循这一惯例通常是一个好主意，既符合语言习惯，也便于查找。如果文件夹名与包名相同，可以很容易找到该包的源文件。

1.3.1 同一文件夹下的多个包

除了少数例外，一个文件夹只能包含一个包。请看清单 1.14 中的文件结构。

清单 1.14　文件夹 good 下面的文件列表

```
$ tree

.
|-- a.go
'-- b.go

0 directories, 2 files
```

清单 1.15 中的两个文件声明的包名都是 good。

清单 1.15　good 文件夹中的 go 文件

```
package good

// a.go

package good

// b.go
```

现在，看看清单 1.16 中的文件结构。

清单 1.16　bad 文件夹中的文件列表

```
$ tree

.
|-- a.go
'-- b.go

0 directories, 2 files
```

清单 1.16 中的两个文件都应该声明它们的包名为 bad，但它们没有。

如果你看一下清单 1.17 中的 a.go 文件，可以看到包名是 bad。然而，清单 1.18 中的 b.go 文件则将其包名声明为 sad。

清单 1.17　a.go 文件

```
package bad
```

```
// a.go
```

清单 1.18 b.go 文件

```
package sad

// b.go
```

由此可见，在同一个文件夹中声明了两个不同的包名。

如清单 1.19 所示，构建 bad 包时出现错误。因为两个不同的文件声明了不同的包名，所以无法构建该包。

清单 1.19 构建 bad 包

```
$ go build .

found packages bad (a.go) and sad (b.go) in .
```
```
Go Version: go1.19
```

同一目录/包内的所有文件都必须声明相同的包名。

1.3.2 文件命名

文件命名没有包命名那么严格。对于文件命名，Go 语言的惯例是使用小写字母和下画线，如清单 1.20 中所示。

清单 1.20 好的文件名与糟糕文件名的示例

```
$ tree

.
|-- bad
|   |-- ServiceManagerTest.go
|   |-- USER_test.go
|   |-- User.go
|   '-- serviceManager.go
|-- go.mod
'-- good
    |-- service_manager.go
    |-- service_manager_test.go
    |-- user.go
    '-- user_test.go

2 directories, 9 files
```

1.3.3 包组织

在 Go 语言中，有很多不同的包组织方式。在互联网上快速搜索一下，你就会发现有许多博客、文章和会议报告对这些不同的组织方式进行了探讨，这些组织方式各有利弊，它们往往是从特定的用例中提炼出来的。对于这个用例的作者来说，这些组织方式都非常有效。然而，并不是每个人编写的都是相同的应用程序和库，因此不存在一种最佳的包组织方式。

在组织包时，你应该考虑以下重要因素：

- 代码组织；
- 文档；
- 可维护性；
- 可重用性；
- 测试。

1.3.3.1　功能内聚

软件包应该是功能内聚的。例如，如果你有一个包含处理时间和处理 HTTP 的工具包，那么这个包应该被拆分成两个包：一个用于处理时间，一个用于处理 HTTP。拆分后，这些包便有了明确和单一的目的。

1.3.3.2　API 范围

包的 API 应保持简洁、明晰和易用，它应该只导出必要的标识符，如类型、函数和变量。将来再逐步公开更多的 API，总比在公开并被使用后再隐藏要容易得多。

1.3.3.3　文件组织

对读者来说，包文件的组织方式应该是清晰、明显的。要避免在一个包中使用大文件，应把大的文件分成小的文件，且每个文件都有明确的目的。

如果你看一下清单 1.21 中的文件，你就会发现该文件包含了三个不同类型的定义及其方法。这个文件很难阅读，且随着文件的增长，它将变得更难以阅读和维护。

清单 1.21　bad.go 文件

```go
package bad

import "sync"

type User struct {
    Name string
}

func NewOrder(u User) *Order {
    return &Order{
        User: u,
    }
}
```

```
type Order struct {
    User
    products []Product
    sync.Mutex
}

type Product struct {
    Name string
    Cost int
}

func (p Product) String() string {
    return p.Name
}

func (o *Order) AddProduct(p Product) {
    o.Lock()
    o.products = append(o.products, p)
    o.Unlock()
}

func (u User) String() string {
    return u.Name
}
```

相反，如清单 1.22 所示，如果我们把上述文件拆分成多个文件，每个声明的类型都对应一个单独的文件，那么你可以看到，现在每个文件都更容易阅读和维护了。此外，现在的文件名也更清晰易懂了，想要找到你需要的代码也变得更加容易。

清单 1.22　good 文件夹及其文件

```
$ tree

.
|-- order.go
|-- order_test.go
|-- product.go
|-- product_test.go
|-- user.go
'-- user_test.go
0 directories, 6 files
package good

import "sync"

type Order struct {
```

```
    User
    products []Product
    sync.Mutex
}

func NewOrder(u User) *Order {
    return &Order{
        User: u,
    }
}

func (o *Order) AddProduct(p Product) {
    o.Lock()
    o.products = append(o.products, p)
    o.Unlock()
}

package good

type Product struct {
    Name string
    Cost int
}

func (p Product) String() string {
    return p.Name
}
```

```
package good

type User struct {
    Name string
}

func (u User) String() string {
    return u.Name
}
```

　　将代码拆分为目的明确的小文件，可以使项目更易维护。这也让新人更容易找到所需的代码。

1.4　导入包和模块

　　在编写代码时，你经常需要其他模块或包的支持，可能是来自 GitHub 等源码托管站点的第三方模块，也可能是同一模块中的另一个包，或者是标准库中的包。

1.4.1 导入路径

包的导入路径是指从模块根目录到包目录的相对路径。包或模块的导入路径总是以模块名称开始的。

我们来看一下清单 1.23 中的文件夹结构。

清单 1.23　names 文件夹下的文件列表

```
$ tree

.
|-- cmd
| '-- main.go
|-- foo
| '-- foo.go
-- go.mod

2 directories, 3 files
```

如清单 1.24 所示，foo.go 是 foo 包中的一个文件，它导出了函数 Greet()。

清单 1.24　foo.go 文件

```
package foo

import "fmt"

func Greet() {
    fmt.Println("Hello, world!")
}
```

尽管 main.go 在 main 包中，但它与 foo 包属于同一模块，因此 main 包需要通过完整路径导入 foo 包，如清单 1.25 所示。

清单 1.25　main.go 文件

```
package main

// 使用 foo 包的完整路径导入该包
// 以模块名称开始
import "github.com/user/repo/foo"

func main() {
    foo.Greet()
}
```

1.4.2 使用 import 关键字

如清单 1.26 所示，import 关键字与包的完整导入路径一起使用来导入多个包。

清单 1.26 导入多个包

```
import "time"
import "os/exec"
import "github.com/user/repo/foo"
```

多个导入语句可以简写成一个导入语句，如清单 1.27 中所示。

清单 1.27 多个导入语句的简写形式

```
import (
    "time"
    "os/exec"
    "github.com/user/repo/foo"
)
```

1.4.3 解决导入包的名字冲突问题

导入包时，经常会遇到两个包因同名产生冲突的情况，如清单 1.28 所示。

清单 1.28 demo 模块的文件列表

```
$ tree

.
|-- bar
|   '-- bar.go
|-- cmd
|   '-- main.go
|-- foo
|   '-- bar
|       '-- bar.go
'-- go.mod

4 directories, 4 files
```

在 demo 模块中，有两个名为 bar 的包。

demo/bar 包定义了一个 Bar 类型，如清单 1.29 所示，该包的导入路径为 demo/bar。我们的代码使用 bar 来访问该包中的标识符，例如 bar.Bar。

清单 1.29 bar/bar.go 文件

```
package bar
```

```
type Bar struct{}
```

demo/foo/bar 包定义了一个 Pub 类型，如清单 1.30 所示。该包的导入路径为 demo/foo/bar，我们的代码也使用 bar 来访问该包中的标识符，例如 bar.Pub。

清单 1.30　foo/bar/bar.go 文件

```
package bar

type Pub struct{}
```

如清单 1.31 所示，我们若导入这两个包，就会导致编译失败，因为 Go 语言无法解决同名包的冲突问题。

清单 1.31　尝试构建一个有命名冲突的程序

```
package main

import (
    "demo/bar"
    "demo/foo/bar"
)
func main() {
    var _ bar.Pub
    var _ bar.Bar
}
```

```
$ go build ./...

# demo/cmd
cmd/main.go:5:2: bar redeclared in this block
        cmd/main.go:4:2: other declaration of bar
cmd/main.go:5:2: imported and not used: "demo/foo/bar"
cmd/main.go:9:12: undefined: bar.Pub
```

Go Version: go1.19

我们可以对其中一个包或这两个包使用导入别名来解决命名冲突问题。在此例中，将 demo/foo/bar 包的别名设置为 pub，这样就可以用 bar 表示 demo/bar 包，用 pub 表示 demo/foo/bar 包（见清单 1.32），从而避免了命名冲突。

清单 1.32　成功构建程序

```
package main

import (
    "demo/bar"
    pub "demo/foo/bar"
)
```

```
func main() {
    var _ pub.Pub
    var _ bar.Bar
}
```
```
$ go build ./...
```
```
Go Version: go1.19
```

1.5 依赖

虽然使用 Go 标准库对于构建应用程序来说是很好的方式，但是，为了获取所需功能，使用第三方库也很常见。Go 模块被设计成便于导入和使用外部库的形式。

此外，Go 模块支持可靠的可重复构建。

1.5.1 使用依赖

我们来看一下清单 1.33 中的应用程序。

清单 1.33 main.go 文件

```
package main

import (
    "fmt"

    "github.com/gobuffalo/flect"
)

func main() {
    s := "Hello, World!"
    d := flect.Dasherize(s)
    fmt.Println(s, d)
}
```

该应用程序导入了 github.com/gobuffalo/flect 包，该包提供了一套操作字符串的工具函数。该应用程序使用了 flect.Dasherize 函数将一个字符串转换为了用连字符连接的小写字符串，如清单 1.34 所示。

清单 1.34 flect.Dasherize 函数

```
$ go doc github.com/gobuffalo/flect.Dasherize

package flect // import "github.com/gobuffalo/flect"
```

```
func Dasherize(s string) string
    Dasherize returns an alphanumeric, lowercased, dashed string

        Donald E. Knuth = donald-e-knuth
        Test with + sign = test-with-sign
        admin/WidgetID = admin-widget-id
```
Go Version: go1.19

然而，我们运行该应用程序时得到了一个编译错误，如清单 1.35 所示。

清单 1.35　编译清单 1.33 中的代码时报错

```
$ go run main.go

main.go:6:2: no required module provides package github.com/gobuffalo/flect;
        to add it: go get github.com/gobuffalo/flect
```
Go Version: go1.19

该错误表示模块没有提供 github.com/gobuffalo/flect 包。如清单 1.36 所示，查看 go.mod 文件可知，该模块并未依赖此包。

清单 1.36　同清单 1.33 配套的 go.mod 文件

```
module demo

go 1.19
```

1.5.2　使用 go get 添加依赖

我们可以使用 go get 命令向模块添加依赖项，如清单 1.37 所示。

清单 1.37　go get 命令

```
$ go help get

usage: go get [-t] [-u] [-v] [build flags] [packages]

Get resolves its command-line arguments to packages at specific module
versions, updates go.mod to require those versions, and downloads source code
into the module cache.

To add a dependency for a package or upgrade it to its latest version:

        go get example.com/pkg

To upgrade or downgrade a package to a specific version:

        go get example.com/pkg@v1.2.3
```

To remove a dependency on a module and downgrade modules that require it:

        go get example.com/mod@none

See https://golang.org/ref/mod#go-get for details.

In earlier versions of Go, 'go get' was used to build and install packages.
Now, 'go get' is dedicated to adjusting dependencies in go.mod. 'go install'
may be used to build and install commands instead. When a version is specified,
'go install' runs in module-aware mode and ignores the go.mod file in the
current directory. For example:

        go install example.com/pkg@v1.2.3
        go install example.com/pkg@latest

See 'go help install' or https://golang.org/ref/mod#go-install for details.

'go get' accepts the following flags.

The -t flag instructs get to consider modules needed to build tests of
packages specified on the command line.

The -u flag instructs get to update modules providing dependencies
of packages named on the command line to use newer minor or patch
releases when available.

The -u=patch flag (not -u patch) also instructs get to update dependencies,
but changes the default to select patch releases.

When the -t and -u flags are used together, get will update test
dependencies as well.

The -x flag prints commands as they are executed. This is useful for
debugging version control commands when a module is downloaded directly
from a repository.

For more about modules, see https://golang.org/ref/mod.

For more about specifying packages, see 'go help packages'.

This text describes the behavior of get using modules to manage source
code and dependencies. If instead the go command is running in GOPATH
mode, the details of get's flags and effects change, as does 'go help get'.
See 'go help gopath-get'.

```
See also: go build, go install, go clean, go mod.
```

```
Go Version: go1.19
```

使用 go get 命令时，go.mod 文件将更新，如清单 1.38 所示。更新内容包括新增的依赖项及其版本，并增加该依赖项所需的其他依赖。

清单 1.38　添加 github.com/gobuffala/flect 依赖项后的 go.mod 文件

```
$ go get github.com/gobuffalo/flect
```

```
Go Version: go1.19
```

```
module demo
```

```
go 1.19
```

```
require github.com/gobuffalo/flect v0.2.5
```

在清单 1.39 中，我们看到应用程序现在编译和运行时不会出现错误。

清单 1.39　成功运行清单 1.33 的程序

```
$ go run main.go
```

```
Hello, World! hello-world
```

```
Go Version: go1.19
```

1.5.3　go.sum 文件

在向模块添加第三方依赖时，Go 工具链会生成并管理 go.sum 文件，如清单 1.40 所示。

清单 1.40　带有外部依赖的应用程序的文件结构

```
$ tree

.
|-- go.mod
|-- go.sum
'-- main.go

0 directories, 3 files
```

go.sum 文件中列出了模块的全部直接依赖和间接依赖。此外，它还包含每个依赖项的源码哈希值和 go.mod 文件的哈希值。如清单 1.41 所示，go.sum 显示导入第三方依赖后生成的依赖项及其校验和。

清单 1.41　清单 1.33 中应用的 go.sum 文件

```
github.com/davecgh/go-spew v1.1.0 h1:ZDRjVQ15GmhC3fiQ8ni8+
➥OwkZQO4DARzQgrnXU1Liz8=
```

```
github.com/davecgh/go-spew v1.1.0/go.mod h1:J7Y8YcW2NihsgmVo/mv3lAwl/
➥skON4iLHjSsI+c5H38=
github.com/gobuffalo/flect v0.2.5 h1:H6vvsv2an0lalEaCDRThvtBfmg44W/QHXBCYUXf/
➥□6S4=
github.com/gobuffalo/flect v0.2.5/go.mod h1:
➥1ZyCLIbg0YD7sDkzvFdPoOydPtD8y9JQnrOROolUcM8=
github.com/pmezard/go-difflib v1.0.0 h1:4DBwDE0NGyQoBHbLQYPwSUPoCMWR5BEzIk/
➥f1lZbAQM=
github.com/pmezard/go-difflib v1.0.0/go.mod h1:
➥iKH77koFhYxTK1pcRnkKkqfTogsbg7gZNVY4sRDYZ/4=
github.com/stretchr/objx v0.1.0/go.mod h1:HFkY916IF+
➥rwdDfMAkV7OtwuqBVzrE8GR6GFx+wExME=
github.com/stretchr/testify v1.7.0 h1:
➥nwc3DEeHmmLAfoZucVR881uASk0Mfjw8xYJ99tb5CcY=
github.com/stretchr/testify v1.7.0/go.mod h1:
➥6Fq8oRcR53rry900zMqJjRRixrwX3KX962/h/Wwjteg=
gopkg.in/check.v1 v0.0.0-20161208181325-20d25e280405/go.mod h1:
➥Co6ibVJAznAaIkqp8huTwlJQCZ016jof/cbN4VW5Yz0=
gopkg.in/yaml.v3 v3.0.0-20200313102051-9f266ea9e77c h1:
➥dUUwHk2QECo/6vqA44rthZ8ie2QXMNeKRTHCNY2nXvo=
gopkg.in/yaml.v3 v3.0.0-20200313102051-9f266ea9e77c/go.mod h1:
➥K4uyk7z7BCEPqu6E+C64Yfv1cQ7kz7rIZviUmN+EgEM=
```

　　go.sum 文件应纳入版本控制。因为它既可防止模块被注入恶意代码，也能确保模块使用真实可靠的依赖来源。

> go.sum 文件由 Go 工具链管理，模块作者不应对其进行修改。

1.5.4　更新依赖

　　要更新模块的直接依赖，我们可以使用带有-u 标志的 go get 命令，如清单 1.42 所示。

清单 1.42　使用 go get 更新依赖

```
$ go get -u github.com/gobuffalo/flect
```

　　使用带-u 标志的 go get 命令时，go.mod 和 go.sum 文件会被更新，以加入新依赖、新依赖的版本信息及新依赖的任何其他依赖。

　　如果我们想更新模块的所有直接依赖，可以使用带-u 标志的 go get 命令，而不需要指定哪个具体的依赖，如清单 1.43 所示。

清单 1.43　使用 go get 更新所有依赖

```
$ go get -u
```

1.5.5　语义版本

Go 模块使用语义版本规范进行版本控制。例如，v1.2.3 是一个语义版本号，它告诉我们该版本的主版本号是 1，次版本号是 2，补丁版本号是 3。

除了语义版本，Go 模块还引入了一个语义导入版本（semantic import versioning）的概念。该概念表示当模块中有不兼容的变化时，主版本号需要加 1。例如，模块当前版本为 v1.2.3，如果有不兼容的变更，则版本应更新为 v2.0.0。

语义导入版本规定，如果你的主版本号发生了变化，该新版本的导入路径也应该发生变化。

让我们看一下清单 1.44 中的示例。

清单 1.44　导入了第三方模块的模块

```
package foo

import "github.com/user/repo"
```

当我们导入 github.com/user/repo 包时，Go 模块会自动查找包的版本号小于 v2.0.0 的最新版本并使用该版本。如果包的最新版本是 v1.2.3，则其导入路径是 github.com/user/repo。

如果 github.com/user/repo 模块的版本号更新为 v2.0.0，那么我们要在改变导入路径后才能使用这个新版本，如清单 1.45 所示。

清单 1.45　使用语义导入版本导入模块

```
package foo

import "github.com/user/repo/v2"
```

1.5.6　多版本

由于语义导入版本的存在，我们的模块中可以同时存在同一个包的多个版本。

如清单 1.46 所示，我们导入了 github.com/gofrs/uuid 包的两个版本：第一个版本是 v1.x.x，第二个版本是 v3.x.x。

导入两个版本时，我们可以为它们设置别名，这样就可以同时使用它们。

清单 1.46　导入两个版本的 github.com/gofrs/uuid 包

```
package main

import (
    "fmt"
    "log"

    one "github.com/gofrs/uuid"
    three "github.com/gofrs/uuid/v3"
```

```
)

func main() {
    id1 := one.NewV4()
    fmt.Println(id1)

    id3, err := three.NewV4()
    if err != nil {
        log.Fatal(err)
    }
    fmt.Println(id3)
}
```

清单 1.47 中展示的是清单 1.46 中程序的 go.mod 文件，该文件展示了我们的应用程序中使用的每个模块的具体版本。

清单 1.47　对应清单 1.46 中程序的 go.mod 文件

```
module demo

go 1.19

require (
    github.com/gofrs/uuid v1.0.0
    github.com/gofrs/uuid/v3 v3.1.2
)
```

最后，正如你从清单 1.48 中看到的，我们能够同时使用同一个包的两个版本，并生成不同的 UUID。

清单 1.48　清单 1.46 中的应用程序运行的结果

```
$ go run main.go

939addf2-66a1-4d17-ac0b-7e02d1fd06f8
aad010af-ac3f-429e-8a78-bd4b964e09e3
```

```
Go Version: go1.19
```

1.5.7　循环导入

必须注意避免循环导入。循环导入会导致包导入自身，这是 Go 语言不允许的。

请看清单 1.49 中的 Go 模块。

清单 1.49　一个 Go 模块的文件列表

```
$ tree
```

```
.
|-- bar
|   '-- bar.go
|-- foo
|   '-- foo.go
'-- go.mod

2 directories, 3 files
```

如清单 1.50 所示，在 bar 包中，函数 Convert 接收一个 foo.Foo 类型参数，并返回一个 Bar 类型的值。bar 包导入了 demo/foo，以便能够使用 Foo 类型。

清单 1.50　bar.go 文件与 Convert 函数

```
package bar

import "demo/foo"

type Bar int

func Convert(f foo.Foo) Bar {
    return Bar(f)
}
```

如清单 1.51 所示，在 foo 包中，我们创建了一个名为 Foo 的类型，它是 bar.Bar 类型的一个别名。foo 包导入 demo/bar，以便能够使用 Bar 类型。

清单 1.51　Foo 类型

```
package foo

import "demo/bar"

type Foo = bar.Bar
```

结果如清单 1.52 所示，编译器报告这是一个循环导入，因为这两个包是相互依赖的。

清单 1.52　试图构建一个存在循环导入的程序

```
$ go build ./...

 package demo/bar
        imports demo/foo
        imports demo/bar: import cycle not allowed
```
Go Version: go1.19

1.6 本章小结

在这一章中，我们讲解了包是可以被导入其他包中的代码单元，讨论了好的包名和糟糕的包名，以及文件组织和命名的各种策略，并解释了什么是 Go 模块系统以及如何使用它来管理应用程序的依赖。最后，我们讨论了如何解决导入问题，如循环依赖以及包名冲突。

第 2 章

Go 语言基础

本章介绍了 Go 语言的基础知识，涵盖的主题包括变量声明、类型系统、内置数据类型和基本控制流结构。

即使你已熟悉其中部分内容，也强烈建议你仔细阅读本章。因为只有正确理解这些基础知识，才能充分利用本书。

2.1 Go 语言概述

Go 是一种静态类型的支持垃圾回收的编译型语言，它可用于开发高并发、线程安全和可伸缩的应用程序。Go 语言的二进制文件是静态链接的和自包含的，它在运行时可以不依赖外部运行时或开发库。我们可以为不同处理器架构和操作系统编译这些二进制文件。

2.1.1 静态类型

静态类型语言会在构建二进制文件的编译阶段检查每个语句，而不是在运行时检查。这也意味着，静态类型语言的数据类型是绑定到变量上的。而动态类型语言的数据类型是绑定到值上的。

比如，在 Go 语言中，你声明新变量时必须定义该变量的类型（int、string、bool 等），如清单 2.1 所示。

清单 2.1　Go 中的变量声明示例

```
var pi float64 = 3.14    //pi 是 float64 类型变量
var week int =7          //week 是 int 类型变量
```

在动态类型语言如 PHP 中，数据类型绑定到值而不是变量上。当一个新值被分配给一个变量时，变量的数据类型会基于该值来推断，如清单 2.2 所示。

清单 2.2　PHP 中的变量声明示例

```
$s = "gopher";        //$s 是 string 类型变量
$s = 123;             //$s 现在是 int 类型变量
```

2.1.2　垃圾回收

手动管理内存和应用程序既烦琐，又容易导致程序出错，所以 Go 语言使用了垃圾回收器来管理内存。这意味着开发人员使用变量时不再需要显式地分配和释放内存。

在 Go 语言中，开发人员使用垃圾回收器来监视程序的内存使用情况。垃圾回收器会周期性地判断哪些内存还在使用，哪些没有，并释放程序不再使用的部分。

由于无须关心内存管理，使用垃圾回收器可以让你编写代码时更轻松，但这会在性能方面带来一定的开销。随着你使用的内存（或产生的"垃圾"）越来越多，垃圾回收器后续需要花费一定的时间来释放这些内存，这时你的程序不会运行业务逻辑。可见，过多的内存垃圾会降低程序的性能。

Go 运行时几乎没有提供控制垃圾回收的方法，因此你需要了解一些基本概念，以了解 Go 如何识别内存垃圾以及内存垃圾何时会影响到程序的性能。

多年来，之所以有许多文章和会议演讲都聚焦于 Go 垃圾回收器，就是因为 Go 垃圾回收器在 Go 的每个新版本中都在不断改进和调整。

阅读本书时，你会发现书中很少谈及内存管理或垃圾回收器。相反，我们将专注于 Go 语言的概念，仅在必要时停下来讨论内存。后面第 6 章在讨论指针时就讨论了内存。

2.1.3　编译

Go 程序必须编译后才能运行，这与解释型语言（如 Ruby）不同。解释型语言是在运行时解释[①]和执行的。

通常，像 C 和 C++这样的编译型语言在编译大型程序时需要花费很长时间。因此，我们对程序的更改不易获得即时反馈。相比之下，解释型语言无须前期编译即可运行，获取反馈更快。但解释型语言的缺点是程序运行速度较慢，因为每一行代码都要在运行时解释执行。使用解释型语言时，你也无法在上线前就知道你即将运行的程序可能会因拼写错误而崩溃。

Go 语言最初的设计目标之一是快速编译。这既保留了编译型语言的优势，也可以立即获取代码修改的反馈。

---

① 原文中的 interrupted（打断）属笔误，应为 interpreted（解释）。——译者注

我们看一下清单 2.3 中这个简单的 Go 程序，它试图将两种不同的类型（int 和 string）相加。

清单 2.3 尝试将两种不同的类型相加的 Go 程序

```
package main

import "fmt"

func main() {
    fmt.Println("Hello, World!")
    x := 1 + "one"
}
```

代码必须先编译后执行。编译时使用的是 go build 命令，我们后续会对此做详细介绍。如清单 2.4 所示，编译时会出现不能将这两种类型相加的错误。

清单 2.4 尝试编译清单 2.3 中的代码时出错

```
$ go build .

# demo
./main.go:7:7: invalid operation: 1 + "one"
➥(mismatched types untyped int and untyped string)
```
Go Version: go1.19

现在，考虑一个与之类似的 Ruby 程序，如清单 2.5 所示。与 Go 程序的不同之处在于，这段代码在最终用户运行之前不会被检查。

清单 2.5 尝试将两种不同类型相加的 Ruby 程序

```
puts "Hello, World!"
s = 1 + "one"
```

只有当我们运行这段程序时，才会收到一个错误，这会影响到用户，如清单 2.6 所示。

清单 2.6 尝试运行清单 2.5 中的程序时出错

```
$ ruby main.rb

Hello, World!

main.rb:2:in '+': String can't be coerced into Integer (TypeError)
        from main.rb:2:in '<main>'
```

2.1.4 关键字、运算符和分隔符

与所有编程语言一样，Go 语言具有一系列关键字。这些关键字是该语言保留的，不能用作程序中的标识符，比如变量名。以下是 Go 语言中保留的关键字列表，它们不能用作标识符。

any	default	func	interface	select
break	defer	go	map	struct
case	else	goto	package	switch
chan	fallthrough	if	range	type
const	for	import	return	var
continue				

下面是 Go 语言中的运算符（包括赋值运算符）和标点符号。

+	&	+=	&=	&&	==	!=	(	)
-	|	-=	|=	||	<	<=	[	]
*	^	*=	^=	<-	>	>=	{	}
/	<<	/=	<<=	++	=	:=	,	;
%	>>	%=	>>=	--	!	...	.	:
	&^		&^=					

在阅读本书时，你会发现更多关于这些运算符和关键字的内容。

2.2　数值

Go 语言中有两种数值类型。一种与架构无关[1]，这意味着无论你编译的架构是什么，该类型的大小（以字节为单位）都将是正确的。另一种与架构实现相关，其大小因目标架构不同而变化。

Go 语言中有许多与架构无关的数值类型，如下所示。

uint8	无符号 8 位整数（0 至 255）
uint16	无符号 16 位整数（0 至 65 535）
uint32	无符号 32 位整数（0 至 4 294 967 295）
uint64	无符号 64 位整数（0 至 18 446 744 073 709 551 615）
int8	有符号 8 位整数（-128 至 127）
int16	有符号 16 位整数（-32 768 至 32 767）
int32	有符号 32 位整数（-2 147 483 648 至 2 147 483 647）
int64	有符号 64 位整数（-9 223 372 036 854 775 808 至 9 223 372 036 854 775 807）
float32	IEEE-754 32 位浮点数（+- 10-45 -> +- 3.4 * 1038）
float64	IEEE-754 64 位浮点数（+- 5 * 10-324 -> 1.7 * 10308）
complex64	复数，实部和虚部都是 float32 类型
complex128	复数，实部和虚部都是 float64 类型
byte	uint8 的别名
rune	int32 的别名

如前所述，除了与架构无关[2]的数值类型，Go 语言还有一些与架构实现相关的数值类型，如下所示。

---

① 这里的架构指的是 CPU 架构，主流的 CPU 架构包括 x86 架构、arm 架构等。——译者注
② 原文中的 implementation-specific 应该是笔误，应为 implementation-independent 或 architecture-independent，译文中已改。——译者注

uint	32 位或者 64 位
int	大小和 uint 一致
uintptr	一个无符号的整数，足以存储一个任意类型的指针的值

与架构实现相关的类型的大小是由程序编译的目标架构决定的。例如，在 64 位的架构上，uint 是 64 位，int 也是 64 位，而在 32 位架构上，uint 是 32 位，int 也是 32 位。

2.2.1 选择正确的数值类型

在 Go 语言中，相对于数据大小而言，选择类型时主要考虑目标架构的性能。但如果不需要考虑性能因素，则一开始可以遵循一些基本准则来选择类型。

对于整型数据，Go 语言多使用 int 或 uint 等与架构实现相关的类型。这通常能在目标架构下获得最快的处理速度。

如果数据范围明确，选择与架构无关的类型既可以加快速度又可以减少内存的使用。与架构无关的整数类型有 int 和 uint 两种。int 是有符号整数，既可以存储正数，也可以存储负数。而 uint 是无符号整数，只能存储正数。下面给出了几个整数类型的示例。

```
int8 (-128 -> 127)
int16 (-32768 -> 32767)
int32 (- 2,147,483,648 -> 2,147,483,647)
int64 (- 9,223,372,036,854,775,808 -> 9,223,372,036,854,775,807)

uint8 (与其别名 byte, 0 -> 255)
uint16 (0 -> 65,535)
uint32 (0 -> 4,294,967,295)
uint64 (0 -> 18,446,744,073,709,551,615)
```

浮点数有两种类型：float32 和 float64。float32 是 32 位的浮点数，而 float64 是 64 位的浮点数。这里有几个例子。

```
(IEEE-754)①float32 (+- 10-45 -> +- 3.4 * 1038 )
(IEEE-754) float64 (+- 5 * 10-324 -> 1.7 * 10308 )
```

我们已经了解了一些数值数据类型的表示范围，接下来看看如果你的程序中的数值超过了这些范围，这些类型会受到什么影响。

2.2.2 溢出和绕回

Go 语言中有多种数值数据类型。对于整数类型而言，其最大值和最小值都是有界限的。正因如此，当对这些数据类型进行数学计算时，有可能会出现数值溢出（overflow）或绕回（wraparound）的情况。

编译时，如果一个值确定会因太大而无法存入指定类型，编译器会报溢出错误。也就是说，

---

① 原文中此处被遗漏。——译者注

这个要存储的值超过了数据类型的表示范围。

清单 2.7 展示了将一个 uint8 类型的数据设置为其最大值为 255 的情况。

清单 2.7　一个 uint8 类型的变量被设置为其最大值

```
func main() {
    var maxUint8 uint8 = 255 // unit8 最大值
    fmt.Println("value:", maxUint8)
}
```

```
$ go run .

value: 255
```

```
Go Version: go1.19
```

在清单 2.8 中，uint8 类型的变量被声明后，在其值 255 之上又加上了 5。

清单 2.8　一个 uint8 类型的变量被设置为最大值后又加上 5

```
func main() {
    var maxUint8 uint8 = 255 // uint8 最大值
    fmt.Println("value:", maxUint8+5)
}
```

如清单 2.9 所示，输出结果意外地显示为 4，而不是 260。这是一个"绕回"的例子。

清单 2.9　给 uint8 类型的变量加上一个数

```
$ go run .

value: 4
```

```
Go Version: go1.19
```

清单 2.10 展示了向 uint8 类型的变量赋予一个超出其范围的值的情况。

清单 2.10　使 uint8 类型的变量溢出

```
func main() {
    var maxUint8 uint8 = 260
    fmt.Println("value:", maxUint8)
}
```

如清单 2.11 所示，编译器可以确定给定的值不适合存储在 uint8 类型中，并抛出一个溢出错误。

清单 2.11　清单 2.10 中的代码的编译错误信息

```
$ go run .

# demo
./main.go:7:23: cannot use 260 (untyped int constant)
```

```
➥as uint8 value in variable declaration (overflows)
```
Go Version: go1.19

从前面的例子可以看出，编译器在编译期可检测溢出并报错。但值绕回只会在运行时发生，因为编译时无法知道计算结果，只能留到运行时进行计算处理。明确数据范围有助于避免程序在将来发生潜在的错误。

2.2.3　饱和

Go 语言在进行数学运算（如加法或乘法）时变量的值不会出现饱和（saturate）。在支持饱和运算的语言中，如果有一个 uint8 类型的变量已置为最大值 255，对该变量加 1 后，其值仍等于最大（饱和）值 255。

然而，在 Go 中会发生绕回，如清单 2.12 所示。

清单 2.12　展示 Go 不支持饱和运算的特性

```
func main() {
    var maxUint8 uint8 = 11
    maxUint8 = maxUint8 * 25
    fmt.Println("value:", maxUint8)
}
```
```
$ go run .

value: 19
```
Go Version: go1.19

2.3　字符串

字符串是由一个或多个字符（字母、数字、符号）组成的序列，字符串既可以是常量，也可以是变量。在 Go 语言中，字符串需要用反引号（`）或双引号（"）引起来，并且其特性因引号不同而不同。

如果使用反引号，你将创建一个原始字符串（raw string）字面值。如果使用双引号，则将创建一个解释型字符串（interpreted string）字面值。

2.3.1　解释型字符串字面值

解释型字符串字面值是由双引号包含的字符序列，例如 bar。在双引号内，除了未转义的双引号和换行符，任何其他字符都可以出现。

你一定会用到解释型字符串字面值，因为它允许使用转义字符，如清单 2.13 中的\t 和\n。

清单 2.13　解释型字符串字面值

```
package main
```

```
import "fmt"

func main() {
    a := "Say \"hello\"\n\t\tto Go!\n\n\nHi!"
    fmt.Println(a)
}
```

```
$ go run .
Say "hello"
        to Go!


Hi!
```

Go Version: go1.19

2.3.2　原始字符串字面值

原始字符串字面值是指包含在反引号之间的字符序列。在反引号内，除了反引号，任何其他字符都可以出现，如清单 2.14 所示。

清单 2.14　原始字符串字面值

```
package main

import "fmt"

func main() {
    a := 'Say "hello" to Go!'
    fmt.Println(a)
}
```

反斜杠在原始字符串字面值中并没有特殊含义。例如，试图插入换行符或制表符是不可行的，如清单 2.15 所示。这些字符将被解释为字符串的一部分。

清单 2.15　带有转义字符的原始字符串字面值

```
package main

import "fmt"

func main() {
    a := 'Say "hello"\n\t\tto Go!\n\n\nHi!'
    fmt.Println(a)
}
```

```
$ go run .
```

```
Say "hello"\n\t\tto Go!\n\n\nHi!
```
Go Version: go1.19

不同于解释型字符串字面值，原始字符串字面值可以用于创建多行字符串。这使得原始字符串字面值在创建多行模板、模拟用于测试的 JSON 数据等方面非常有用。在清单 2.16 中，我们使用多行字符串字面值创建用于测试的 JSON 内容。

清单 2.16　包含多行字符串的原始字符串字面值

```
package main

import "fmt"

func main() {
    a := '# json data for testing
{
    "id": 1,
    "name": "Janis",
    "email": "pearl@example.com"
}
'

    fmt.Println(a)
}
```
```
$ go run .

# json data for testing
{
    "id": 1,
    "name": "Janis",
    "email": "pearl@example.com"
}
```
Go Version: go1.19

2.4 UTF-8

Go 语言原生支持 UTF-8 字符，既无须做任何特殊的设置，也无须依赖其他库或包。在清单 2.17 中，我们用英文字符表示 Hello，用中文字符表示世界。在这个例子中，Go 语言只是将结果输出到了控制台。在后面的“遍历 UTF-8 字符”一节中，你会看到 Go 语言是如何正确遍历英文和中文字符的。

清单 2.17　一个输出“hello, 世界”的简单程序

```
func main() {
```

```
    a := "Hello, 世界"
    fmt.Println(a)
}
```

```
$ go run .

Hello, 世界
```

Go Version: go1.19

2.4.1 rune

rune 是 int32 类型的别名，用来表示单个字符。一个 rune 字符的 UTF-8 编码可以由 1 到 3 个字节组成[①]。这使得单字节字符和多字节字符都可以使用 rune 来表示。rune 可以用单引号 (') 字符来定义。在清单 2.18 中，我们基于字母 A 创建了一个新的 rune，然后使用%v 格式化控制符输出该 rune 的值。最后，我们使用%T 格式化控制符来输出该 rune 的类型。

清单 2.18 输出一个 rune 的相关信息

```
func main() {
    a := 'A'
    fmt.Printf("%v (%T)\n", a, a)
}
```

如清单 2.19 所示，当作为一个值打印时，rune 将被输出成一个 int32 类型，与字符的 UTF-8 编码值相对应。

清单 2.19 将 rune 输出为一个 int32

```
$ go run .

65 (int32)
```

Go Version: go1.19

2.4.2 遍历 UTF-8 字符串

如清单 2.20 所示，当遍历一个 UTF-8 字符串并访问其中的每个字符时，如果你不小心，就会遇到问题。第一种遍历方式是使用传统的 for 循环，在字符串的字节上进行遍历。

清单 2.20 遍历 UTF-8 字符串的每个字符

```
func main() {
    a := "Hello, 世界" // 9个字符(包括空格与逗号)
    for i := 0; i < len(a); i++ {
        fmt.Printf("%d: %s\n", i, string(a[i]))
```

---

① 原文为"一个 rune 字符可以由 1～3 个 int32 值组成"，此处有误，一个 rune 字符的值仅对应一个 int32，其 UTF-8 编码才是由 1～3 个字节组成的。——译者注

```
    }
}
```

　　但是，当以这种方式遍历时，其输出是不可预知的，如清单 2.21 所示。

　　清单 2.21　遍历 UTF-8 字符串中的字符时，输出结果不可预知

```
$ go run .

0: H
1: e
2: l
3: l
4: o
5: ,
6:
7: ä
8: ‚
9: ▨
10: ç
11: ▨
12: ▨
```

Go Version: go1.19

　　注意清单 2.21 中针对索引 7～12 输出的意外字符。出现这种情况是因为输出了 rune 表示的中文字符的 UTF-8 编码[①]。

　　要在 Go 语言中遍历字符串中的每个字符，正确的方法是在循环中使用 range 关键字，如清单 2.22 所示。

　　清单 2.22　正确地对 UTF-8 字符串中的每个字符进行遍历

```
a := "Hello, 世界"
for i, c := range a {
    fmt.Printf("%d: %s\n", i, string(c))
}
```

```
$ go run .

0: H
1: e
2: l
3: l
4: o
5: ,
6:
7: 世
```

----

① rune 不是由 int32 类型的集合构成的，原文有错误，已改。——译者注

```
10: 界
```

```
Go Version: go1.19
```

range 关键字确保我们使用适当的索引值和 int32 类型的个数来捕获对应的 rune 值。我们在第 4 章中会详细讨论 range 关键字。

2.5 变量

Go 语言支持多种用来声明和初始化变量的方法。有时，我们可以使用不同的方法来声明完全相同的变量和值。在 Go 语言中，每种声明或初始化方法都有其独特的用途。

2.5.1 变量声明

Go 是一种静态类型语言，其变量的类型在编译时就已经知道了。这意味着在声明变量时，必须指定该变量的类型。新的变量可以用 var 关键字加上名称和类型来声明。在 Go 语言中，当你声明一个变量或一个函数的参数时，变量名放在前面，然后才是变量的类型：var<名称><类型>。在清单 2.23 中，我们创建的四个变量都使用了这种模式。例如，var i int 声明了一个名为 i 的新变量，其类型为 int。

清单 2.23　在 Go 中声明变量

```
func main() {
    // var
    var i int    // 声明了一个变量 i，其类型为 int
    var f float64 // 声明了一个变量 f，其类型为 float64
    var b bool   // 声明了一个变量 b，其类型为 bool
    var s string // 声明了一个变量 s，其类型为 string
}
```

2.5.2 变量赋值

声明变量后，可以用运算符=为其赋值，该值可以是变量类型的任意值，如清单 2.24 所示。

清单 2.24　在 Go 中为变量赋值

```
func main() {
    var i int    // 声明了一个变量 i，其类型为 int
    var f float64 // 声明了一个变量 f，其类型为 float64
    var b bool   // 声明了一个变量 b，其类型为 bool
    var s string // 声明了一个变量 s，其类型为 string

    i = 42       // 将 42 赋值给变量 i
    f = 3.14     // 将 3.14 赋值给变量 f
    b = true     // 将 true 赋值给变量 b
```

```
    s = "hello world" // 将"hello world"赋值给变量 s
}
```

当试图用一个与变量类型不同的类型的值给变量赋值时，编译器会报告错误，如清单 2.25 所示。

清单 2.25　用一个与变量类型不同的类型的值给变量赋值

```
func main() {
    var i int     // 声明了一个变量 i，其类型为 int
    var f float64 // 声明了一个变量 f，其类型为 float64
    var b bool    // 声明了一个变量 b，其类型为 bool
    var s string  // 声明了一个变量 s，其类型为 string

    i = "42"
    f = true
    b = 3.14
    s = 42
}
```

```
$ go build .
# demo
./main.go:10:6: cannot use "42" (untyped string constant) as int value in
➥assignment
./main.go:11:6: cannot use true (untyped bool constant) as float64 value in
➥assignment
./main.go:12:6: cannot use 3.14 (untyped float constant) as bool value in
➥assignment
./main.go:13:6: cannot use 42 (untyped int constant) as string value in
➥assignment
```

Go Version: go1.19

2.5.3　零值

已声明但未初始化的变量会有一个零值，该零值的类型与变量的类型相同。比如 int 类型的变量的零值是 0。复杂类型如结构体（struct）类型，其零值是由该类型的各个字段的零值组成的。

fmt 包有几个可以用来检视变量的格式化控制符和函数。例如，%T 格式化控制符可以输出变量的类型，如清单 2.26 所示。

清单 2.26　Go 语言中零值的类型

```
func main() {
    var i int
    var f float64
    var b bool
```

```
    var s string

    fmt.Printf("var i %T = %v\n", i, i)
    fmt.Printf("var f %T = %f\n", f, f)
    fmt.Printf("var b %T = %v\n", b, b)
    fmt.Printf("var s %T = %q\n", s, s)
}
```

```
$ go run .

var i int = 0
var f float64 = 0.000000
var b bool = false
var s string = ""
```

Go Version: go1.19

2.5.4 nil

Go 语言中的一些类型,如 map、接口（interface）和指针（pointer）,没有显而易见的零值。Go 语言为这些类型设定的零值是 nil。我们在本书后面将更详细地探讨 nil。

2.5.5 零值速查表

清单 2.27 展示了各种类型的零值。有一些类型我们还没有涉及,但后面会更详细地介绍它们。

清单 2.27 零值速查表

```
var s string    // 默认值为""
var r rune       // 默认值为 0
var bt byte      // 默认值为 0
var i int        // 默认值为 0
var ui uint      // 默认值为 0
var f float32    // 默认值为 0
var c complex64  // 默认值为 0+0_i[1]
var b bool       // 默认值为 false
var arr [2]int   // 默认值为[0 0]
var obj struct {
    b    bool
    arr [2]int
}                // 默认值为{false [0 0]}
var si []int           // 默认值为 nil[2]
var ch chan string     // 默认值为 nil
var mp map[int]string  // 默认值为 nil
var fn func()    // 默认值为 nil
var ptk *string  // 默认值为 nil
```

① 原书此处为 0,有误。——译者注
② 原文用了 int,应该是笔误。——译者注

```
var all any        // 默认值为nil
$ go run

string             : ""
rune               : 0
byte               : 0
int                : 0
uint               : 0
float32            : 0
complex64          : (0+0i)
bool               : false
array [2]int       : [0 0]
struct             : {false [0 0]}
slice []int        : [ ]
channel chan string : <nil>
map map[int]string : map[]
function func()    : <nil>
*string            : <nil>
any                : <nil>
Go Version: go1.19
```

2.5.6 变量声明与初始化

声明变量时，我们常要用一个值对变量进行初始化，这可以通过在声明变量的同时给变量赋值来实现，如清单 2.28 所示。

清单 2.28 在 Go 语言中声明并初始化变量

```
func main() {
    var i int = 42
    var f float64 = 3.14
    var b bool = true
    var s string = "hello world"
}
```

当声明并初始化一个变量时，可以使用运算符:=来缩短声明和初始化的过程，如清单 2.29 所示。

清单 2.29 用运算符:=声明和初始化变量

```
func main() {
    i := 42
    f := 3.14
    b := true
    s := "hello world"

    fmt.Printf("var i %T = %v\n", i, i)
```

```
    fmt.Printf("var f %T = %f\n", f, f)
    fmt.Printf("var b %T = %v\n", b, b)
    fmt.Printf("var s %T = %q\n", s, s)
}
```

```
$ go run .
var i int = 42
var f float64 = 3.140000
var b bool = true
var s string = "hello world"
```

```
Go Version: go1.19
```

使用运算符:=时，变量会同时被声明和初始化，Go 语言会根据赋予变量的值来推断出变量的类型。对于大多数类型，Go 编译器可轻松推断出变量的正确类型。然而，当涉及数值时，编译器则需要猜测其类型，默认情况下会假定变量的类型为 int 或 float64。如果所赋的值中有小数点，则默认变量是 float64 类型。

如果需要一个 int 或 float64 以外的数值类型，则可以使用 var 关键字来声明变量并指定其类型。另外，你也可以在使用运算符:=时显式地将数值转换为所需类型，如清单 2.30 所示。

清单 2.30　Go 语言中的类型值转换

```
func main() {
    i := uint32(42)
    f := float32(3.14)

    fmt.Printf("var i %T = %v\n", i, i)
    fmt.Printf("var f %T = %f\n", f, f)
}
```

```
$ go run .

var i uint32 = 42
var f float32 = 3.140000
```

```
Go Version: go1.19
```

2.5.7　多变量赋值

Go 语言支持在同一行中为多个变量赋值。每个值都可以是不同的数据类型。在清单 2.31 中，我们声明了新变量 i、f、b 和 s，并给它们赋了值。例如，变量 i 的值为 42，f 的值为 3.14，以此类推。当我们运行这段代码时，我们看到每个变量都被正确地分配了适当的值和类型。

清单 2.31　Go 语言中的多变量赋值

```
func main() {
    i, f, b, s := 42, 3.14, true, "hello world"

    fmt.Printf("var i %T = %v\n", i, i)
```

```
    fmt.Printf("var f %T = %f\n", f, f)
    fmt.Printf("var b %T = %v\n", b, b)
    fmt.Printf("var s %T = %q\n", s, s)
}
```

```
$ go run .

var i int = 42
var f float64 = 3.140000
var b bool = true
var s string = "hello world"
```

Go Version: go1.19

这种在一行中为多个变量赋值的方法可以减少代码行数，但要确保不会因为减少代码行数而影响可读性。

多变量赋值在捕捉函数调用的结果时最为常用，如清单 2.32 所示。

清单 2.32 Go 语言通过函数调用结果为多变量赋值

```
func main() {
    i, f, b, s := Values()

    fmt.Printf("var i %T = %v\n", i, i)
    fmt.Printf("var f %T = %f\n", f, f)
    fmt.Printf("var b %T = %v\n", b, b)
    fmt.Printf("var s %T = %q\n", s, s)
}

func Values() (int, float64, bool, string) {
    return 42, 3.14, true, "hello world"
}
```

```
$ go run .

var i int = 42
var f float64 = 3.140000
var b bool = true
var s string = "hello world"
```

Go Version: go1.19

2.5.8 未使用的变量

Go 编译器不允许代码中出现未使用的变量或未使用的导入包，如清单 2.33 所示。Go 语言还要求你捕获函数调用返回的所有结果，即使你不使用这些结果值。

清单 2.33 Go 语言中未使用的变量

```
func main() {
```

```
    i, f, b, s := Values()

    fmt.Println(s)
}

func Values() (int, float64, bool, string) {
    return 42, 3.14, true, "hello world"
}
```

```
$ go run .

# demo
./main.go:7:2: i declared but not used
./main.go:7:5: f declared but not used
./main.go:7:8: b declared but not used
```
Go Version: go1.19

如果我们要让 Go 编译器忽略一个变量值，可以把该变量值分配给空白标识符_。将空白标识符_作为不使用的变量的占位符，编译器便能够成功运行。例如，在清单 2.34 中，Values 函数返回四个不同的值。在这个例子中，我们只想要这四个值中的最后一个。为了忽略前三个值，我们可以使用空白标识符_来告诉 Go 程序忽略这些值。结果是代码仅声明了一个变量 s，其值为 hello world。

清单 2.34　在 Go 程序中忽略变量

```
func main() {
    _, _, _, s := Values()

    fmt.Println(s)
}

func Values() (int, float64, bool, string) {
    return 42, 3.14, true, "hello world"
}
```

```
$ go run .

hello world
```
Go Version: go1.19

2.6　常量

常量和变量一样，只是它们一旦被声明就不能再被修改。常量只能是一个字符、字符串、布尔值或数值。常量是用 const 关键字声明的，如清单 2.35 所示。

清单 2.35　定义一个常量

```
func main() {
    const gopher = "Gopher"
    fmt.Println(gopher)
}
```

```
$ go run .
```

```
Gopher
```

Go Version: go1.19

如果你试图在常量被声明后修改它，将得到一个编译时错误，如清单 2.36 所示。

清单 2.36　试图修改一个常量

```
func main() {
    const gopher = "Gopher"
    gopher = "Bunny"
    fmt.Println(gopher)
}
```

```
$ go run .
```

```
# demo
./main.go:8:2: cannot assign to gopher (untyped string constant "Gopher")
```

Go Version: go1.19

像 map 和切片这样的可以被修改的值不能作为常量，函数调用的返回结果也不能作为常量，如清单 2.37 所示。

清单 2.37　试图修改一个变量

```
func main() {
    const gopher = func() string {
        return "Gopher"
    }()

    const names = []string{"Kurt", "Janis", "Jimi", "Amy"}

    fmt.Println(gopher)
}
```

```
$ go run .
```

```
# demo
./main.go:7:17: func() string {...}() (value of type string) is not constant
./main.go:11:16: []string{...} (value of type []string) is not constant
```

Go Version: go1.19

2.6.1 带类型的常量

如果你声明了一个带类型的常量，那么那个类型即确定为该常量的类型。在清单 2.38 中，leapYear 的类型被定义为 int32，这意味着它只能与 int32 类型的数据进行操作。

清单 2.38 带类型的常量

```
const (
    leapYear = int32(366) // 带类型的常量
)
```

在清单 2.39 中，变量 hours 的声明中没有类型，所以它被认为是无类型的。正因为如此，你可以将它与其他任何整数数据类型一起使用。如果你试图将一个带类型的常量与不同类型的变量一起使用，Go 程序会抛出一个编译时错误。

清单 2.39 尝试将一个带类型的常量与不同类型的变量一起使用

```
func main() {
    hours := 24
    fmt.Println(hours * leapYear) // 将 int 类型的变量和 int32 类型的常量相乘
}
```
```
$ go run .

# demo
./main.go:15:14: invalid operation: hours * leapYear (mismatched types int
➥ and int32)
Go Version: go1.19
```

2.6.2 无类型常量（推断类型）

常量可以是无类型的，也就是说，它们的类型是由赋给它们的值推断出来的。这在处理数值（如整数类型的数据）时非常有用。如果常量是无类型的，它就会被隐式地转换[①]，而带类型的常量则不会。例如，在清单 2.40 中，year 是无类型的常量，这意味着它可以作为 Go 程序中的任何整数类型。当我们试图将无类型的常量 year 与 int 类型的变量 hours 相乘时，Go 语言会将常量 year 转换为 int 类型。当将 year 与 int32 类型的 minutes 变量相乘时，Go 语言会将常量 year 转换为 int32 类型。

清单 2.40 推断类型的常量

```
package main

import "fmt"
```

---

① 原文为显式地转换，有误，应为隐式地（implicitly）转换。——译者注

```
const (
    year     = 365          //  无类型的常量
    leapYear = int32(366) // 带类型的常量
)

func main() {
    hours := 24
    minutes := int32(60)
    fmt.Println(hours * year)          //将 int 类型的变量与无类型常量相乘
    fmt.Println(minutes * year)        //将 int32 类型的变量与无类型常量相乘
    fmt.Println(minutes * leapYear) //将同为 int32 类型的一个变量与一个常量相乘
}
```

```
$ go run .

8760
21900
21960
```

Go Version: go1.19

2.6.3 类型推断

重要的是要记住，无类型的常量或变量会被转换为操作所需的类型，以进行相应的操作。在清单 2.41 中，你可以看到常量 a 和 b 以及变量 d 都是无类型的，它们都被转换为操作所需的整数类型了。

清单 2.41 类型推断

```
const (
    a = 2
    b = 2
    c = int32(2)
 )

func main() {
    fmt.Printf("a = %[1]d (%[1]T)\n", a)
    fmt.Printf("b = %[1]d (%[1]T)\n", b)
    fmt.Printf("c = %[1]d (%[1]T)\n", c)

    fmt.Printf("a*b = %[1]d (%[1]T)\n", a*b)
    fmt.Printf("a*c = %[1]d (%[1]T)\n", a*c)

    d := 4
    e := int32(4)

    fmt.Printf("a*d = %[1]d (%[1]T)\n", a*d)
    fmt.Printf("a*e = %[1]d (%[1]T)\n", a*e) }
```

```
$ go run .

a = 2 (int)
b = 2 (int)
c = 2 (int32)
a*b = 4 (int)
a*c = 4 (int32)
a*d = 8 (int)
a*e = 8 (int32)
```

Go Version: go1.19

2.7 标识符命名

标识符的命名是相当灵活的，但是你需要记住如下的一些规则。

- 变量名区分大小写，这意味着 userName、USERNAME、UserName 和 uSERnAME 是完全不同的变量。
- 变量名不能是保留字。
- 变量名不能以数字开头。
- 变量名不能包含特殊字符。
- 变量名必须仅由字母、数字和下画线组成。
- 变量名必须只有一个单词（即没有空格）。

糟糕的标识符命名

清单 2.42 展示了几个糟糕的标识符命名和由此产生的编译错误。

清单 2.42 糟糕的标识符命名示例

```
func main() {
    var !i int
    var $_f float64
    var 5b bool
    var b!!! bool
    var user-name string
    var #tag string
    var tag# string
    var user name string
    var "username" string
    var interface string
}
```

```
$ go build .

# demo
```

```
./main.go:7:6: syntax error: unexpected !, expecting name
./main.go:8:6: invalid character U+0024 '$'
./main.go:9:6: syntax error: unexpected literal 5, expecting name
./main.go:10:7: syntax error: unexpected !, expecting type
./main.go:11:10: syntax error: unexpected -, expecting type
./main.go:12:6: invalid character U+0023 '#'
./main.go:13:9: invalid character U+0023 '#'
./main.go:14:16: syntax error: unexpected string at end of statement
./main.go:15:6: syntax error: unexpected literal "username", expecting name
./main.go:16:6: syntax error: unexpected interface, expecting name
./main.go:16:6: too many errors
```

Go Version: go1.19

2.7.1 命名风格

关于命名风格，最重要的是要保持一致，团队也需要在命名风格上达成共识。

在 Go 语言中，使用非常简洁（或简短）的变量名很常见。如果要在变量名 userName 和 user 之间选择，user 更符合惯例。

作用域也会影响变量名的简洁程度。一般来说，变量作用域越小，变量名就越简短。清单 2.43 中的例子展示了在 for 循环内使用简短变量名 i 和 n。

清单 2.43 使用短变量名

```
names := []string{"Amy", "John", "Bob", "Anna"}
for i, n := range names {
    fmt.Printf("index: %d = %q\n", i, n)
}
```

由于变量 names 拥有一个更大的作用域，因此通常要给它取一个更有意义的名字，以帮助我们记住它在程序中的含义。变量 i 和 n 在下一行代码中则会立即被使用，并且后续不再使用。正因为如此，阅读代码的人不会对它们在哪里被使用或它们的含义是什么而感到困惑。

最后对命名风格做一下说明。Go 语言使用 MixedCaps 或 mixedCaps 风格来命名多单词名称，而不是用下画线来连接名字中的多个单词。表 2.1 展示了两者之间的区别。

表 2.1 符合惯例和不符合惯例的命名风格示例

符合惯例的风格	不符合惯例的风格	为什么不符合惯例
userName	user_name	通过下画线连接不符合惯例
i	index	i 更短，优先选择 i 而不是 index
serveHTTP	serveHttp	首字母缩略词应该全大写
userID	UserId	首字母缩略词应该全大写

2.7.2　与包名冲突

偶尔，你可能会想使用一个与包名相同的变量名。Go 语言允许这样做，但从 go 源文件中有冲突的位置开始，你就不能再使用那个包了。

看一下清单 2.44 中的 path 包。path 包用来操作路径，比如 URL。

清单 2.44　path 包

```
$go doc path

package path // import "path"

Package path implements utility routines for manipulating slash-separated
➥paths.

The path package should only be used for paths separated by forward slashes,
➥such as the paths in URLs. This package does not deal with Windows paths
➥with drive letters or backslashes; to manipulate operating system paths,
➥use the path/filepath package.

var ErrBadPattern = errors.New("syntax error in pattern")
func Base(path string) string
func Clean(path string) string
func Dir(path string) string
func Ext(path string) string
func IsAbs(path string) bool
func Join(elem ...string) string
func Match(pattern, name string) (matched bool, err error)
func Split(path string) (dir, file string)
```
Go Version: go1.19

在使用 path 包时，标识符 path 是一个糟糕[1]的候选变量名，请看清单 2.45。

清单 2.45　与包名冲突

```
package main

import (
    "fmt"
    "path"
)

func main() {
    name := "file.txt"
```

---

[1] 原文为 good（好的），有误。——译者注

```
    ext := path.Ext(name)

    fmt.Println("Extension:", ext)

    path := "/home/dir"

    path = path.Join(path, "file.txt")

    fmt.Println("Path:", path)
}
```

在清单 2.45 中，在定义变量 path 之前，我们可以使用 path.Ext 函数。在定义了变量 path 之后，我们就不能再访问 path 包中的函数了，比如 path.Join。清单 2.46 显示了在用 path 变量遮蔽 path 包后，我们试图调用 path.Join 函数时的编译错误。

清单 2.46　编译清单 2.45 中代码时的错误

```
$ go run .

# demo
./main.go:18:14: path.Join undefined
➥(type string has no field or method Join)
```

Go Version: go1.19

2.7.2.1　解决冲突问题

解决这个问题的最好方法是为变量使用一个与包名不同的名字，如清单 2.47 所示。

清单 2.47　解决与包名冲突的问题

```
package main

import (
    "fmt"
    "path"
)

func main() {
    name := "file.txt"

    ext := path.Ext(name)

    fmt.Println("Extension:", ext)

    fp := "/home/dir"
```

```
        fp = path.Join(fp, "file.txt")

        fmt.Println("Path:", fp)
}
```

```
$ go run .

Extension: .txt
Path: /home/dir/file.txt
```

Go Version: go1.19

2.7.2.2 使用包别名解决名字冲突问题

清单 2.45 中的命名冲突可以通过引入 path 包的别名来解决，如清单 2.48 所示。但是，这并不是一个好的实践，应该尽量避免。因为修改一个局部变量的名称，要比为整个 .go 文件重命名容易得多，也不太可能出错。

清单 2.48 通过包别名解决名字冲突问题

```
package main

import (
    "fmt"
    gpath "path"
)

func main() {
    name := "file.txt"

    ext := gpath.Ext(name)

    fmt.Println("Extension:", ext)

    path := "/home/dir"

    path = gpath.Join(path, "file.txt")

    fmt.Println("Path:", path)
}
```

```
$ go run .

Extension: .txt
Path: /home/dir/file.txt
```

Go Version: go1.19

2.7.3　通过首字母大写实现标识符导出

在 Go 语言中，标识符第一个字母的大小写有特殊意义。如果一个标识符以大写字母开头，那么这个标识符可以在声明（或导出）它的包外部使用。如果一个标识符以小写字母开头，那它只能在声明它的包的内部使用。

在清单 2.49 中，Email 以大写字母开头，因而可以被其他包访问。password 以小写字母开头，因而只能在声明它的包中使用。

清单 2.49　通过首字母大写导出标识符

```
var Email string
var password string
```

2.8　打印与格式化

大多数情况下，当我们需要打印或格式化一个值或类型时，我们会使用 fmt 包。fmt 包提供了许多用于打印和格式化值的函数。Go 语言使用了类似 C 语言的格式化风格，但更简单。

fmt 包的应用范围非常广泛，这里仅介绍最常用的函数和格式化控制符。fmt 包的文档全面概述了所有可用的格式化控制符以及它们的用法。

2.8.1　格式化函数

在阅读 fmt 包的文档时，我们注意到有许多函数几乎是相同的，如 fmt.Sprintf、fmt.Printf 和 fmt.Fprintf，如清单 2.50 所示。这些函数的核心都是基于用户的输入生成格式化的字符串。这 n 组函数之间的区别在于格式化字符串的输出方式。

清单 2.50　fmt 包

```
$ go doc -short fmt

func Errorf(format string, a ...any) error
func Fprint(w io.Writer, a ...any) (n int, err error)
func Fprintf(w io.Writer, format string, a ...any) (n int, err error)
func Fprintln(w io.Writer, a ...any) (n int, err error)
func Fscan(r io.Reader, a ...any) (n int, err error)
func Fscanf(r io.Reader, format string, a ...any) (n int, err error)
func Fscanln(r io.Reader, a ...any) (n int, err error)
func Print(a ...any) (n int, err error)
func Printf(format string, a ...any) (n int, err error)
func Println(a ...any) (n int, err error)
func Scan(a ...any) (n int, err error)
func Scanf(format string, a ...any) (n int, err error)
```

```
func Scanln(a ...any) (n int, err error)
func Sprint(a ...any) string
func Sprintf(format string, a ...any) string
func Sprintln(a ...any) string
func Sscan(str string, a ...any) (n int, err error)
func Sscanf(str string, format string, a ...any) (n int, err error)
func Sscanln(str string, a ...any) (n int, err error)
type Formatter interface{ ... }
type GoStringer interface{ ... }
type ScanState interface{ ... }
type Scanner interface{ ... }
type State interface{ ... }
type Stringer interface{ ... }
```

Go Version: go1.19

2.8.1.1　Sprint 函数

像 fmt.Sprint 这样的以 Sprint 开头的函数，都会返回一个格式化后的字符串，如清单 2.51 所示。

清单 2.51　fmt.Sprint 函数

```
$ go doc fmt.Sprint

package fmt // import "fmt"
func Sprint(a ...any) string
    Sprint formats using the default formats for its operands and returns
    ➥the resulting string. Spaces are added between operands when neither
    ➥is a string.
```

Go Version: go1.19

2.8.1.2　Print 函数

像 fmt.Print 这样的以 Print 开头的函数，都会将格式化后的字符串打印到标准输出上，如清单 2.52 所示。

清单 2.52　fmt.Print 函数

```
$ go doc fmt.Print

package fmt // import "fmt"

func Print(a ...any) (n int, err error)
    Print formats using the default formats for its operands and writes to
    ➥standard output. Spaces are added between operands when neither is
    ➥a string. It returns the number of bytes written and any write
    ➥error encountered.
```

Go Version: go1.19

2.8.1.3 Fprint 函数

像 fmt.Fprintf 这样的以 Fprint 开头的函数，都会将格式化后的字符串打印到所提供的 io.Writer 中。清单 2.53 展示了关于 Fprint 函数的示例。

清单 2.53 fmt.Fprint 函数

```
$ go doc fmt.Fprint

package fmt // import "fmt"

func Fprint(w io.Writer, a ...any) (n int, err error)
    Fprint formats using the default formats for its operands and writes
    ➡to w. Spaces are added between operands when neither is a string.
    ➡It returns the number of bytes written and any write error encountered.
```

Go Version: go1.19

2.8.2 换行

fmt 包中大多数以 Print 和 Sprint 开头的函数都不会在字符串的末尾添加换行符。

在清单 2.54 中，你可以看到两个 fmt.Print 函数的输出在同一行。使用这些函数时，如果想让输出换行，可以使用\n 转义序列来实现，或者像清单 2.55 中的代码那样使用 fmt.Println 函数。

清单 2.54 大多数 Print 函数不会自动添加换行

```
package main

import "fmt"

func main() {
    fmt.Print("This statement is NOT printed with a line return at the end.")
    fmt.Print("Another statement without a line return.")
}
```

```
$ go run .

This statement is NOT printed with a line return at the end. Another statement
➡without a line return.
```

Go Version: go1.19

清单 2.55 fmt.Println 函数会自动在字符串末尾添加一个换行符

```
package main

import "fmt"

func main() {
    fmt.Println("This statement is printed with a line return at the end.")
```

```
    fmt.Print("Another statement with a line return.\n")
}
```
```
$ go run .

This statement is printed with a line return at the end.
Another statement with a line return.
```
Go Version: go1.19

2.8.3 使用 Println 打印多个参数

如清单 2.56 所示，调用 fmt.Println 函数时，多个参数会按照传入的顺序打印，每行打印结束后都会添加一个换行符。

清单 2.56 fmt.Println 函数会在每个要打印的参数的末尾自动加上一个换行符

```
package main

import "fmt"

func main() {

    a := 1

    fmt.Println("This will join all arguments and print them. a =", a)
    fmt.Println("Println will also automatically insert spaces between
➥arguments.", "foo", "bar")
    fmt.Println("So many arguments", "carrot", "onion", "potato", "tomato",
➥"celery", "spinach")
}
```
```
$ go run .

This will join all arguments and print them. a = 1
Println will also automatically insert spaces between arguments. foo bar
So many arguments carrot onion potato tomato celery spinach
```
Go Version: go1.19

2.8.4 使用格式化函数

所有以 f 结尾的函数，如 fmt.Sprintf，都允许使用格式化控制符来实现不同风格的格式化。格式化控制符通常以%或\字符为前导。

2.8.5 转义序列

转义序列，如创建新行的\n 和创建制表符的\t，可用于格式化输出，如清单 2.57 所示。

清单 2.57 使用转义序列\n 和\t

```
package main

import (
    "fmt"
)

func main() {
    // 使用'\n'添加一个换行符
    fmt.Printf("Hello, World!\n")

    // 使用'\t'添加一个制表符
    fmt.Printf("\tHello, World!\n")
}
```

```
$ go run .

Hello, World!
        Hello, World!
```

Go Version: go1.19

对转义字符进行转义

格式化控制符以%字符开头，转义序列以\字符开头。有时可能需要在格式化的字符串中使用这些字符本身，为实现这一点，每个字符都需要通过重复自身来进行转义，如清单 2.58 所示。

清单 2.58 转义字符%和\的转义

```
package main

import (
    "fmt"
)

func main() {
    // 使用'\\'来产生一个反斜杠
    fmt.Printf("A '\\' is called a backslash\n")

    // 使用'%%'来产生一个百分号
    fmt.Printf("The '%%' symbol is called a percent sign\n")
}
```

```
$ go run .

A '\' is called a backslash
```

```
The '%' symbol is called a percent sign
```

Go Version: go1.19

2.8.6 格式化字符串

在格式化字符串时，两个最常见的格式化控制符是%s 和%q。%s 打印的是字符串的原貌，而%q 打印的是带有引号的字符串。如清单 2.59 所示。

清单 2.59 使用%s 和%q 来格式化字符串

```
package main

import (
    "fmt"
)

func main() {

    s := "Hello, World!"

    // 使用'%s'打印一个字符串
    fmt.Printf("%s\n", s)

    // 使用'%q'打印一个字符串
    fmt.Printf("%q\n", s)
}
```

```
$ go run .

Hello, World!
"Hello, World!"
```

Go Version: go1.19

2.8.7 格式化整型

如前所述，Go 语言中有许多表示整数的类型，这组类型统称为整型。所有的整数都遵守相同的格式化规则。在清单 2.60 中，整数是用%d 打印的。

清单 2.60 使用%d 格式化整型

```
package main

import (
    "fmt"
)
```

```
func main() {

    // 使用'%d'打印一个整数
    fmt.Printf("%d\n", 12345)

    // 使用'%+d'打印一个有符号整数
    fmt.Printf("%+d\n", 12345)
    fmt.Printf("%+d\n", -12345)
}
```

```
$go run .

12345
+12345
-12345
```

Go Version: go1.19

清单 2.60 还演示了在格式化控制符中添加+号后，整数会与其符号一起打印出来的情况。

整数填充

fmt 包提供了几种在格式化时对整数进行填充的方法。我们可以修改%d 格式化控制符，在整数的右边或左边增加填充。这两种填充被认为是最小填充。如果一个数的宽度大于最小填充值，那么这个数字将被原样打印。

填充的宽度是通过格式化控制符%d 中 d 前面的一个整数来声明的。例如，在清单 2.61 的%5d 中，整数 5 被用来声明填充的宽度。

清单 2.61 整数的左填充

```
package main

import "fmt"

func main() {

    d := 123

    // 使用'%5d'打印一个整数，在其左边用空格填充，该整数至少有 5 个字符宽
    fmt.Printf("Padded: '%5d'\n", d)

    // 使用'%0①5d'打印一个整数，在其左边用零填充，该整数至少有 5 个字符宽
    fmt.Printf("Padded: '%05d'\n", d)

    // 对于大于填充值的数，按原样打印
    fmt.Printf("Padded: '%5d'\n", 1234567890)
```

---

① 原书有误，少了 0。——译者注

```
}
```

```
$ go run .

Padded: '  123'
Padded: '00123'
Padded: '1234567890'
```

Go Version: go1.19

通过在%字符后面添加一个 0，你可以指定用零而不是空格来进行填充。例如，在清单 2.61
的%05d 中，指定用零来填充。

对于整数，也可以在%字符后使用-字符来指定向右填充。例如，在清单 2.62 的%-5d 中，
用-字符来指定向右填充。

清单 2.62 整数的右填充

```
package main

import "fmt"

func main() {

    d := 123

    // 使用'%-5d'打印一个整数，在该整数的右边填充空格，该整数至少有 5 个字符宽
    fmt.Printf("Padded: '%-5d'\n", d)

    // 大于填充值的数字，按原样打印
    fmt.Printf("Padded: '%-5d'\n", 1234567890)
}
```

```
$ go run .

Padded: '123  '
Padded: '1234567890'
```

Go Version: go1.19

2.8.8 格式化浮点型

与整数的格式化类似，浮点数的格式化使用%f 格式化控制符实现，如清单 2.63 所示。

清单 2.63 使用%f 格式化浮点型

```
package main

import (
    "fmt"
)
```

```go
func main() {

    // 使用'%f'打印一个浮点数
    fmt.Printf("%f\n", 1.2345)

    // 使用'%.2f'打印小数点后两位的浮点数
    fmt.Printf("%.2f\n", 1.2345)
}
```

```
$ go run .

1.23   4500
1.23
```
```
Go Version: go1.19
```

　　清单 2.63 也展示了如何对浮点数小数点后的位数进行格式化。例如，在清单 2.63 中，%.2f 中的整数 2 用来指定小数点后的位数为 2。

2.8.9　打印值的类型

　　%T 格式化控制符可以用于打印值的类型。例如，在清单 2.64 中，变量 u 的类型就是用%T 打印的。

清单 2.64　使用%T 打印值的类型

```go
package main

import (
    "fmt"
)

type User struct {
    Name string
    Age  int
}

func main() {

    u := User{
        Name: "Kurt",
        Age: 27,
    }

    // 使用'%T'打印一个值的类型
    fmt.Printf("%T\n", u)
}
```
```
$ go run .
```

```
main.User
```
```
Go Version: go1.19
```

2.8.10　打印值

要打印一个变量的值，你可以使用%v格式化控制符。例如，在清单2.65中，使用%v打印变量u的值。%v打印了结构体中每个字段的值。

清单 2.65　使用%v 来打印值

```go
package main

import (
    "fmt"
)

type User struct {
    Name string
    Age  int
}

func main() {

    u := User{
        Name: "Kurt",
        Age:  27, }

        // 使用'%v'打印一个值
        fmt.Printf("%v\n", u)
}
```
```
$ go run .
```
```
{Kurt 27}
```
```
Go Version: go1.19
```

2.8.11　打印值的更多细节

如果可能，%v 格式化控制符可以与+运算符组合使用，打印出值的更多信息。例如，在清单2.66中，%+v 格式化控制符被用来打印一个结构体的字段名和字段值。

清单 2.66　使用%+v 打印值

```go
package main

import (
```

```
    "fmt"
)
type User struct {
    Name string
    Age int
}

func main() {
    u := User{
        Name: "Kurt",
        Age: 27,
    }

    // 如果可能，使用'%+v'打印一个值的扩展表示
    fmt.Printf("%+v\n", u)
}
```

```
$ go run .

{Name:Kurt Age:27}
```

```
Go Version: go1.19
```

2.8.12　以 Go 语法格式打印值

%#v 格式化控制符以 Go 语言的原生语法格式打印值。例如，在清单 2.67 中，%#v 被用来打印一个结构体的值，这里使用的是 Go 语言的原生语法格式。

清单 2.67　使用%#v 以 Go 语言的语法格式打印值

```
package main

import (
    "fmt"
)

type User struct {
    Name string
    Age int
}

func main() {
    u := User{
        Name: "Kurt",
        Age: 27,
    }

    // 使用'%#v'以 Go 语言的语法格式打印值
```

```
    fmt.Printf("%#v\n", u)
}
```

```
$ go run .
```

```
main.User{Name:"Kurt", Age:27}
```

```
Go Version: go1.19
```

2.8.13 错误使用格式化控制符

当格式化控制符被错误使用时，例如试图用%d 格式化控制符来格式化字符串时，不会引发错误。相反，Go 程序会将错误信息打印到格式化后的字符串中。清单 2.68 展示了几个类型被错误打印的示例。

清单 2.68   错误使用格式化控制符

```
package main

import "fmt"

func main() {

    // 使用'%s'打印整数值
    fmt.Printf("This is an int: %s\n", 42)

    // 使用'%d'打印字符串
    fmt.Printf("This is a string: %d\n", "hello")
}
```

```
$ go run .
```

```
This is an int: %!s(int=42)
This is a string: %!d(string=hello)
```

```
Go Version: go1.19
```

为避免使用错误的格式化控制符以及出现其他问题，应定期对代码运行 go vet 命令，如清单 2.69 所示。大多数编辑器或 Go 插件都已默认启用了这个功能。

清单 2.69   运行 go vet 捕获格式化错误

```
$ go vet .
```

```
# demo
./main.go:8:2: fmt.Printf format %s has arg 42 of wrong type int
./main.go:11:2: fmt.Printf format %d has arg "hello" of wrong type string
```

```
Go Version: go1.19
```

2.8.14 显式的实参索引

在清单 2.70 中，函数的默认行为是使用格式化控制符对后续传入函数的实参进行格式化。

清单 2.70 使用默认的实参索引

```
package main

import "fmt"

func main() {
    fmt.Printf("in order: %s %s %s %s\n", "one", "two", "three", "four")
}
```

```
$ go run .

in order: one two three four
```
Go Version: go1.19

你可以在格式化控制符中使用[N]来指示要使用哪个实参。在清单 2.71 中，我们使用[N]来颠倒参数的顺序。

清单 2.71 使用显式的实参索引

```
package main

import "fmt"

func main() {
    fmt.Printf("explicit: %[4]s %[3]s %[2]s %[1]s\n", "one", "two", "three", "four")
}
```
```
$ go run .

explicit: four three two one
```
Go Version: go1.19

如清单 2.72 所示，使用[N]后，可以实现在格式化字符串中多次使用同一个实参。

清单 2.72 使用显式实参索引来复用实参

```
package main

import "fmt"

func main() {

    name := "Janis"
```

```
    //使用[1]在格式化字符串中多次复用第一个参数
    fmt.Printf("Value of name is %[1]q, type: %[1]T\n", name)
}
$ go run .

Value of name is "Janis", type: string

Go Version: go1.19
```

2.8.15　字符串与数值的相互转换

与 fmt 包不同，strconv 包包含的部分函数可以显式地让单个值或变量在数值与字符串之间转换。最常用的函数是 strconv.ParseInt、strconv.ParseUint、strconv.ParseFloat 和 strconv.Atoi。

当试图将字符串解析成数值时，需要告知 Go 程序该数值的基数和期望的位数。如清单 2.73 所示，从 strconv.ParseInt 函数的文档中可以看到，该函数需要传入一个字符串，以及相应的基数和位数。

清单 2.73　strconv.ParseInt 的参考文档

```
$ go doc strconv.ParseInt

package strconv // import "strconv"

func ParseInt(s string, base int, bitSize int) (i int64, err error)
    ParseInt interprets a string s in the given base (0, 2 to 36) and bit
    ➥size (0 to 64) and returns the corresponding value i.

    The string may begin with a leading sign: "+" or "-".

    If the base argument is 0, the true base is implied by the string's
    ➥prefix following the sign (if present): 2 for "0b", 8 for "0" or "0o", 16
    ➥for "0x", and 10 otherwise. Also, for argument base 0 only, underscore
    ➥characters are permitted as defined by the Go syntax for integer literals.

    The bitSize argument specifies the integer type that the result must fit
    ➥into. Bit sizes 0, 8, 16, 32, and 64 correspond to int, int8, int16,
    ➥int32, and int64. If bitSize is below 0 or above 64, an error
    ➥is returned.

    The errors that ParseInt returns have concrete type *NumError and include
    ➥err.Num = s. If s is empty or contains invalid digits, err.Err =
    ➥ErrSyntax and the returned value is 0; if the value corresponding to s
    ➥cannot be represented by a signed integer of the given size, err.Err =
    ➥ErrRange and the returned value is the maximum magnitude integer of the
    ➥appropriate bitSize and sign.
```

Go Version: go1.19

对于大多数使用情况（包括清单 2.74 中的代码），你可以使用基数和位数的默认值，即 0
和 64。

清单 2.74　Go 程序中字符串与数值的相互转换

```go
package main

import (
    "fmt"
    "log"
    "strconv"
)

func main() {

    // 将一个字符串解析为一个负整数
    i, err := strconv.ParseInt("-42", 0, 64)
    if err != nil {
        log.Fatal(err)
    }

    fmt.Println("-42: ", i)

    //解析一个八进制的整数
    i, err = strconv.ParseInt("0x2A", 0, 64)
    if err != nil {
        log.Fatal(err)
    }

    fmt.Println("0x2A: ", i)

    // 解析一个无符号整数
    u, err := strconv.ParseUint("42", 0, 64)
    if err != nil {
        log.Fatal(err)
    }

    fmt.Println("42 (uint): ", u)

    // 解析一个浮点数
    f, err := strconv.ParseFloat("42.12345", 64)
    if err != nil {
        log.Fatal(err)
    }
```

```
    fmt.Println("42.12345: ", f)

    // 将一个字符串转换为一个整数
    a, err := strconv.Atoi("42")
    fmt.Printf("%[1]v [%[1]T]\n", a)

    if err != nil {
        log.Fatal(err)
    }

}
```

```
$ go run .

-42: -42
0x2A: 42
42 (uint): 42
42.12345: 42.12345
42 [int]
```

```
Go Version: go1.19
```

2.9 本章小结

本章介绍了 Go 语言的基础知识。首先，我们了解了 Go 是一种静态类型的、具有垃圾回收功能的编译型语言。然后，学习了数值、字符串、布尔等内置数据类型。最后，探究了变量、常量和其他标识符的声明和初始化方法。

第 3 章

数组、切片和迭代

本章首先介绍内置的列表类型——数组和切片,然后讨论 Go 语言中用于迭代的 for 关键字,最后介绍如何使用 range 关键字来简化迭代过程。

3.1 列表类型:数组与切片

Go 语言中有两个内置的有序列表集合类型:数组和切片。与其他语言不同,Go 语言没有内置更复杂的列表类型,如链表或树。相反,Go 语言采用组合的概念来创建更复杂的数据结构,标准库中的 list.List 类型就是一个例子。随着讲解的深入,你会了解更多关于组合的细节。

数组和切片都是有序值的集合。它们之间唯一的区别是,数组的大小是固定的,而切片不是。

在规划内存的详细布局时,Go 语言中的数组非常有用。当确切知道需要存储的数据量时,使用数组有时可以帮助避免内存分配。数组也被用作切片的底层存储。

在 Go 语言中切片封装了数组,且提供了一种更通用、更强大、更方便的方式来处理有序值的集合。

3.1.1 数组与切片的差异

数组和切片都是有序值的集合,两者都要求所有值是相同的类型。数组的长度固定,而切片则可以根据需要进行扩容。表 3.1 列出了数组和切片之间的区别。

数组的容量在创建时定义。一旦确定了数组的大小,该大小就不能再被修改。存储数组需要的全部内存都会在创建数组时分配。这意味着数组的大小是固定的,一经创建就不能再调整。数组不再被使用后,将作为垃圾被回收。

表 3.1 比较数组与切片

	数组	切片
固定长度	X	—
固定类型	X	X
索引从 0 开始	X	X

在清单 3.1 中，我们创建了一个包含四个字符串的数组。创建数组时，已为其分配内存，一旦创建，就不能再调整其大小。

清单 3.1 一个包含四个字符串的数组

```
func main() {
    names := [4]string{"Kurt", "Janis", "Jimi", "Amy"}
    fmt.Println(names)
}
```

```
$ go run .

[Kurt Janis Jimi Amy]
```

```
Go Version: go1.19
```

当确切知道需要存储的数据量时，数组非常有用。但通常在创建时并不知道所需空间的大小，在这种情况下就需要使用切片。

切片是更灵活的数据存储方式。切片大小不固定，可以按需扩容。因其具有灵活性，在日常使用中常被用来取代数组。

在清单 3.2 中，我们创建了一个包含四个字符串的切片。这个切片在创建时没有分配内存，可以根据需要扩容。

清单 3.2 一个包含四个字符串的切片

```
func main() {
    names := []string{"Kurt", "Janis", "Jimi", "Amy"}
    fmt.Println(names)
}
```

```
$ go run .

[Kurt Janis Jimi Amy]
```

```
Go Version: go1.19
```

3.1.2 识别差异

一旦创建，数组和切片的行为几乎是一样的。唯一可以看出区别的地方是它们的创建方式：

数组要求你在创建时指定数组的大小，切片则不需要在创建时指定切片的大小。

在清单 3.3 中，namesArray 变量是一个包含四个字符串的数组。NamesSlice 变量则是一个当前拥有四个字符串的切片。

清单 3.3　创建一个数组与创建一个切片

```
func main() {
    namesArray := [4]string{"Kurt", "Janis", "Jimi", "Amy"}
    namesSlice := []string{"Kurt", "Janis", "Jimi", "Amy"}

    fmt.Println(namesArray)
    fmt.Println(namesSlice)
}
```

```
$ go run .

[Kurt Janis Jimi Amy]
[Kurt Janis Jimi Amy]
```

Go Version: go1.19

3.1.3　初始化数组与切片

我们可以直接使用字符串、数值和布尔等简单数据类型，无须特殊初始化。而对于更复杂的数据类型，在使用前可能需要初始化。在初始化时，可以选择用值来填充该类型，也可以让其保持零值。

当初始化一个类型时，你必须使用一对大括号来表示该类型正在被初始化：<类型>{<可选：值>}。

数组和切片在使用前不需要初始化，就像字符串和数值一样，它们可以在不初始化的情况下直接使用。但是，初始化数组或切片可以让你立即能用值填充数组或切片。例如，在清单 3.4 中，我们声明并初始化了不同的切片和数组。变量 a 被声明并初始化为一个包含 5 个 int 值的数组。变量 e 声明了同样的数组，但会自动初始化为一个包含 5 个 int 值的数组。

清单 3.4　初始化数组和切片

```
func main() {
    // 未使用值显式初始化数组
    a := [5]int{}

    // 未使用值显式初始化切片
    b := []int{}

    // 使用值显式初始化数组
    c := [3]int{1, 2, 3}

    // 使用值显式初始化切片
    d := []int{1, 2, 3}
```

```
    // 声明一个数组类型变量
    var e [5]int

    // 声明一个切片类型变量
    var f []int

    fmt.Println(a)
    fmt.Println(b)
    fmt.Println(c)
    fmt.Println(d)
    fmt.Println(e)
    fmt.Println(f)
}
```

```
$ go run .

[0 0 0 0 0]
[]
[1 2 3]
[1 2 3]
[0 0 0 0 0]
[]
```

```
Go Version: go1.19
```

3.1.4　数组与切片的零值

　　数组或切片中元素的零值是该数组或切片中元素类型的零值。例如，如果创建了一个字符串数组，那么这个数组中的每个元素都是一个字符串，其零值为" "。

　　在清单 3.5 中，我们使用%#v 格式化控制符打印几个不同的数组。%#v 格式化控制符表示以 Go 语言语法格式打印值。对于数组，%#v 会显示数组类型、长度和元素值，在这个例子中，数组元素都是零值。

　　清单 3.5　数组的零值

```
func main() {
    var a [5]int
    var b [4]string
    var c [3]bool

    fmt.Printf("%#v\n", a)
    fmt.Printf("%#v\n", b)
    fmt.Printf("%#v\n", c)
}
```

```
$ go run .
```

```
[5]int{0, 0, 0, 0, 0}
[4]string{"", "", "", ""}
[3]bool{false, false, false}
```

Go Version: go1.19

3.1.5　数组与切片的索引

　　当试图使用一个硬编码的索引值访问数组时，Go 编译器会检查该索引是否超出了数组边界。如果所访问的索引超出了数组边界，编译器就会报错，如清单 3.6 所示。

　　清单 3.6　访问超出数组边界的索引

```
func main() {
    names := [4]string{"Kurt", "Janis", "Jimi", "Amy"}
    fmt.Println(names[5])
}
```

```
$ go build .
```

```
# demo
./main.go:8:20: invalid argument: array index 5 out of bounds [0:4]
```

Go Version: go1.19

　　然而，如果索引是一个变量或者类型是一个切片而非数组，编译器就不会检查越界错误。取而代之的是在 Go 程序运行时发生 panic，并可能导致程序崩溃，如清单 3.7 所示。

　　清单 3.7　通过变量访问超出数组边界的元素

```
func main() {
    names := [4]string{"Kurt", "Janis", "Jimi", "Amy"}

    i: = 5
    fmt.Println(names[i]
}
```

```
$ go run .
```

```
panic: runtime error: index out of range [5] with length 4
```

```
goroutine 1 [running]:
main.main()
    ./main.go:10 +0x28
exit status 2
```

Go Version: go1.19

　　我们将在第 9 章介绍错误处理时讨论 panic。值得注意的是，如果使用不当，panic 会导致你的应用程序崩溃。

3.1.6　数组与切片类型

　　需要注意的是，数组和切片只能存储声明时指定的类型的值。例如，如果声明了一个字符串数组，则只能在该数组中存储字符串，试图存储其他类型的值会导致编译错误或在运行时引发 panic。清单 3.8 的代码中有几处试图在切片和数组中混用不同类型的值。例如，ints 变量是一个 int 切片。如果我们试图用一个字符串类型的值设置 ints 变量中索引为 0 的元素，编译器会报告错误，说明不能这样做。

　　清单 3.8　数组或切片中不允许混用不同类型

```
func main() {
    strings := [4]string{"one", "two", "three", "four"}
    strings[0] = 5 // 不能将一个整型值放入字符串数组中

    ints := []int{1, 2, 3, 4}
    ints[0] = "five" // 不能将一个字符串类型的值放入整型切片中

    // 在初始化时不能混用不同类型
    mixed := []string{"one", 2, "three", "four"}
}
```

```
$ go run .

# demo
./main.go:6:15: cannot use 5 (untyped int constant) as string value in
➥assignment
./main.go:9:12: cannot use "five" (untyped string constant) as int value in
➥assignment
./main.go:12:2: mixed declared but not used
./main.go:12:27: cannot use 2 (untyped int constant) as string value in
➥array or slice literal
```

```
Go Version: go1.19
```

3.1.7　数组与切片类型的定义

　　当向变量赋值数组或切片时，这些变量就具有了与这些数组或切片相关联的类型，这被称为类型定义。

　　由于数组的长度是固定的，所以数组的类型定义由数组声明时的长度和存储的数据类型组成。例如，在清单 3.9 中，数组[2]string{"one", "two"}的类型是[2]string。

　　清单 3.9　数组的长度是数组定义的一部分

```
func main() {
    a1 := [2]string{"one", "two"} // 类型: [2]string
```

```
    var a2 [2]string            // 类型：[2]string
    a3 := [3]string{}           // 类型：[3]string
    a2 = a1
    fmt.Println(a2)

    // 由于不是同一类型，下面的语句无法执行
    a3 = a2
}
```

```
$ go run .

# demo
./main.go:16:7: cannot use a2 (variable of type [2]string) as type [3]string
➥in assignment
```

Go Version: go1.19

由于切片不是固定的长度，所以切片的类型由它要存储的数据的类型定义。例如，在清单 3.10 中，切片[]string{"one", "two"}的类型是[]string。

清单 3.10   长度不是切片类型定义的一部分

```
func main() {
    s1 := []string{"one", "two"} // 类型：[]string
    var s2 []string
    s3 := []int{}

    s2 = s1

    fmt.Println(s2)

    // 由于不是同一类型，下面的语句无法执行
    s3 = s2
}
```

```
$ go run .

# demo
./main.go:16:7: cannot use s2 (variable of type []string) as type []int
➥in assignment
```

Go Version: go1.19

3.1.8   设置数组与切片变量的值

如果创建了两个相似的数组，然后将一个数组的值赋值给另一个数组，那么这两个数组仍然占有各自的内存空间。在清单 3.11 中，当 a1 赋值给 a2 时，a2 数组获得了 a1 中数值的副本。改变 a1[0]中的值不会影响之前赋给 a2 的值，所以访问 a2[0]仍然可以得到字符串"one "。

清单 3.11 数组和切片有独立的内存空间，但可以共享相同的值

```
func main() {
    a1 := [2]string{"one", "two"}
    a2 := [2]string{}

    a2 = a1

    fmt.Println("a1:", a1)
    fmt.Println("a2:", a2)

    a1[0] = "three"

    fmt.Println("a1:", a1)
    fmt.Println("a2:", a2)
}
```

```
$ go run .

a1: [one two]
a2: [one two]
a1: [three two]
a2: [one two]

Go Version: go1.19
```

3.1.9 向切片追加元素

与面向对象的语言不同，Go 语言没有在切片和数组中内置用来对它们的值进行追加、删除、索引或其他操作的函数。Go 语言期望用户自己实现这些函数。由于 Go 1.18 引入了泛型，因此用户在实现这些函数时有了更大的灵活性。

你可以使用 append 函数将值追加到一个切片中，如清单 3.12 所示。虽然 append 只对切片起作用，但我们在后面会将讨论如何将数组强制转换为切片。

清单 3.12 append 函数

```
$ go doc builtin.append

package builtin // import "builtin"

func append(slice []Type, elems ...Type) []Type
    The append built-in function appends elements to the end of a slice.
    ➥If it has sufficient capacity, the destination is resliced to
    ➥accommodate the new elements. If it does not, a new underlying array will
    ➥be allocated. Append returns the updated slice. It is therefore
    ➥necessary to store the result of append, often in the variable holding
    ➥the slice itself:
```

```
        slice = append(slice, elem1, elem2)
        slice = append(slice, anotherSlice...)

    As a special case, it is legal to append a string to a byte slice, like
    this:

        slice = append([]byte("hello"), "world"...)
```
Go Version: go1.19

append 函数可以接受一个切片和零个或多个要追加到该切片中的值，它会返回一个新的切片，该切片中包含了原始切片中的值以及新追加的那些值。所有追加的值必须与被追加的切片的类型相同。在清单 3.13 中，我们首先声明了一个空字符串切片 names，然后使用 append 函数将字符串"Kris"追加到该切片中。append 函数的返回值被赋值给 names 变量。接下来我们再次调用 append 函数，将名字"Janis"和"Jimi"追加到 names 切片中，同样，这个操作的结果也会被赋值给 names 变量。

清单 3.13　向切片追加元素

```
func main() {
    // 创建一个字符串类型的切片
    var names []string
    // 向切片追加一个名字
    names = append(names, "Kris")

    fmt.Println(names)

    // 向切片追加多个名字
    names = append(names, "Janis", "Jimi")

    fmt.Println(names)
}
```
```
$ go run .

[Kris]
[Kris Janis Jimi]
```
Go Version: go1.19

3.1.10　向切片追加一个切片

如前所述，append 函数可以将零个或更多的值追加到一个切片中。所有追加的值都必须与被追加的切片的元素类型相同。这意味着我们不能使用切片作为 append 函数的第二个参数。

参见清单 3.14。当我们试图将一个切片作为第二个参数传递给 append 函数时，会产生编译错误或在运行时引发 panic。

清单 3.14　尝试将一个切片作为第二个参数传递给 append 函数时会产生错误

```
func main() {
    // 创建一个字符串切片
    var names []string

    // 将一个名字追加到切片中
    names = append(names, "Kris")

    fmt.Println(names)

    // 创建另一个字符串切片
    more := []string{"Janis", "Jimi"}

    // 向切片追加多个名字
    names = append(names, more)
    fmt.Println(names)
}
```

```
$ go run .

# demo
./main.go:19:24: cannot use more (variable of type []string) as type string
➥in argument to append
```

Go Version: go1.19

产生这个错误的原因是，append 函数期望追加的值与被追加的切片的元素类型相同，但它们不同，简单来说，即 []string 类型与 string 类型不同。

为了将第二个切片追加到第一个切片中，我们需要将第二个切片的各个值传递给 append 函数。一种方法是使用循环来迭代第二个切片的值，并将它们追加到第一个切片中，如清单 3.15 所示。我们将在第 4 章中讨论迭代。

清单 3.15　使用循环将两个切片加到一起

```
func main() {
    // 创建一个字符串切片
    var names []string

    // 向切片中追加一个名字
    names = append(names, "Kris")

    fmt.Println(names)

    // 创建另一个字符串切片
    more := []string{"Janis", "Jimi"}
```

```
    // 迭代其他名字
    for _, name := range more {

        // 将每个名字追加到切片中
        names = append(names, name)
    }

    fmt.Println(names)
}
```
```
$ go run .

[Kris]
[Kris Janis Jimi]
```

Go Version: go1.19

尽管可以用循环来实现，但这不是将一个切片追加到另一个切片中最有效的方法。Go 语言中的函数可以接受变长参数，我们将在第 5 章中对此进行讨论。变长参数函数利用...运算符来接受零个或多个相同类型的参数。

清单 3.16 中的 append 函数接受一个变长参数列表，它可以接受任意数量类型与被追加切片类型相同的值。

清单 3.16　带变长参数的 append 函数

```
$ go doc builtin.append

package builtin // import "builtin"

func append(slice []Type, elems ...Type) []Type
    The append built-in function appends elements to the end of a slice.
    ➥If it has sufficient capacity, the destination is resliced to
    ➥accommodate the new elements. If it does not, a new underlying array will
    ➥be allocated. Append returns the updated slice. It is therefore necessary
    ➥to store the result of append, often in the variable holding the slice
    ➥itself:

        slice = append(slice, elem1, elem2)
        slice = append(slice, anotherSlice...)

    As a special case, it is legal to append a string to a byte slice, like
    this:

        slice = append([]byte("hello"), "world"...)
```
Go Version: go1.19

　　我们不仅可以使用变长参数来接受多个类型相同的参数，还可以用它将一个切片追加到另一个切片中。在清单 3.17 中，变量运算符...被用来接受 more 切片，并将其追加到 names 切片中。

清单 3.17　使用变长参数运算符将两个切片加到一起

```
func main() {
    // 创建一个 string 类型的切片
    var names []string

    // 向切片追加一个名字
    names = append(names, "Kris")

    fmt.Println(names)

    // 创建另外一个 string 类型的切片
    more := []string{"Janis", "Jimi"}

    // 使用变量运算符将 more 切片追加到 names 切片中
    names = append(names, more...)

    // 等价于
    // names = append(names, "Janis", "Jimi")

    fmt.Println(names)
}
```
```
$ go run .

[Kris]
[Kris Janis Jimi]
```
```
Go Version: go1.19
```

3.2　切片的工作原理

　　数组非常直接易懂，它们可以容纳固定数量的元素，切片则要复杂一些。切片可以根据需要扩容，以存储尽可能多的值。

　　为了帮助大家更好地理解切片的工作原理，让我们进一步研究一下切片的组成。如清单 3.18 所示，一个切片由三个部分组成——长度、容量和一个指向底层数组的指针。

- 长度：切片中有多少个值。
- 容量：切片中可以存储多少个值。
- 指向底层数组的指针：实际存储值的地方。

清单 3.18 切片内部的理论表示

```
type Slice struct {
    // N: 数组中值的实际数量
    Length int
    // 10: 数组中可存储的值的最大数量
    Capacity int
    // ["a", "b", "c"]: 数组中实际存储的值
    Array [10]string
}
```

需要注意的是，这个切片的定义纯粹是对切片在 Go 语言中实现方式的一种学术表述。

3.2.1 长度与容量

在编写 Go 程序时，我们常需要知道一个集合类型（如数组或切片）包含多少个元素。Go 语言提供了一个内置的 len 函数来实现这一功能。len 函数的文档可以在清单 3.19 中找到。它会返回集合中元素的数量。

清单 3.19 len 函数

```
$ go doc builtin.len

package builtin // import "builtin"

func len(v Type) int
    The len built-in function returns the length of v, according to its type:

        Array: the number of elements in v.
        Pointer to array: the number of elements in *v (even if v is nil).
        Slice, or map: the number of elements in v; if v is nil, len(v) is zero.
        String: the number of bytes in v.
        Channel: the number of elements queued (unread) in the channel buffer;
            ➥if v is nil, len(v) is zero.

    For some arguments, such as a string literal or a simple array expression,
    the result can be a constant. See the Go language specification's "Length
    and capacity" section for details.
```

Go Version: go1.19

有时，你可能需要知道一个集合能容纳的元素的数量上限，这个上限被称为容量。Go 语言内置的 cap 函数可以返回一个切片的容量，也就是它可以容纳的最大元素数量。这个函数的用法如清单 3.20 所示。

清单 3.20 cap 函数

```
$ go doc builtin.cap
```

```
package builtin // import "builtin"

func cap(v Type) int
    The cap built-in function returns the capacity of v, according to its type:

        Array: the number of elements in v (same as len(v)).
        Pointer to array: the number of elements in *v (same as len(v)).
        Slice: the maximum length the slice can reach when resliced;
        ➥if v is nil, cap(v) is zero.
        Channel: the channel buffer capacity, in units of elements;
        ➥if v is nil, cap(v) is zero.

    For some arguments, such as a simple array expression, the result can be
    a constant. See the Go language specification's "Length and capacity"
    section for details.
```

Go Version: go1.19

3.2.2 切片的扩容

由于 Go 语言中的切片具有动态大小的特点，因此 Go 程序在运行时会根据需要自动增加底层数组[①]的容量。清单 3.21 展示了一个切片在追加新元素时，其底层数组容量的增长过程。

清单 3.21　展示一个切片的常规扩容速率

```
func main() {
    names := []string{}
    fmt.Println("len:", len(names)) // 0
    fmt.Println("cap:", cap(names)) // 0

    names = append(names, "Kurt")
    fmt.Println("len:", len(names)) // 1
    fmt.Println("cap:", cap(names)) // 1

    names = append(names, "Janis")
    fmt.Println("len:", len(names)) // 2
    fmt.Println("cap:", cap(names)) // 2

    names = append(names, "Jimi")
    fmt.Println("len:", len(names)) // 3
    fmt.Println("cap:", cap(names)) // 4

    names = append(names, "Amy")
    fmt.Println("len:", len(names)) // 4
```

---

① 原文此处为切片，有误。——译者注

```
fmt.Println("cap:", cap(names)) // 4

names = append(names, "Brian")

fmt.Println("len:", len(names)) // 5
fmt.Println("cap:", cap(names)) // 8
}
```

随着 Go 语言团队不断对运行时进行调优，扩容速率也随着每个 Go 语言版本的发布而改变。不过，扩容速率也可能取决于 CPU 架构和操作系统。

清单 3.22 展示了执行大量迭代时的扩容速率。当切片的容量发生变化时，它会打印出以前的容量和新的容量。

清单 3.22 打印在 100 万次迭代过程中切片的容量变化

```
func main() {
    var sl []int

    hat := cap(sl)
    for i := 0; i < 1_000_000; i++ {
        sl = append(sl, i)
        c := cap(sl)
        if c != hat {
            fmt.Println(hat, c)
        }
        hat = c
    }
}
```

```
$ go run .

0 1
1 2
2 4
4 8
8 16
16 32
32 64
64 128
128 256
256 512
512 848
848 1280
1280 1792
1792 2560
2560 3408
3408 5120
```

```
5120 7168
7168 9216
9216 12288
12288 16384
16384 21504
21504 27648
27648 34816
34816 44032
44032 55296
55296 69632
69632 88064
88064 110592
110592 139264
139264 175104
175104 219136
219136 274432
274432 344064
344064 431104
431104 539648
539648 674816
674816 843776
843776 1055744
```
Go Version: go1.19

3.2.3 使用 make 函数创建切片

切片可以用几种不同的方式来声明，包括使用内置的 make 函数。make 函数的文档如清单 3.23 所示。

清单 3.23　make 函数

```
$ go doc builtin.make

package builtin // import "builtin"

func make(t Type, size ...IntegerType) Type
    The make built-in function allocates and initializes an object of type
    ➥slice, map, or chan (only). Like new, the first argument is a type,
    ➥not a value. Unlike new, make's return type is the same as the type of
    ➥its argument, not a pointer to it. The specification of the result
    ➥depends on the type:

        Slice: The size specifies the length. The capacity of the slice is
        ➥equal to its length. A second integer argument may be provided to
```

```
➥specify a different capacity; it must be no smaller than the
➥length. For example, make([]int, 0, 10) allocates an underlying
➥array of size 10 and returns a slice of length 0 and capacity 10
➥that is backed by this underlying array.
 Map: An empty map is allocated with enough space to hold the
➥specified number of elements. The size may be omitted, in which case
➥a small starting size is allocated.
 Channel: The channel's buffer is initialized with the specified
➥buffer capacity. If zero, or the size is omitted, the channel is
➥unbuffered.
```

Go Version: go1.19

在清单 3.24 中，我们用几种不同的方式声明了[]string 类型的新变量。从功能上看，这些声明是等价的。每种声明切片的方式都有其优缺点，在代码中看到不同的声明风格很常见。

清单 3.24　用几种不同的方式声明切片

```go
func main() {
    // 声明并初始化一个字符串切片
    // 长度为 0，容量为 0
    a := []string{}

    // 声明并初始化一个字符串切片
    // 长度为 0，容量为 0
    var b []string

    // 声明并初始化一个字符串切片
    // 长度为 0，容量为 0
    c := make([]string, 0)

    fmt.Println(a)
    fmt.Println(b)
    fmt.Println(c)
}
```

```
$ go run .

[]
[]
[]
```

Go Version: go1.19

3.2.4　使用带长度和容量参数的 make 函数

make 函数可以指定切片的起始长度，也可以选择切片的起始容量。在清单 3.25 中，我们使用 make 函数创建了一个长度为 1、容量为 3 的字符串切片，然后通过 len 和 cap 函数输出了切片的长度和容量。

清单 3.25　使用 make 函数指定切片的起始长度与起始容量

```
func main() {
    a := make([]string, 1, 3)

    fmt.Println(a) // []
    fmt.Println(len(a)) // 1
    fmt.Println(cap(a)) // 3
}
```

```
$ go run .

[]
1
3
```

Go Version: go1.19

要记住，即使你通过 make 函数预先“分配”了额外的容量，在实际赋值之前也无法访问该容量。

3.2.5　make 与 append 函数

我们需要注意的是，在使用 make 和 append 函数时，可能会在切片中无意间创建零值。在清单 3.26 中，我们用 make 函数创建了一个初始长度为 2 的字符串切片并将其赋给了 a。当向 a 中追加 foo 和 bar 时，切片中已经包含了两个空字符串。也就是说，该切片此时包含 4 个字符串值。使用%q 格式化控制符打印该切片，我们可以看到该切片开头的两个空字符串。

清单 3.26　联合使用 make 和 append 函数可能导致问题

```
func main() {
    a := make([]string, 2)
    a = append(a, "foo", "bar")

    fmt.Printf("%q", a)
}
```

```
$ go run .

["" "" "foo" "bar"]
```

Go Version: go1.19

3.2.6　切片扩容时发生了什么

切片由三部分组成：长度、容量和一个指向底层数组的指针。在图 3.1 中，你可以看到切片

[]string{"A", "B", "C", "D"}内部的理论表示。

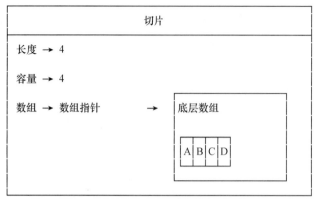

图 3.1 切片内部的理论表示

如果你向切片追加 E、F 和 G，切片会被迫扩容，因为它目前没有能力容纳新值。这时，Go 语言会创建一个新的底层数组，然后将原来的值复制到新数组中，并添加新的值，如图 3.2 所示。

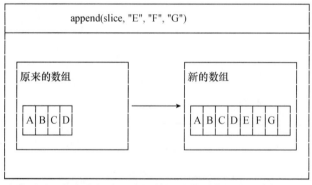

图 3.2 切片满了后，程序会创建一个新数组并将原数组的元素值复制到新数组中

图 3.3 展示了在添加新数值后切片最终内部的理论表示。

如果原来的底层数组没有被程序的其他部分引用，那么它将被标记为垃圾，可被回收。

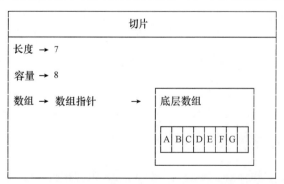

图 3.3 追加元素后，切片最终内部的理论表示

3.2.7 子切片

切片可以使用子切片（或称切片的切片）来操作自己的一部分。为此，需要指定子切片的起始索引和结束索引。在清单 3.27 中，letters[2:5]返回了原切片 letters 从索引 2 到 5（不包括 5）之间的子切片，得到了{"c", "d", "e"}。

清单 3.27　获取子切片

```
func main() {
    letters := []string{"a", "b", "c", "d", "e", "f", "g"}

    fmt.Println(letters) // [a b c d e f g]

    // 获取从第三个元素开始的 3 个元素
    fmt.Println(letters[2:5]) // [c d e]

    // 功能等价
    fmt.Println(letters[4:len(letters)]) // [e f g]
    fmt.Println(letters[4:]) // [e f g]

    // 功能等价
    fmt.Println(letters[0:4]) // [a b c d]
    fmt.Println(letters[:4]) // [a b c d]
}
```

```
$ go run .

[a b c d e f g]
[c d e]
[e f g]
[e f g]
[a b c d]
[a b c d]
```

```
Go Version: go1.19
```

当需要获取从索引 0 开始的子切片或者到最后一个索引结束的子切片时，可以省略开始或结束索引。在清单 3.27 中，letters[:4] 返回了原切片 letters 从索引 0 到 4（不包括 4）之间的子切片，得到了{"a", "b", "c", "d"}。

3.2.8 修改子切片

要记住，当使用某个子切片时，你只是在使用原切片的一个引用。对子切片的修改会影响到原切片。

在清单 3.28 中可以看到，如果修改了子切片，将其值改为大写，那么原切片也会包含这些大写值。

清单 3.28　修改子切片会影响到原切片

```
func main() {
    names := []string{"Kurt", "Janis", "Jimi", "Amy"}

    // 打印 names 切片
    fmt.Println(names)

    // 获取 names 切片的前三个元素
    subset := names[:3]

    // 打印 subset 子切片
    fmt.Println(subset)

    // 迭代 subset 子切片
    for i, g := range subset {
        // 将 subset 切片中的每个字符串都转换为大写
        slicesubset[i] = strings.ToUpper(g)
    }

    // 再次打印 subset 切片
    fmt.Println(subset)

    // 打印原 names 切片
    fmt.Println(names)
}
```

```
$ go run .

[Kurt Janis Jimi Amy]
[Kurt Janis Jimi]
[KURT JANIS JIMI]
[KURT JANIS JIMI Amy]
```

Go Version: go1.19

3.2.9　复制切片

当需要一个独立于原切片的切片复本时，可以使用内置的 copy 函数来实现，该函数文档如清单 3.29 所示。

清单 3.29　内置的 copy 函数

```
$ go doc builtin.copy

package builtin // import "builtin"

func copy(dst, src []Type) int
```

```
The copy built-in function copies elements from a source slice into a
➥destination slice. (As a special case, it also will copy bytes from a
➥string to a slice of bytes.) The source and destination may overlap.
➥Copy returns the number of elements copied, which will be the minimum
➥of len(src) and len(dst).
```

Go Version: go1.19

在清单 3.30 中，我们使用 copy 函数创建了一个独立于原切片的新切片，而不是获得一个子切片。现在，新的切片可以独立于原切片进行修改。

清单 3.30　复制切片

```go
func main() {
    names := []string{"Kurt", "Janis", "Jimi", "Amy"}

    // 打印 names 切片
    fmt.Println(names)

    // 创建一个新切片，其长度和容量足以存放子切片
    subset := make([]string, 3)

    // 将 names 切片的前三个元素复制到 subset 切片中
    copy(subset, names[:3])

    // 打印 subset 切片
    fmt.Println(subset)

    // 遍历 subset 切片
        for i, g := range subset {
        // 将 subset 切片中的每个字符串值都转换为大写形式
        subset[i] = strings.ToUpper(g)
    }

    // 再次打印 subset 切片
    fmt.Println(subset)

    // 打印原 names 切片
    fmt.Println(names)
}
```

```
$ go run .

[Kurt Janis Jimi Amy]
[Kurt Janis Jimi]
[KURT JANIS JIMI]
[Kurt Janis Jimi Amy]
```

Go Version: go1.19

3.2.10　将数组转换为切片

在编写函数或使用 Go 语言库时，经常会用到切片，因为相比数组，切片的灵活性使它们更易于操作。

看一下清单 3.31 中定义的函数。这个函数接受一个字符串切片并且可以打印出切片中的值。

清单 3.31　一个接受切片类型作为参数的函数

```
func slicesOnly(names []string) {
    for _, name := range names {
        fmt.Println(name)
    }
}
```

如果调用这个函数时传入了数组类型的参数，就会得到一个编译错误，如清单 3.32 中所示。

清单 3.32　用数组替代切片导致的编译错误

```
func main() {
    // 拥有 4 个字符串的数组
    names := [4]string{"Kurt", "Janis", "Jimi", "Amy"}

    // 数组不能被转型为切片
        slicesOnly(names)
}
```

```
$ go run .
# demo
./main.go:11:13: cannot use names (variable of type [4]string) as type
➥[]string in argument to slicesOnly
```

```
Go Version: go1.19
```

我们之前看到 Go 程序可以将 int64 等类型转换为 int 类型，但不能直接将数组转换为切片。如果试图显式转换，会得到编译错误，如清单 3.33 所示。

清单 3.33　数组不能被转换为切片

```
func main() {
    // 拥有 4 个字符串的数组
    names := [4]string{"Kurt", "Janis", "Jimi", "Amy"}

    // 尝试将数组显式转换为切片
    slicesOnly([]string(names))
}
```

```
$ go run .

# demo
```

```
./main.go:11:22: cannot convert names (variable of type [4]string) to type
➡[]string
```
```
Go Version: go1.19
```

　　可以通过获取数组的一个子集将数组转换为切片。和切片一样,数组的子集可以用[low:high]语法创建。例如,names[0:2]可创建一个包含数组前两个元素的切片。

　　在清单 3.34 中使用了语法[:],因此会返回包含整个数组的切片。有了这个新的切片,就可以正确地调用函数了。

　　清单 3.34　使用包含整个数组的切片

```
func main() {
    // 拥有 4 个字符串的数组
    names := [4]string{"Kurt", "Janis", "Jimi", "Amy"}

    // 使用 array[:]语法将数组转换为字符串切片
    slicesOnly(names[:])
}
```
```
$ go run .

Kurt
Janis
Jimi
Amy
```
```
Go Version: go1.19
```

3.3　迭代

　　在这一节中,我们看一下 Go 程序中的迭代是如何工作的。除了介绍 for 和 range 关键字,以及使用 break 和 continue 控制循环的方法,本节还将介绍切片和数组上的迭代。在后续章节中,会进一步揭示迭代与特定类型和工作流配合使用的更多细节。

3.3.1　for 循环

　　Go 语言中只有一种循环结构: for 循环。for 循环非常通用,可以实现 for、while、do-while 和 do-until 等模式。清单 3.35 给出了一个 for 循环示例。如果你有编程经验,这个示例应该看起来很熟悉,它与许多语言中 for 循环的用法非常相似。

　　for 循环由三部分组成,各部分由分号(;)隔开。第一部分是前置条件。在这个例子中,前置条件是 i := 0,它创建了一个初值为 0 的无类型的变量 i。变量 i 仅在 for 循环内可见。前置条件只执行一次。

　　for 循环的第二部分是条件表达式,它返回一个布尔值,用于判断循环是继续(true)还是停止

（false）。清单 3.36 示例中的条件是 i＜len(names)。只要 i 小于切片 names 的长度，就返回 true。

for 循环的最后一部分是后置条件，它会在每次循环迭代结束后、进行下一次条件（条件表达式）判断之前执行。这个例子中的后置条件是 i++，用于在每次循环后将 i 变量增加 1。在清单 3.36 中，当 i 的值达到 4 时，循环终止，因为此时 i＜len(names)的条件为 false。

清单 3.35　Go 程序中的 for 循环

```
for i := 0; i < N; i++ {
    // 执行迭代，直到 i 等于 N
}
```

3.3.2　迭代数组与切片

数组、切片和 map 的迭代是通过 for 循环完成的。在清单 3.36 中，由于 len 函数返回的数组长度为 4，因此当 i 等于 4 时循环终止。

清单 3.36　迭代数组

```
func main() {
    names := [4]string{"Kurt", "Janis", "Jimi", "Amy"}

    // 使用 for 循环迭代数组
    for i := 0; i < len(names); i++ {
        fmt.Println(names[i])
    }
}
```

```
$ go run .

Kurt
Janis
Jimi
Amy
```

Go Version: go1.19

3.3.3　range 关键字

前面使用一个经典的 for 循环进行迭代，在 Go 语言中，在集合类型上执行循环非常常见，因此该语言提供了 range 关键字来简化这部分代码，如清单 3.37 所示。

清单 3.37　使用 range 关键字迭代数组

```
names := [4]string{"Kurt", "Janis", "Jimi", "Amy"}

for i, n := range names {
    fmt.Printf("%d %s\n", i, n)
}
```

```
$ go run .

0 Kurt
1 Janis
2 Jimi
3 Amy
Go Version: go1.19
```

Range 关键字返回数组或切片中每个元素的索引标和值。如果只需要索引而不需要值，则可以在 for 循环中只声明一个变量，用于接收 range 关键字返回的每个元素的索引，如清单 3.38 所示。

清单 3.38　使用 range 关键字迭代数组，仅返回索引

```go
func main() {
    names := [4]string{"Kurt", "Janis", "Jimi", "Amy"}

    for i := range names {

        fmt.Printf("%d %s\n", i, names[i])
    }
}
```

```
$ go run .

0 Kurt
1 Janis
2 Jimi
3 Amy
Go Version: go1.19
```

很多语言都提供了一个接口或类似的机制来实现自定义的可迭代类型。但 Go 语言并没有提供任何这样的接口。只有内置的集合类型和其他一些内置类型，如结构体、map 和 channel，支持用 range 关键字来执行迭代操作。

3.3.4　控制循环

continue 关键字可以用来跳到循环起点，停止执行 for 代码块中的后续代码。例如，在清单 3.39 中，当 i 等于 3 时，continue 关键字会让 for 循环跳过本次迭代的后续代码，直接进入下一轮循环。

清单 3.39　使用 continue 关键字

```go
if i == 3 {
    //回到循环的开始处
    continue
}
```

这并不是停止循环的执行，而是结束该循环中某次特定迭代的运行。

要提前退出整个循环，可以使用 break 关键字。例如，在清单 3.40 中，当 i 等于 10 时，使用 break 关键字会完全终止 for 循环的执行。

清单 3.40 使用 break 关键字

```
if i == 10 {
    // 终止循环
    break
}
```

使用 continue 和 break 关键字可以控制 for 循环的执行，以提供想要的执行结果。

清单 3.41 中有一个无限 for 循环，它会永远运行下去。在 Go 语言中，无限循环就是一个没有前置条件、条件表达式和后置条件的 for 循环。

我们可以使用 continue 和 break 关键字控制这个无限循环的执行。当 i 等于 3 时，使用 continue 跳到下一轮迭代；当 i 等于 10 时，使用 break 终止循环。

检查清单 3.41 中的命令输出，我们可以看到，循环的第三次迭代被跳过，当 i 等于 10 时，循环终止。

清单 3.41 使用 continue 和 break 关键字

```
func main() {

    // 创建一个变量作为索引值
    var i int

    // 创建一个无限循环
    for {
        // 索引自增
        i++

        if i == 3 {
            // 回到循环开始处
            continue
        }

        if i == 10 {
            // 终止循环
            break
        }

        fmt.Println(i)

    }
```

```
    fmt.Println("finished")
}
```

```
$ go run .

1
2
4
5
6
7
8
9
finished
```

Go Version: go1.19

3.3.5 do-while 循环

do-while 循环适用于无论条件是什么都需要至少循环执行一次迭代的场景。

清单 3.42 展示了一个 C/Java 风格的 do-while 循环示例。

清单 3.42 C/Java 风格的 do-while 循环

```
do {

    // 索引自增
    i++;

    // 执行任务
    task();

    // 如果 i 小于 N, 继续循环
} while (i < N);
```

在 Go 语言中,你可以使用无限循环和 break 关键字的组合来创建一个 do-while 风格的循环,如清单 3.43 中所示。

清单 3.43 Go 语言中 do-while 风格的循环

```
// 声明一个索引变量(0)
var i int

// 使用一个无限循环
// 保证第一次迭代总是能被执行
for {

    // 索引自增
    i++
```

```
    // 执行任务
    task()

    // 当索引值小于 N, 继续执行循环
    if i < N {

        // 如果索引值等于或大于 N, 则终止循环
        break
    }

}
```

3.4 本章小结

在这一章中，我们研究了 Go 语言中两种基本列表类型——数组和切片之间的区别。我们看到，与数组相比，切片更为灵活。数组长度是固定的，而切片长度是动态的。因此，在 Go 语言中，切片比数组更为常用。

本章向你展示了如何使用内置函数（如 append、len 和 cap）来操作数组和切片，解释了如何使用 make 函数来创建具有特定容量和长度的切片，以提高操作效率。

本章最后介绍了在 Go 语言中使用 for 关键字进行迭代的方法，以及使用 range 关键字简化迭代过程的方法。

第 4 章

map 和控制结构

本章涵盖了与 map 和控制结构相关的基础知识，解释了 map 是如何成为存储键值对的强大工具的。此外，本章还介绍了控制结构，比如 if 和 switch 语句。

4.1 map

map 是一种强大的用于关联键和值的内置数据结构，它是通过唯一的键来进行索引的一组无序值的集合。使用[]语法可以设置和获取 map 的键和值。在清单 4.1 所示的例子中，我们创建了一个新 map：map[string]string{}，并将其赋给了 users 变量。这里可以使用 users[<key>]来访问键 key 以进行赋值。在这个例子中，我们访问了 Janis 这个键并进行了赋值。反过来，我们也可以从 map 中获取键 Janis。如果将 users[<key>] 移到赋值运算符的右侧，我们就可以读取键 key 的值了。

清单 4.1　设置和获取 map 中的值

```
func main() {
    // 创建键和值都为 string 类型的 map
    users := map[string]string{}

    // 增加一个键值对
    users["Janis"] = "janis@example.com"

    // 使用键获取其值
    email := users["Janis"]

    // 打印这个值
    fmt.Println(email)
}
```

```
$ go run .

janis@example.com
```
Go Version: go1.19

4.1.1　长度和容量

你可以使用内置的函数 len 来查询 map 的长度（键的数量）。在清单 4.2 所示的例子中，我们向 users map 中插入了 4 个值，然后使用 len 函数获取了 map 中键的数量。最后，len 函数正确地返回了 users map 的长度 4，如清单 4.2 中的输出所示。

清单 4.2　使用 len 函数获取 map 的长度

```
func main() {
    users := map[string]string{}

    users["Kurt"] = "kurt@example.com"
    users["Janis"] = "janis@example.com"
    users["Jimi"] = "jimi@example.com"
    users["Amy"] = "Amy@example.com"

    fmt.Println("Map length:", len(users))
}
```
```
$ go run .

Map length: 4
```
Go Version: go1.19

理论上，map 能够容纳无限数量的键。正是因为 map 的容量无限，所以内置函数 cap 才不能用来计算 map 的容量。如清单 4.3 所示，尝试针对 map 调用函数 cap 会导致编译错误，这时编译器会告诉我们 map 是函数 cap 的无效参数。

清单 4.3　map 具有无限容量

```
func main() {
    users := map[string]string{}

    users["Kurt"] = "kurt@example.com"
    users["Janis"] = "janis@example.com"
    users["Jimi"] = "jimi@example.com"
    users["Amy"] = "Amy@example.com"

    fmt.Println("Map capacity:", cap(users))
}
```
```
$ go run .
```

```
# demo
./main.go:14:35: invalid argument: users (variable of type
➥map[string]string) for cap
```
Go Version: go1.19

4.1.2　初始化 map

　　你可以通过多种方式来初始化 map。第一种也是推荐的方式是在声明 map 类型的变量的同时对 map 进行初始化，如清单 4.4 所示。这种方式还支持使用初始的键值对集合来初始化 map。

清单 4.4　使用简短语法初始化 map

```
users := map[string]string{
    "kurt@example.com": "Kurt",
    "janis@example.com": "Janis",
    "jimi@example.com": "Jimi",
}
```

　　你也可以使用 make 函数创建新 map，如清单 4.5 所示。与切片和数组不同，map 不能使用长度和容量进行初始化。以前的代码可能会使用 make 函数初始化 map，但在大多数情况下，使用 make 函数初始化 map 并非惯用方法。

清单 4.5　使用 make 函数初始化 map

```
var users map[string]string
users = make(map[string]string)
users["kurt@example.com"] = "Kurt"
users["janis@example.com"] = "Janis"
users["jimi@example.com"] = "Jimi"
```

4.1.3　未初始化的 map

　　如果你尝试从一个未初始化的 map 中获取值，将在运行时引发 panic，如清单 4.6 所示。

清单 4.6　访问未初始化的 map

```
var users map[string]string
users["kurt@example.com"] = "Kurt"
```
```
$ go run .

map[janis@example.com:Janis jimi@example.com:Jimi
➥ykurt@example.com:Kurt]
map[janis@example.com:Janis jimi@example.com:Jimi
➥ykurt@example.com:Kurt]

panic: assignment to entry in nil map
```

```
goroutine 1 [running]:
main.bad()
        ./main.go:41 +0x38
main.main()
        ./main.go:8 +0x28
exit status 2
```

Go Version: go1.19

4.1.4 map 的键

map 的键必须是可比较的，这意味着 Go 程序运行时会检查 map 中的键与给定的键是否相等。在 Go 语言中，并非所有的类型都是可比较的。基本的数据类型如 string、byte[1]和 int 是最常用的键类型，它们都是可比较的，并且提供了充足的类型变体，足以满足大多数相关的使用需求。

复杂且不可比较的类型，如函数（见清单 4.7）、map 或切片，不能用作 map 中键的类型。使用不可比较的类型会导致编译时出现错误。

清单 4.7 以不可比较的类型作为 map 的键

```
m := map[func()]string{}
fmt.Println(m)
```

```
$ go build .

# demo
./main.go:8:15: invalid map key type func()
```

Go Version: go1.19

4.1.5 以结构体作为键

如果一个结构体的所有字段都是简单的可比较类型，那么该结构体可以被用作 map 的键类型，这对于创建元组式的 key 非常有用。在清单 4.8 中，由于 Simple 结构体的 ID 和 Name 字段都是可比较类型，因此 Simple 结构体可以被用作 map 的键类型。

清单 4.8 以具有简单字段的结构体作为 map 的键

```
// Simple 结构体仅包含可比较的字段，可用作 map 键的类型
type Simple struct {
    ID int
    Name string
}

func main() {
```

---

[1] 原文为[]byte，它是不可比较类型，无法作为 map 的键类型，应是笔误，这里应该是 byte，已改。——译者注

```
    //创建一个键为 Simple 类型、值为 sting 类型的 map
    simple := map[Simple]string{}

    //创建一个 Simple 类型的键
    sk := Simple{ID: 1, Name: "Kurt"}
    //增加一个新的键值对
    simple[sk] = "kurt@example.com"

    //打印简单类型的 map
    fmt.Println(simple)
}
```

```
$ go run .

map[{1 Kurt}:kurt@example.com]
```

Go Version: go1.19

包含不可比较字段的结构体则不能用作 map 的键类型，尝试这样做会导致编译错误。在清单 4.9 中，Complex 结构体由 Data 和 Fn 这两个字段组成。这两个字段都是复杂的不可比较类型。其中，Fn 字段是一个函数，而函数是不能进行比较的。

清单 4.9　将包含不可比较字段的结构体作为 map 的键

```
//Complex 结构体包含不可比较的字段，不能用作 map 的键类型
type Complex struct {
    Data map[string]string
    Fn    func() error
}

func main() {

    //创建一个键为 Complex 类型，值为 string 类型的 map
    complex := map[Complex]string{}

    // 打印 complex map
    fmt.Println(complex)
}
```

```
$ go run .

# demo
./main.go:19:17: invalid map key type Complex
```

Go Version: go1.19

4.1.6　迭代 map

可以使用 range 关键字对 map 进行迭代，就像数组和切片一样。在 map 中，range 关键字返

回 map 中每个条目的键和值。如清单 4.10 所示，使用 range 关键字对 users map 进行迭代时，每次迭代都会得到一组单独的键值对，它们被赋值给 key 和 value 变量。

清单 4.10 迭代 map

```
func main() {
    users := map[string]string{
        "Kurt": "kurt@example.com",
        "Janis": "janis@example.com",
        "Jimi": "jimi@example.com",
        "Amy": "Amy@example.com",
    }

    // 使用 for 循环遍历 map，以变量的形式获取键和值
    for key, value := range users {
        fmt.Printf("%s <%s>\n", key, value)
    }
}
```

```
$ go run .

Kurt <kurt@example.com>
Janis <janis@example.com>
Jimi <jimi@example.com>
Amy <Amy@example.com>

Go Version: go1.19
```

当使用 range 迭代 map 时，迭代顺序是随机的，不能保证两次迭代的顺序完全相同。

range 返回 map 中每个条目的键和值。如果只需要键而不需要值，可在 for 循环中仅使用一个变量并使用 range 返回 map 中的键。如清单 4.11 所示，这次我们不要求对 map 的每轮迭代都返回键和值，我们只要键。有了键后，我们便可以使用 users[key] 得到对应的值。

清单 4.11 迭代 map 时只获取键

```
func main() {
    users := map[string]string{
        "Kurt": "kurt@example.com",
        "Janis": "janis@example.com",
        "Jimi": "jimi@example.com",
        "Amy": "Amy@example.com",
    }

    //使用 for 循环遍历 map，以变量的形式获取键
    for key := range users {

        //使用键从 map 中获取值
```

```
        fmt.Printf("%s <%s>\n", key, users[key])
    }
}
```

```
$ go run .

Kurt <kurt@example.com>
Janis <janis@example.com>
Jimi <jimi@example.com>
Amy <Amy@example.com>
```
Go Version: go1.19

4.1.7　删除 map 中的键

你可以使用内置的 delete 函数删除 map 中的键值，如清单 4.12 所示。

清单 4.12　delete 函数

```
$ go doc builtin.delete

package builtin // import "builtin"

func delete(m map[Type]Type1, key Type)
    The delete built-in function deletes the element with the specified
    ➥key (m[key]) from the map. If m is nil or there is no such
    ➥element, delete is a no-op.
```
Go Version: go1.19

一次只能从 map 中删除一个键。如清单 4.13 所示，我们调用 delete 函数并传入 users map 和键 Kurt，得到的打印结果是一个不再包含键 Kurt 的 map。

清单 4.13　从 map 中删除键

```
func main() {
    users := map[string]string{
        "Kurt": "kurt@example.com",
        "Janis": "janis@example.com",
        "Jimi": "jimi@example.com",
        "Amy": "Amy@example.com",
    }

    //删除键 Kurt
    delete(users, "Kurt")

    // 打印 map
    fmt.Println(users)
}
```

```
$ go run .

map[Amy:Amy@example.com Janis:janis@example.com
➥Jimi:jimi@example.com]
```
Go Version: go1.19

如果 map 中没有要删除的键，delete 函数不会做任何操作，map 也不会被修改。在清单 4.14 中，尝试从 users map 中删除一个不存在的键 Unknown 既不会返回错误也不会引发 panic。无论是否成功调用 delete 函数，都不会有任何提示。

清单 4.14　在 map 中删除不存在的键

```
func main() {
    users := map[string]string{
        "Kurt": "kurt@example.com",
        "Janis": "janis@example.com",
        "Jimi": "jimi@example.com",
        "Amy": "Amy@example.com",
    }
    // 删除键 Unknown
    delete(users, "Unknown")

    // 打印 map
    fmt.Println(users)
}
```
```
$ go run .

map[Amy:Amy@example.com Janis:janis@example.com
➥Jimi:jimi@example.com Kurt:kurt@example.com]
```
Go Version: go1.19

4.1.8　不存在的 map 键

当从 map 中请求不存在的键时，Go 程序会返回 map 值类型的零值，这经常导致代码出现 bug。

如清单 4.15 所示，即使没有收到错误，此代码仍然存在 bug，因为没有检查键是否存在。

清单 4.15　获取一个不存在的 map 键

```
func main() {
    data := map[int]string{}
    data[1] = "Hello, World"

    value := data[10]

    // 基于 Go 程序中零值的工作方式，
```

```
    // 我们仍然得到结构的"零"值，这当然是生产中的一个 bug
    fmt.Printf("%q", value)
}
```

```
$ go run .

""
```

Go Version: go1.19

4.1.9　检查 map 中的键是否存在

在 Go 语言中，map 返回的第二个参数是一个可选的布尔值，它会告诉你键是否存在于 map 中。在代码中检查键是否存在可以帮助你避免因不存在的键而引起的 bug。

如清单 4.16 所示，我们从 map 中获取值时使用了第二个可选布尔参数值，然后使用布尔值 ok 来处理 map 中的键不存在的情况。

清单 4.16　检查 map 中的键是否存在

```
func main() {
    users := map[string]string{
        "Kurt": "kurt@example.com",
        "Janis": "janis@example.com",
        "Jimi": "jimi@example.com",
        "Amy": "Amy@example.com",
    }
    key := "Kurt"

    email, ok := users[key]
    if !ok {
        fmt.Printf("Key not found: %q\n", key)
        os.Exit(1)
    }

    fmt.Printf("Found key %q: %q", key, email)

}
```

```
$ go run .

Found key "Kurt": "kurt@example.com"
```

Go Version: go1.19

4.1.10　利用零值

有时，零值是可以接受的。如清单 4.17 所示，我们考虑一下在字符串中计算单词出现次数的任务。为了存储每个单词出现的次数，可以使用键类型为 string 和值类型为 int 的 map。

当向该 map 请求不存在的键时，会返回该 map 值类型的零值。int 类型的零值是 0，这是计算单词出现次数的有效起点。

清单 4.17　计算字符串中单词出现的次数

```go
func main() {
    counts := map[string]int{}

    sentence := "The quick brown fox jumps over the lazy dog"

    words := strings.Fields(strings.ToLower(sentence))

    for _, w := range words {
        // 如果单词已经在 map 中，则它的值增加 1
        // 否则，将它的值设置为 1，并将其添加到 map 中
        counts[w] = counts[w] + 1
    }
    fmt.Println(counts)
}
```

```
$ go run .

map[brown:1 dog:1 fox:1 jumps:1 lazy:1 over:1 quick:1 the:2]

Go Version: go1.19
```

在 Go 语言中，整数可以使用++或--运算符进行就地递增或递减。这意味着我们的代码可以简化，因为对 map 中不存在的键的零值进行递增操作会将键/值对添加到 map 中。例如，在清单 4.18 中，可以使用++运算符就地递增 map 中键的值。

清单 4.18　使用++就地递增 map 中键的值

```go
for _, w := range words {
    // 如果在 map 中找到单词，值加 1
    counts[w]++
}
```

4.1.11　仅测试键的存在性

从 map 中获取键时，你可以使用第二个可选的布尔参数来测试该键是否存在于 map 中。但是，在这样做之前，你还必须捕获其值。有时你可能不需要这个值，在这种情况下，你可以使用下画线来丢弃该值。例如，在清单 4.19 中，当从 map 请求 foo 键时，我们可以使用下画线来丢弃它的值，仅保留第二个布尔值并将其保存到 exists 变量中。

清单 4.19　测试 map 中是否存在某个键

```
func main() {
    words := map[string]int{
        "brown": 1,
        "dog":   1,
        "fox":   1,
        "jumps": 1,
        "lazy":  1,
        "over":  1,
        "quick": 1,
        "the":   2,
    }

    //使用下画线丢弃值
    //只保留布尔值
    _, exists := words["foo"]

    fmt.Println(exists)
}
```

```
$ go run .

false
```

Go Version: go1.19

4.1.12　map 和复杂值

在 map 中存储复杂值，例如结构体，是一种非常常见的做法。然而，更新这些复杂值并不像更新简单值（如 int）那样直截了当。

通过 map 查找给 map 中的结构体，并为其赋一个新值似乎是理所当然的，就像在清单 4.17 中我们对值类型为 int 的 map 所做的那样。但事实并非如此，在清单 4.20 中可以看到，试图在原地更新结构体会导致编译错误。

清单 4.20　尝试更新 map 中的结构体时出现编译错误

```
type User struct {
    ID int
    Name string
}

func main() {

    // 创建一个 User 类型的 map
    data := map[int]User{}

    // 创建一个 User 实例
```

```
    user := User{ID: 1, Name: "Kurt"}

    // 将 User 实例添加到 map 中
    data[1] = user

    //更新 map 中的 User 实例
    data[1].Name = "Janis"

    fmt.Printf("%+v", data)
}
```

```
$ go run .

# demo
./main.go:23:2: cannot assign to struct field data[1].Name in map

Go Version: go1.19
```

4.1.13　插入时复制

当向 map 中插入一个值时，该值会被复制，如清单 4.21 所示。这意味着在插入后对原始值所做的更改不会影响 map 中的值。

清单 4.21　插入 map 中的值是被复制的

```
type User struct {
    ID int
    Name string
}

func main() {

    // 创建一个 User 类型的 map
    data := map[int]User{}

    // 创建一个 User 实例
    user := User{ID: 1, Name: "Kurt"}

    // 将 User 实例添加到 map 中
    data[1] = user

    // 更新 User 实例
    user.Name = "Janis"

    fmt.Printf("User: %+v\n", user)
    fmt.Printf("Map: %+v\n", data)
}
```

```
$ go run .

User: {ID:1 Name:Janis}
Map: map[1:{ID:1 Name:Kurt}]
```

Go Version: go1.19

更新 map 中的复杂值

当更新 map 中的复杂值时，必须先从 map 中获取该值，如清单 4.22 所示。一旦获取到该值，就可以对其进行更新。更新完成后，需要重新将该值插入 map 中以使更新生效。

清单 4.22　更新 map 中的复杂值

```go
type User struct {
    ID int
    Name string

}

func main() {

    // 创建一个 User 类型的 map
    data := map[int]User{}

    // 创建一个 User 实例
    user1 := User{ID: 1, Name: "Kurt"}

    // 将 User 实例添加到 map 中
    data[1] = user1

    // 从 map 中获取 User 实例
    user2 := data[1]

    // 更新 User 实例的值
    user2.Name = "Janis"

    //将 User 实例重新插入 map
    data[1] = user2

    fmt.Printf("%+v", data)
}
```

```
$ go run .

map[1:{ID:1 Name:Janis}]
```

Go Version: go1.19

4.1.14 列出 map 中的键

Go 语言没有提供从 map 中获取键或值列表的方法。要构建一个键或值列表，必须遍历该 map 并将其键或值保存到切片或数组中，如清单 4.23 所示。

清单 4.23 列出 map 中的键

```go
func main() {

    // 创建一个月份的 map
    months := map[int]string{
        1:  "January",
        2:  "February",
        3:  "March",
        4:  "April",
        5:  "May",
        6:  "June",
        7:  "July",
        8:  "August",
        9:  "September",
        10: "October",
        11: "November",
        12: "December",
    }

    // 创建一个切片来保存键
    // 将其长度设置为从 0 开始，并将其容量设置为 map 的长度
    keys := make([]int, 0, len(months))

    // 遍历 map
    for k := range months {

        // 将键复制给切片
        keys = append(keys, k)
    }
    fmt.Printf("keys: %+v\n", keys)
}
```

```
$ go run .

keys: [2 3 4 6 7 8 10 1 5 9 11 12]
```

```
Go Version: go1.19
```

在 Go 语言中，map 是无序的，并没有内置的方法可以对 map 进行排序。当遍历一个 map 时，键的顺序是随机的，如清单 4.23 所示。

键排序

要对 map 进行排序，必须先从 map 中获取键，并对键进行排序，然后使用已排序的键从 map 中获取值。sort package 为集合类型的排序提供了很多函数和接口，如清单 4.24 所示。

清单 4.24 排序包

```
$ go doc sort

package sort // import "sort"

Package sort provides primitives for sorting slices and
↪user-defined collections.

func Float64s(x []float64)
func Float64sAreSorted(x []float64) bool
func Ints(x []int)
func IntsAreSorted(x []int) bool
func IsSorted(data Interface) bool
func Search(n int, f func(int) bool) int
func SearchFloat64s(a []float64, x float64) int
func SearchInts(a []int, x int) int
func SearchStrings(a []string, x string) int
func Slice(x any, less func(i, j int) bool)
func SliceIsSorted(x any, less func(i, j int) bool) bool
func SliceStable(x any, less func(i, j int) bool)
func Sort(data Interface)
func Stable(data Interface)
func Strings(x []string)
func StringsAreSorted(x []string) bool
type Float64Slice []float64
type IntSlice []int
type Interface interface{ ... }
    func Reverse(data Interface) Interface
type StringSlice []string
Go Version: go1.19
```

在清单 4.25 中，我们遍历了 map 并构建了键的切片之后，使用 sort.Ints 函数对这些键进行了就地排序。有了排序后的键列表，我们就可以遍历这些键并从 map 中获取值。如清单 4.25 所示，结果是一个已排序的键值列表。

清单 4.25 对 map 中的键进行排序并获取值

```
func main() {

    //创建一个月份的 map
    months := map[int]string{
        1: "January",
```

```
        2: "February",
        3: "March",
        4: "April",
        5: "May",
        6: "June",
        7: "July",
        8: "August",
        9: "September",
        10: "October",
        11: "November",
        12: "December",
    }

    // 创建一个切片来存储键
    // 将其长度设置为从 0 开始并将其容量设置为 map 的长度
    keys := make([]int, 0, len(months))

    // 遍历 map
    for k := range months {
        // 将 key 追加到切片 keys 中
        keys = append(keys, k)
    }

    // 对切片 keys 进行排序
    sort.Ints(keys)

    //遍历 keys 并打印键/值对
    for _, k := range keys {
        fmt.Printf("%02d: %s\n", k, months[k])
    }
}
```

```
$ go run .

01: January
02: February
03: March
04: April
05: May
06: June
07: July
08: August
09: September
10: October
11: November
12: December
```

Go Version: go1.19

4.2　if 语句

　　if 语句是大多数编程语言用于进行逻辑决策的核心方式。Go 语言中的 if 语句与其他大多数语言类似，但也有一些额外的语法选项。

　　在清单 4.26 中，我们使用相等比较运算符==来确定 greet 变量是否等于 true。如果是，则打印 hello 字符串。

　　清单 4.26　一个基本的布尔逻辑检查

```
func main() {
    greet := true
    if greet == true {
        fmt.Println("Hello")
    }
}
```

```
$ go run .
```

```
Hello
```

```
Go Version: go1.19
```

　　鉴于 Go 语言中解释表达式的方式，你可以使用任何计算结果为 true 的内容。你可以重写清单 4.26，不与 true 做比较。清单 4.27 与清单 4.26 的功能完全相同，但它只是使用了一个可求值为真或假的变量 greet。

　　清单 4.27　一个基本的 if 语句

```
func main() {
    greet := true

    if greet {
        fmt.Println("Hello")
    }
}
```

```
$ go run .
```

```
Hello
```

```
Go Version: go1.19
```

4.2.1　else 语句

　　我们还可以使用 else 语句来为表达式的 true 状态和 false 状态分别编写不同的程序逻辑，如清单 4.28 所示。

清单 4.28　带有 else 语句的 if 语句

```
func main() {
    greet := true

    if greet {
        fmt.Println("Hello")
    } else {
        fmt.Println("Goodbye")
    }
}
```
```
$ go run .

Hello
```
Go Version: go1.19

尽管清单 4.28 中的代码是合法的，但 Go 语言中的一个最佳实践是尽量避免使用 else 语句。常见的做法是使用"尽早返回"。清单 4.29 在功能上等同于清单 4.28，但它使用了"尽早返回"来避免使用 else 关键字，这会让代码变得更为清晰。

清单 4.29　使用"尽早返回"的 if 语句

```
func main() {
    greet := true

    if greet {
        fmt.Println("Hello")
        return
    }

    fmt.Println("Goodbye")
}
```
```
$ go run .

Hello
```
Go Version: go1.19

4.2.2　else if 语句

必要时，可以使用 else if 语句，如清单 4.30 所示。该语句允许你在一个 if 语句中对多个不同的表达式求值。

清单 4.30 带有 else if 语句的 if 语句

```go
func main() {
    greet := true
    name := "Janis"

    if greet && name != "" {
        fmt.Println("Hello", name)
    } else if greet {
        fmt.Println("Hello")
    } else {
        fmt.Println("Goodbye")
    }
}
```
```
$ go run .

Hello Janis
```
```
Go Version: go1.19
```

清单 4.30 还可以使用"尽早返回"和嵌套 if 语句编写。这将使代码更简单、可读性更强，并且减少了在以后的重构中引入 bug 的可能性。

4.2.3 赋值作用域

在 Go 语言中，在 map 中查找值是一个常见的操作。在执行此操作时，检查某值在 map 中是否存在很重要。这可以通过查找返回的第二个可选布尔值来确认。

清单 4.31 中的代码先通过键名在 map 中进行查找，然后使用 if 语句验证是否找到该键名。

虽然只需要两行代码就可以完成查找和逻辑测试，但它有一个缺点，即 age 和 ok 变量的作用域涵盖了整个 main 函数。从代码质量的角度来看，减小变量作用域就会减少未来代码中出现错误的可能性。

清单 4.31 if 语句的变量作用域

```go
func main() {
    users := map[string]int{
        "Kurt": 27,
        "Janis": 15,
        "Jimi": 40,
    }
    name := "Amy"

    age, ok := users[name]
    if ok {
```

```
        fmt.Printf("%s is %d years old\n", name, age)
        return
    }

    fmt.Printf("Couldn't find %s in the users map\n", name)
}
```

```
$ go run .
```

```
Couldn't find Amy in the users map
```

```
Go Version: go1.19
```

因此，Go 语言也允许你在使用表达式求值之前创建一个简单的语句。你可以像清单 4.31 中那样在执行映射查找操作时使用这种方法，或在需要设置仅用于 if 语句逻辑表达式中局部变量的其他操作时使用此方法。

要使用这种语法，你可以先编写赋值语句，然后使用分号来将其与后面的逻辑表达式隔开。

这种将赋值作为 if 语句一部分的方法其主要优点是将这些变量的作用域限定在了 if 语句作用范围内。age 和 ok 变量不能再用于整个 main 函数的作用范围，仅可用于 if 语句作用范围内，如清单 4.32 所示。任何时候，只要你能够减少变量的作用域，就会编写质量更好的代码，因为你减少了引入错误的可能性。

清单 4.32　将变量的作用域限定在 if 语句作用范围内

```
func main() {
    users := map[string]int{
        "Kurt": 27,
        "Janis": 15,
        "Jimi": 40,
    }

    name := "Amy
    if age, ok := users[name]; ok {
        fmt.Printf("%s is %d years old\n", name, age)
        return
    }

    fmt.Printf("Couldn't find %s in the users map\n", name)
}
```

```
$ go run .
```

```
Couldn't find Amy in the users map
```

```
Go Version: go1.19
```

4.2.4 逻辑和数学运算符

在处理诸如 if 语句之类的逻辑控制语句时，了解逻辑运算符的工作原理可以帮助我们简化代码。

虽然运算符很多，但我们可以将它们分为四类：布尔、数学、逻辑和位运算。表 4.1 到表 4.4 对这四类运算符进行了概要说明。

表 4.1 布尔运算符

运算符	描述
&&	条件 AND
||	条件 OR
!	NOT

表 4.2 数学运算符

运算符	描述
+	加
-	减
*	乘
/	除
%	求余（取模）

表 4.3 逻辑比较

运算符	描述
==	等于
!=	不等于
<	小于
<=	小于等于
>	大于
>=	大于等于

表 4.4 位运算符

运算符	描述
&	按位 AND
|	按位 OR
^	按位 XOR
&^	位清除（AND NOT）
«	左移
»	右移

4.3 switch 语句

switch 语句支持与 if 语句相同类型的逻辑决策，但它的可读性更好。

大量的 if / else if 语句使代码难以阅读和维护，如清单 4.33 所示。

清单 4.33 一组复杂的 if/else if 语句

```
func main() {
    month := 3

    if month == 1 {
        fmt.Println("January")
    } else if month == 2 {
        fmt.Println("February")
    } else if month == 3 {
        fmt.Println("March")
    } else if month == 4 {
        fmt.Println("April")
    } else if month == 5 {
        fmt.Println("May")
    } else if month == 6 {
        fmt.Println("June")
    } else if month == 7 {
        fmt.Println("July")
    } else if month == 8 {
        fmt.Println("August")
    } else if month == 9 {
        fmt.Println("September")
    } else if month == 10 {
        fmt.Println("October")
    } else if month == 11 {
```

```
        fmt.Println("November")
    } else if month == 12 {
        fmt.Println("December")
    }
}
```

```
$ go run .

March

Go Version: go1.19
```

在编写相同的逻辑时，switch 语句的结构更为紧凑。在清单 4.34 中，我们可以用 switch 语句替换 if / else if 语句，并使用 case 关键字来对表达式进行求值。case 语句按先后顺序进行求值，并使用第一个求值结果为 true 的 case。

清单 4.34 switch 语句的长版本

```
func main() {
    month := 3

    switch {
    case month == 1:
        fmt.Println("January")
    case month == 2:
        fmt.Println("February")
    case month == 3:
        fmt.Println("March")
    case month == 4:
        fmt.Println("April")
    case month == 5:
        fmt.Println("May")
    case month == 6:
        fmt.Println("June")
    case month == 7:
        fmt.Println("July")
    case month == 8:
        fmt.Println("August")
    case month == 9:
        fmt.Println("September")
    case month == 10:
        fmt.Println("October")
    case month == 11:
        fmt.Println("November")
    case month == 12:
        fmt.Println("December")
    }
}
```

```
$ go run .

March

Go Version: go1.19
```

在清单 4.34 中，switch 语句后面没有跟随表达式。然而，switch 语句支持在初始行中使用表达式，这样可以避免在每一行语句中重复 "month =="这一部分。在清单 4.35 中，我们使用 switch 语句对 month 变量进行求值。其中每个 case 语句都可以简化为 case *N*，这里的 *N* 是月份的数字编号。

清单 4.35　带变量的 switch 语句

```
func main() {
    month := 3

    switch month {
    case 1:
        fmt.Println("January")
    case 2:
        fmt.Println("February")
    case 3:
        fmt.Println("March")
    case 4:
        fmt.Println("April")
    case 5:
        fmt.Println("May")
    case 6:
        fmt.Println("June")
    case 7:
        fmt.Println("July")
    case 8:
        fmt.Println("August")
    case 9:
        fmt.Println("September")
    case 10:
        fmt.Println("October")
    case 11:
        fmt.Println("November")
    case 12:
        fmt.Println("December")
    }
}
```

4.3.1　default

使用 switch 语句时，如果没有与之匹配的 case，则可以使用 default 代码块，如清单 4.36 所示。

清单 4.36　使用带有 default 的 switch 语句

```go
func main() {
    month := 13

    switch month {
    case 1:
        fmt.Println("January")
    case 2:
        fmt.Println("February")
    case 3:
        fmt.Println("March")
    case 4:
        fmt.Println("April")
    case 5:
        fmt.Println("May")
    case 6:
        fmt.Println("June")
    case 7:
        fmt.Println("July")
    case 8:
        fmt.Println("August")
    case 9:
        fmt.Println("September")
    case 10:
        fmt.Println("October")
    case 11:
        fmt.Println("November")
    case 12:
        fmt.Println("December")
    default:
        fmt.Println("Invalid Month")
    }
}
```

```
$ go run .

Invalid Month
```

```
Go Version: go1.19
```

4.3.2　fallthrough

当需要匹配多个条件时，可以使用 fallthrough 来匹配多个 case，如清单 4.37 所示。

清单 4.37　在 switch 语句中使用 fallthrough

```go
func RecommendActivity(temp int) {
```

```
    fmt.Printf("It is %d degrees out. You could", temp)

    switch {
    case temp <= 32:
        fmt.Print(" go ice skating,")
        fallthrough
    case temp >= 45 && temp < 90:
        fmt.Print(" go jogging,")
        fallthrough
    case temp >= 80:
        fmt.Print(" go swimming,")
        fallthrough
    default:
        fmt.Print(" or just stay home.\n")
    }
}
```

```
func main() {
    RecommendActivity(19)
    RecommendActivity(45)
    RecommendActivity(90)
}
```

```
$ go run .

It is 19 degrees out. You could go ice skating, go jogging,
➥go swimming, or just stay home.
It is 45 degrees out. You could go jogging, go swimming, or
➥just stay home.
It is 90 degrees out. You could go swimming, or just stay home.
```

Go Version: go1.19

4.4　本章小结

在本章中，我们探讨了 Go 语言中的 map，解释了如何声明和使用 map 以及如何使用 if 和 switch 语句等控制结构，讨论了在使用 map 之前为什么要进行初始化，并展示了如何检查键是否存在、如何删除键以及如何遍历 map。

本章涵盖了 Go 语言中的大多数基本数据类型、运算符、关键字和控制结构。有了这些知识作为基础，就可以开始深入探索更多有趣的主题了。在阅读后续章节时，如果感到迷惑，可以回过头来复习第 1 至 4 章的内容。

第 5 章

函数

这一章，我们将讨论编程语言的核心部分：函数。在 Go 语言中，函数是一等公民，它有多种用法。本章首先展示如何使用 func 关键字来创建函数，然后介绍如何处理传入的参数以及返回值，最后讨论函数的一些高级内容，包括可变参数、延迟函数和 init 函数等。

5.1 函数定义

Go 语言中的函数与大多数其他语言类似，清单 5.1 中展示了两个函数 main 和 sayHello 的定义，也展示了两个不同函数 sayHello() 和 fmt.Println("Hello") 的调用。

清单 5.1 一个打印 Hello 的程序

```
func main() {
    sayHello()
}

func sayHello() {
    fmt.Println("Hello")
}
```
```
$ go run .

Hello
```
```
Go Version: go1.19
```

5.1.1 参数

函数可以接受 N 个参数，且参数可以是其他函数。函数参数的声明格式为(参数名 类型)。

因为 Go 是静态类型语言，所以必须要定义函数的参数类型，且参数类型要跟在参数名后面。

在清单 5.2 中，函数 sayHello 接受一个 string 类型的名为 greeting 的参数。

清单 5.2 使用函数参数

```
func main() {
    sayHello("Hello")
}

func sayHello(greeting string) {
    fmt.Println(greeting)
}
```

```
$ go run .

Hello
```

Go Version: go1.19

5.1.2 相同类型的参数

当声明多个相同类型的参数时，可以只在参数列表的最后声明一次类型。清单 5.3 中的两个示例在功能上是等价的。为了让表达更清晰，通常推荐使用更明确（较长）的写法。

清单 5.3 声明相同类型的多个参数

```
func main() {
    sayHello("Hello", "Kurt")
    sayHello2("Hello", "Janis")
}

func sayHello(greeting, name string) {
    fmt.Printf("%s, %s\n", greeting, name)
}

func sayHello2(greeting string, name string) {
    fmt.Printf("%s, %s\n", greeting, name)
}
```

```
$ go run .

Hello, Kurt
Hello, Janis
```

Go Version: go1.19

如果仅在参数列表末尾声明一次类型，且未明确地为第一个参数声明类型，那么在两个参数间插入新参数时，第一个参数的类型就会变成与新参数相同的类型。如清单 5.4 中，插入 int

参数后，greeting 的类型由 string 变成了 int。

清单 5.4　没有声明所有参数的类型可能导致的 bug

```
func sayHello3(greetin, i int, name string) {
    fmt.Printf("%s, %s\n", greeting, name)
}
```

通过为每个参数定义类型，使代码有了更好的可读性、可维护性和健壮性。

5.1.3　返回值

函数可以返回零个或者多个值，但最佳实践是返回值个数不要超过 2 个或 3 个。

返回值类型在函数定义之后声明，见清单 5.5。

清单 5.5　返回值

```
package main

import "fmt"

func main() {
    fmt.Println(sayHello())
}

func sayHello() string {
    return "Hello"
}
```

当函数返回 error 类型（第 9 章会详细介绍）时，最佳实践是将其作为最后一个返回值。在清单 5.6 中，我们看到了三个带返回值的函数示例，函数 two 跟 three 都有多个返回值，并且都将 error 作为了最后一个返回值。

清单 5.6　返回一个 error

```
func one() string
func two() (string, error)
func three() (int, string, error)
```

5.1.4　多返回值

多返回值需要放到括号中。在清单 5.7 中，函数 info 有三个返回值：string、int 和 int。

清单 5.7　多返回值需要放到括号中

```
// info 函数返回切片的 Go 语法表示方式、切片的长度和切片的容量
func info(s []string) (string, int, int) {
    gs := fmt.Sprintf("%#v", s)
```

```
    l := len(s)
    c := cap(s)
    return gs, l, c
}
```

如果使用了多返回值，那每个返回值都必须被使用。在清单 5.8 中，info 函数有 3 个返回值，每个返回值都必须被获取。在这种情况下，info 函数的返回值分别赋给了 gs、length 和 capacity。

清单 5.8　使用多返回值

```
func main() {
    names := []string{"Kurt", "Janis", "Jimi", "Amy"}

    // 使用 names 切片作为参数来调用 info 函数，将返回值赋给 gs、l 和 c 变量
    gs, length, capacity := info(names)

    // 输出切片的 Go 语法表示方式
    fmt.Println(gs)

    //输出切片的长度和容量
    fmt.Println("len: ", length)
    fmt.Println("cap: ", capacity)
}
```

```
$ go run .

[]string{"Kurt", "Janis", "Jimi", "Amy"}
len: 4
cap: 4
```

Go Version: go1.19

不想要的返回值可以使用下画线来忽略，在清单 5.9 所示的示例中，我们只想获取 info 函数的第二个返回值，因而可使用下画线来舍弃不想要的值。

清单 5.9　省略不想要的返回值

```
names := []string{"Kurt", "Janis", "Jimi", "Amy"}

// 只获取第二个返回值，并将其赋给变量 length，忽略其他返回值
_,length, _ := info(names)

fmt.Println(length)
```

```
$ go run .

4
```

Go Version: go1.19

5.1.5 具名返回值

你可以给 Go 函数的返回值命名，然后像在函数内声明的变量一样使用它。在清单 5.10 中，IsValid 函数有一个名为 vaild 的 bool 类型返回值。在 IsValid 函数中，valid 变量已经完成了初始化并且已经可以使用。下面是具名返回值的使用规则。

- 在函数作用域内，变量会自动初始化为零值（zero value）。
- 执行不带返回值的 return 语句会返回具名返回值的值。
- 返回值名称是可选的。

清单 5.10　具名返回值

```go
func IsValid() (valid bool) {
    valid = true
    return
}
```

除非是为了提供文档说明，否则不要使用具名返回值。

在清单 5.11 中，函数 coordinates 返回纬度与经度，但很难记住哪个返回值对应经度，哪个返回值对应纬度。

清单 5.11　函数有两个未命名返回值

```go
func coordinates() (int, int)
```

在清单 5.12 中，对 coordinates 函数使用具名返回值有助于说明返回值的意图。使用具名返回值的目的应该只是为了提供文档说明。即使这样，仍有人认为应该尽可能地避免使用具名返回值。

清单 5.12　函数有两个具名返回值

```go
func coordinates() (lat int, lng int)
```

什么情况下使用具名返回值会出现问题

清单 5.13 是使用具名返回值导致混淆和 bug 的示例代码。例如，以下函数会返回什么？可以通过查看代码来确定吗？运行代码之前，你的预期结果是什么？

清单 5.13　使用具名返回值导致的混淆

```go
// 函数 MeaningOfLife 返回生命的意义
func MeaningOfLife() (meaning int) {

    // 延迟调用打印 meaning 值的函数，然后将 meaning 值设置成 0
    defer func() {
        fmt.Println("defer", meaning)
        meaning = 0
    }()
```

```
    // 返回值 42
    return 42
}
```

```
$ go run .

defer 42
0
```

使用具名返回值时，函数返回的值会自动赋给具名返回值。在清单 5.13 中，当执行 return 42 时，meaning 变量被赋值为 42，但是 defer 语句会在函数即将返回之前执行，这给了延迟执行（defer）函数在函数返回之前修改变量 meaning 值的机会。

5.1.6 作为一等公民的函数

在 Go 语言中，函数是一等公民，也就是说可以把函数当成其他任何类型来处理。函数的签名是一种类型。到目前为止，你已经学习过的 Go 类型系统也适用于函数。就像 Go 语言中的其他类型一样，函数可以作为参数或返回值在函数间传递使用。

5.1.6.1 函数作为变量

与之前所见的其他类型（如切片和 map）一样，函数的定义也可以在赋给变量后再使用。如清单 5.14 所示，我们定义一个新变量 f，并用一个函数定义 func()对其进行了初始化，这个函数既不接受参数也不返回任何值，我们稍后就可以像调用其他函数那样调用变量 f。

清单 5.14　函数作为变量

```
func main() {

    //创建函数并且将其赋给变量
    f := func() {

        // 调用的时候打印 Hello
        fmt.Println("Hello")
    }

    // 调用函数
    f() // Hello
}
```

```
$ go run .

Hello
```

5.1.6.2 函数作为参数

跟之前我们讨论的其他类型一样，在 Go 语言中函数也是一种类型，可以作为参数传递给另一个函数。我们知道，声明函数的参数时需要为变量命名，并且需要指定变量的类型，比如 s string。定义一个函数类型的参数也是一样的，必须将整个函数签名作为参数的类型。

在清单 5.15 中，参数（变量）的名字是 fn，其类型是 func() string。传入的函数签名必须与被调用函数中参数的函数签名匹配。

清单 5.15　函数作为参数

```go
func sayHello(fn func() string) {

    // 调用函数并打印结果
    fmt.Println(fn())

}
```

在清单 5.16 中，我们声明了一个新变量 f，并将一个与 sayHello 函数所需的签名匹配的函数赋给它。之后就可以将变量 f 传递给 sayHello 函数了。从输出可见，sayHello 函数调用了我们创建的函数类型的变量 f。

清单 5.16　以函数作为参数的方式调用函数

```go
func main() {

    // 创建新函数并将其赋给变量 f
    f := func() string {
        return "Hello"
    }

    // 将函数 f 传递给 sayHello
    sayHello(f)
}
```

```
$ go run .

Hello
```

```
Go Version: go1.19
```

5.1.7　闭包

定义函数的时候可以捕捉其所处环境的信息，也就是说函数可以访问在它声明之前的变量。以清单 5.17 为例，首先我们声明了变量 name，并将其初始化为 Janis。接下来，我们将一个函数定义赋给变量 f。然而，与之前不同的是，这一次，在我们调用函数的时候使用了变量 name。最后，变量 f 作为参数传递给函数 sayHello 并在该函数中被调用执行。

清单 5.17 的输出证明 main 函数中声明的 name 变量被捕获，并且在函数 f 被调用执行时仍然可用。

清单 5.17　闭包变量

```go
func main() {
    name := "Janis"

    // 创建函数并将其赋给变量 f
    f := func() {

        //由于 name 在闭包的作用域下，因此它在此处可用
        fmt.Printf("Hello %s", name)
    }

    // 将函数 f 传递给 sayHello
    sayHello(f)
}

func sayHello(fn func()) {

    // 调用函数
    fn()
}
```

```
$ go run .

Hello Janis
```

Go Version: go1.19

5.1.8　匿名函数

匿名函数是一种不绑定任何变量或没有名字的函数。

在 Go 语言中这是一种常见的模式，在 Go 代码中你应该习惯看到并且使用这种模式。在使用 net/http 包、创建自己的迭代器或者允许其他人扩展你的应用程序功能的时候，匿名函数经常被用到。例如，在清单 5.18 所示的示例中，我们调用 sayHello 函数时就使用了一个新定义的内嵌匿名函数。

清单 5.18　匿名函数

```go
func main() {
    name := "Janis"

    // 使用匿名函数作为参数调用 sayHello
    sayHello(func() {
        fmt.Printf("Hello %s", name)
    })
}
```

```
$ go run .
```

```
Hello Janis
```

Go Version: go1.19

5.1.9　接受其他函数的返回值作为参数

函数可以接受另一个函数的返回值作为输入参数，不过只有在返回值的类型和数量与输入参数的类型和数量相同的情况下才可以这么做。在清单 5.19 中，函数 returnTwo 返回两个 string 类型的值，且函数 takeTwo 接受两个 string 类型的参数。由于返回值的类型和数量与输入参数的类型和数量相同，因此函数 takeTwo 可以使用 returnTwo 函数的返回值作为输入参数。

清单 5.19　一个函数的返回值直接作为输入参数传递给另一个函数

```go
func main() {
    takeTwo(returnTwo())
}

func returnTwo() (string, string) {
    return "hello", "world"
}

func takeTwo(a string, b string) {
    fmt.Println(a, b)
}
```

```
$ go run .
```

```
hello world
```

Go Version: go1.19

5.2　可变参数

函数可以接受可变参数。可变参数是指 0 到 N 个相同类型的参数。我们可以通过在参数类型之前加...来声明可变参数。在清单 5.20 中，sayHello 函数接受 string 类型的可变参数。

清单 5.20　接受可变参数

```go
func sayHello(names ...string) {

    // 遍历 names
    for _, n := range names {
        // 打印名字
        fmt.Printf("Hello %s\n", n)
```

```
    }
}
```

在清单 5.21 中，我们用三种不同的方式调用 sayHello 函数。第一种方式使用不同的名字，第二种方式只使用一个名字，最后一种方式不传递任何名字。因为最后一种方式没有给 sayHello 函数传递任何参数，因此最后一次函数调用没有任何输出结果。

清单 5.21　可变参数函数的调用

```
func main() {

    // 使用多个名字调用 sayHello 函数
    sayHello("Kurt", "Janis", "Jimi", "Amy")

    // 使用一个名字调用 sayHello 函数
    sayHello("Brian")

    // 不使用任何名字调用 sayHello 函数
    sayHello()
}
```

```
$ go run .

Hello Kurt
Hello Janis
Hello Jimi
Hello Amy
Hello Brian

Go Version: go1.19
```

5.2.1　可变参数的位置

可变参数必须是函数参数列表的最后一个参数。在清单 5.22 中，函数 sayHello 有两个参数，可变参数作为第一个参数使用，编译器会报错，这表明可变参数必须是参数列表中的最后一个参数。

清单 5.22　可变参数必须是最后一个参数

```
func sayHello(names ...string, group string) {
    for _, n := range names {
        fmt.Printf("Hello %s\n", n)
    }
}
```

```
$ go run .

# demo
./main.go:9:21: can only use ... with final parameter in list
```

5.2.2 扩展切片

切片不能直接通过可变参数的方式传递给函数。在清单 5.23 中，当尝试直接将切片传递给 sayHello 函数时，编译器会报错，指出切片不能用作可变参数。

清单 5.23 切片不能作为可变参数使用

```
func main() {

    // 创建切片 users
    users := []string{"Kurt", "Janis", "Jimi", "Amy"}

    // 以切片作为参数调用 sayHello
    sayHello(users)

}
```

```
$ go run .

# demo
./main.go:12:11: cannot use users (variable of type []string)
➥as type string in argument to sayHello
```

可以使用可变参数运算符... "展开" 切片，并将它们作为独立的参数传递给函数。在清单 5.24 中，我们使用可变参数运算符 "展开" 了 users 切片，并将其作为独立的值传递给了 sayHello 函数。

清单 5.24 用可变参数运算符展开切片

```
func main() {

    // 创建元素类型为 string 的切片
    users := []string{"Kurt", "Janis", "Jimi", "Amy"}

    // 使用可变参数运算符...展开 users 切片作为可变参数
    sayHello(users...)
}
```

```
$ go run .

Hello Kurt
Hello Janis
Hello Jimi
Hello Amy
```

5.2.3 何时使用可变参数

尽管使用可变参数并不常见，但它确实可以让代码看起来更美观、更容易阅读和使用。使用可变参数最常见的原因是函数被调用时需要零个、一个或者更多的参数。

以清单 5.25 中的 LookupUsers 函数为例，LookupUsers 函数接受[]int 作为参数，并且返回[]User。

清单 5.25　不使用可变参数方式定义 LookupUsers 函数

```
func LookupUsers(ids []int) []User {

    var users []User

    // 遍历 ids
    for _, id := range ids {
        // 输出 id
        fmt.Printf("looking up id: %d\n", id)
    }

    return users
}
```

你可能需要查找一个或多个 User。如果不使用可变参数签名，调用这个函数时代码可能会很凌乱且难以阅读。如清单 5.26 所示，在用单个 id 调用 LookupUsers 时，需要创建一个新的[]int 并将其传入函数。

清单 5.26　不使用可变参数方式调用 LookupUsers 函数

```
id1 := 1
id2 := 2
id3 := 3
ids := []int{id1, id2, id3}

LookupUsers([]int{id1})
LookupUsers([]int{id1, id2, id3})
LookupUsers(ids)
```

在清单 5.27 中，LookupUsers 函数使用可变参数签名，其调用支持传入单个 id 或者 id 列表。

清单 5.27　LookupUsers 函数使用可变参数签名

```
func LookupUsers(ids ...int) []User {

    var users []User

    // 遍历 ids
```

```
for _, id := range ids {
    // 输出 id
    fmt.Printf("looking up id: %d\n", id)
}


return users
}
```

通过使用可变参数签名，LookupUsers 函数现在可以使用单个 id 或 id 列表进行调用了。这样做的结果是，代码更加简洁、高效和易于阅读，如清单 5.28 所示。

清单 5.28　使用可变参数签名后，LookupUsers 函数的调用

```
id1 := 1
id2 := 2
id3 := 3
ids := []int{id1, id2, id3}
LookupUsers(id1)
LookupUsers(id1, id2, id3)
LookupUsers(ids...)
```

5.3　延迟函数调用

Go 语言中的 defer 关键字可以将你的函数调用延迟到父函数返回之前。清单 5.29 展示了一个延迟函数调用的例子。当 main 函数执行时，首先打印 hello，当 main 函数退出时，打印 goodbye。

清单 5.29　延迟函数调用

```
func main() {

    // 延迟执行直到 main 函数返回
    defer fmt.Println("goodbye")

    fmt.Println("hello")
}
```
```
$ go run .

hello
goodbye
```
```
Go Version: go1.19
```

5.3.1　多个返回路径下的延迟执行

无论代码的执行路径是什么，defer 都可以确保函数被调用。在使用 Go 语言中的各类 I/O

操作时，通常会使用 defer 确保在函数退出时清理适当的资源。

在清单 5.30 所示的示例中，我们使用 os.Open 打开一个文件后，立即使用 defer 延迟调用文件的 Close 方法，这可以确保无论程序的其余部分如何退出，Close 方法都会被调用，且底层文件会被正确关闭。这可以防止文件描述符泄露和出现潜在的应用程序崩溃问题。

清单 5.30　延迟清理资源至函数退出时

```go
func ReadFile(name string) ([]byte, error) {

    // 打开文件
    f, err := os.Open(name)
    if err != nil {
        return nil, err
    }

    // 无论在哪退出，都可以确保当 ReadFile 返回时文件被关闭
    defer f.Close()

    // 读取文件的所有内容(通常不推荐使用该方式)
    b, err := ioutil.ReadAll(f)
    if err != nil {

        // 返回 error，但文件仍然会被关闭
        return nil, err
    }

    // 返回读取的字节数据和 nil，但文件仍然会被关闭
    return b, nil
}
```

5.3.2　延迟函数调用的执行顺序

延迟函数调用的执行顺序是 LIFO（后进先出）。在清单 5.31 中，你可以看到函数以与延迟语句相反的顺序输出打印信息。

清单 5.31　延迟函数调用的执行顺序是 LIFO

```go
func main() {
    defer fmt.Println("one")
    defer fmt.Println("two")
    defer fmt.Println("three")
}
```

```
$ go run .

three
two
```

```
one
```
Go Version: go1.19

5.3.3　延迟函数调用与 panic

　　如果一个或多个延迟函数调用引发了 panic，该 panic 就会被捕获。剩下的延迟函数调用仍然会被执行，之后 panic 也会被重新抛出。在 Go 语言中，使用延迟函数调用时，通过 recover 函数来恢复 panic 是非常常见的做法，第 9 章对此有详细介绍。

　　在清单 5.32 中，我们设置了三个延迟调用函数。第一个跟第三个函数只是简单的打印语句，而第二个延迟调用的函数是 panic 函数，这会导致应用程序崩溃。正如你在清单 5.32 的输出中所见，首先调用的是第三个函数，然后调用第一个函数，最后才调用 panic 函数。从这个例子中可以看出，应用程序 panic 不会阻止延迟函数的执行，例如关闭文件等。

　　清单 5.32　即使某个延迟调用的函数发生 panic，其他延迟函数也会被执行

```go
func main() {
    defer fmt.Println("one")
    defer panic("two")
    defer fmt.Println("three")
}
```

```
$ go run .

three
one

panic: two

goroutine 1 [running]:
main.main.func2()
        ./main.go:8 +0x30
main.main()
        ./main.go:10 +0xec
exit status 2
```
Go Version: go1.19

5.3.4　defer 与 Exit/Fatal

　　像清单 5.33 那样显式调用 os.Exit，或者像清单 5.34 中那样显式调用 log.Fatal，延迟函数调用不会被执行。

　　清单 5.33　如果代码显式退出，那么延迟函数调用不会被执行

```go
func main() {
    defer fmt.Println("one")
```

```
      os.Exit(1)
      defer fmt.Println("three")
}
```

```
$ go run .
```

```
exit status 1
```

```
Go Version: go1.19
```

清单 5.34　如果代码调用 log.Fatal，延迟函数调用不会被执行

```
func main() {
      defer fmt.Println("one")
      log.Fatal("boom")
      defer fmt.Println("three")
}
```

```
$ go run .
```

```
2022/06/28 14:27:56 boom
exit status 1
```

```
Go Version: go1.19
```

5.3.5　defer 与匿名函数

通过将 defer 和匿名函数相结合的方式执行清理任务是很常见的。在清单 5.35 中，不是直接延迟每个文件的 close 函数，而是把所有单独关闭文件的操作封装到一个匿名函数中，并同日志一起输出。这些延迟匿名函数直到 fileCopy 函数退出时才会被执行。

清单 5.35　延迟匿名函数

```
func fileCopy(sourceName string, destName string) error {
      src, err := os.Open(sourceName)
      if err != nil {
            return err
      }
      defer func() {
            fmt.Println("closing", sourceName)
            src.Close()
      }()

      dst, err := os.Create(destName)
      if err != nil {
            return err
      }

      defer func() {
```

```
        fmt.Println("closing", destName)
        dst.Close()
    }()

    if _, err := io.Copy(dst, src); err != nil {
        return err
    }

    fmt.Println("file copied successfully")
    return nil
}
```

```
$ go run .

file copied successfully
closing readme-copy.txt
closing readme.txt
```

Go Version: go1.19

5.3.6 defer 与作用域

使用 defer 关键字时，很重要的一点是要理解作用域。在清单 5.36 中你期望程序输出什么？合理的预期是程序从运行到退出至少要 50 毫秒。

清单 5.36 不指定作用域的情况下使用延迟函数调用

```
func main() {

    // 获取当前时间
    now := time.Now()
    // 延迟打印执行 main 函数所需的时间
    defer fmt.Printf("duration: %s\n", time.Since(now))

    fmt.Println("sleeping for 50ms...")

    // 睡眠 50 毫秒
    time.Sleep(50 * time.Millisecond)
}
```

```
$ go run .

sleeping for 50ms...
duration: 83ns
```

Go Version: go1.19

从清单 5.36 的输出中可以看到，time.Since 函数（见清单 5.37）执行的结果远未到预期值

50 毫秒。

清单 5.37　time.Since 函数

```
$ go doc time.Since

package time // import "time"

func Since(t Time) Duration
    Since returns the time elapsed since t. It is shorthand for
    ➥time.Now().Sub(t).
```
Go Version: go1.19

　　清单 5.36 中的输出不符合预期的原因是只有 fmt.Printf 函数被延迟执行,而传递给 fmt.Printf 函数的参数并没有被延迟执行,它是立即执行的。在 now 变量初始化后很快就调用了 time.Since 函数,因此导致了结果不符合预期。

　　为了确保是在延迟函数执行时对变量求值,而不是在这些变量被调度时才对它们求值,需要通过一个匿名函数来限定作用域。在清单 5.38 中,在延迟的匿名函数被执行时,time.Since 函数就会被调用,因此产生了预期的输出结果。

清单 5.38　使用正确作用域进行延迟函数调用

```
func main() {

    // 获取当前时间
    now := time.Now()

    // 使用匿名函数限定在 defer 中使用的变量的作用域
    defer func(now time.Time) {
        fmt.Printf("duration: %s\n", time.Since(now))
    }(now)

    fmt.Println("sleeping for 50ms...")

    // 睡眠 50 毫秒
    time.Sleep(50 * time.Millisecond)
}
```
```
$ go run .

sleeping for 50ms...
duration: 51.044542ms
```
Go Version: go1.19

5.4　init 函数

在 .go 文件初始化期间，编译器会执行该文件中 main 函数之前的所有 init 函数。

在清单 5.39 中，init 函数打印了单词 init，main 函数打印了单词 main，但 main 函数没有直接调用 init 函数。如输出结果所见，init 函数是在 main 函数之前被执行的。

清单 5.39　一个带有 init 函数的简单程序

```
func init() {
    fmt.Println("init")
}

func main() {
    fmt.Println("main")
}
```

```
$ go run .

init
main
```

Go Version: go1.19

5.4.1　多个 init 函数

在 Go 语言中，与其他函数只能被声明一次不同，init 函数可以在同一个包或者文件内被声明多次，但如果声明多个 init 函数，则很难确保哪个函数的执行优先级更高。

当在同一个文件中声明多个 init 函数时，init 函数的执行顺序为它们出现的顺序。在清单 5.40 中，四个 init 函数按照它们在文件中声明的顺序执行。

清单 5.40　在同一个文件中声明多个 init 函数

```
package main

import "fmt"

func init() {
    fmt.Println("First init")
}

func init() {
    fmt.Println("Second init")
}

func init() {
```

```
    fmt.Println("Third init")
}

func init() {
    fmt.Println("Fourth init")
}

func main() {}
```

```
$ go run .

First init
Second init
Third init
Fourth init

Go Version: go1.19
```

5.4.2 init 函数的执行顺序

如果在同一个包的不同文件中声明了多个 init 函数，那么编译器按照加载文件的顺序执行 init 函数。

以清单 5.41 中给出的目录结构为例，如果在 a.go 跟 b.go 中分别声明 init 函数，a.go 中的 init 函数会先执行，但如果将 a.go 被重命名为 c.go，那么 b.go 中的 init 函数会先执行。

如果不同文件中的 init()声明存在优先级顺序，并且这些函数需要按照一定的顺序运行，那么就要特别小心。

清单 5.41　不同文件中都声明了 init 函数的目录结构

```
└── cmd
    |-- a.go
    |-- b.go
    └── main.go
```

5.4.3 利用 init 函数的导入副作用

在 Go 语言中，有时候导入一个包并不是为了获取包中的内容，而是为了获取导入包时触发的副作用。通常这意味着导入的包中有 init 函数，init 函数会在其他代码执行之前执行，它允许开发人员操纵程序启动时的状态。这项技术被称为导入副作用。

一个常见的导入副作用的例子是在代码中注册功能，这可以让一个包知道程序需要使用它的哪些部分。例如，image 包中的 image.Decode 函数在执行之前需要知道要解码的图像格式（如 jpg、png、gif 等），你可以通过导入具有 init 函数副作用的特定程序来实现。

在清单 5.42 所示的函数中，使用 image.Decode 函数解码了一个.png 文件。

清单 5.42 使用 image.Decode 函数解码一个.png 文件

```
func decode(reader io.Reader) (image.Rectangle, error) {

    // 解码图像
    m, _, err := image.Decode(reader)
    if err != nil {

        // 返回错误
        return image.Rectangle{}, err
    }
    return m.Bounds(), nil
}
```

上述程序代码可以正常编译，但当你尝试解码一个.png 图片时，会发生错误，如清单 5.43 中所示。

清单 5.43 尝试解码.png 图片时提示编译错误

```
$ go run .

image: unknown format

exit status 1
```
Go Version: go1.19

想要修复这个问题，需要为 image.Decode 函数注册.png 图片格式。导入 image/png 包时，该包中包含的 init 函数语句（见清单 5.44）会被调用，这个包会用 image 包将自己注册为图片格式。

清单 5.44 init 函数在 image/png 包中将自己注册为.png 图片格式

```
func init() {
    image.RegisterFormat("png", pngHeader, Decode, DecodeConfig)
}
```

在清单 5.45 中，我们将 image/png 包导入应用程序中。在代码执行之前，image/png 包中的 image.RegisterFormat 函数会被调用，在使用.png 格式之前对其会进行注册。

清单 5.45 使用 image.Decode 函数解码.png 文件的程序

```
import (
    "fmt"
    "image"
    _ "image/png"
    "io"
    "os"
)
```

```
$ go run .

decoded image bounds: (0,0)-(60,60)

Go Version: go1.19
```

虽然在 Go 标准库的许多地方都可以找到 import 语句和 init 函数的用法，但它们被认为是 Go 语言中的反模式，应该从不使用。代码始终要清晰明确。

5.5 本章小结

本章介绍了 Go 语言中的函数。本章首先阐述了在 Go 语言中函数是如何成为一等公民的，展示了如何在类型系统中创建基于函数的新类型。然后讨论了可变参数的使用，可变参数允许函数接受任意数量的同一类型参数。还提到了延迟函数的使用，它允许你将函数调用延迟到稍后的时间点。之后解释了如何使用延迟函数来确保按正确的顺序清理资源，以及如何从 panic 中恢复程序。最后，展示了如何使用 init 函数来初始化包，并解释了使用它的危害。

第 6 章

结构体、方法和指针

在本章中，我们将学习 Go 语言中的结构体。本章首先探讨了结构体的定义、初始化和用法。然后介绍了结构体标签的概念及其在编码和解码等操作中的应用。接着研究了如何向类型中添加方法。最后，讨论了什么是指针、如何使用指针来避免复制数据以及如何允许其他人修改底层数据。

6.1 结构体

结构体是一个由多个字段（也称为成员或属性）组成的集合。在 Go 语言中，结构体通常用于创建自定义的复杂类型。当试图理解结构体时，将它们看作新类型的蓝图会有助于理解新类型。结构体本身不包含任何数据。

6.1.1 在 Go 语言中声明新类型

在使用结构体之前，需要先理解在 Go 语言中如何声明新类型。声明新类型时要使用 type 关键字，且要为新类型命名。与 Go 语言中的所有标识符一样，类型名在包内必须唯一，并且应遵循 Go 语言的标识符命名规范。还有，所有的新类型都必须基于现有类型声明。

在清单 6.1 中，我们声明了三个新类型。第一个是 MyInt，基于 int 类型声明；第二个是 MyString，基于 string 类型声明；第三个是 MyMap，基于 map[string]string 类型声明。这些类型的定义会被编译器读取，并在运行时生效。由于这些类型是在编译时定义的，因此它们本身无法像传统的"类"类型那样持有数据。

清单 6.1　在 Go 语言中声明新类型

```
type MyInt int
```

```
type MyString string
type MyMap map[string]string
```

在清单 6.2 中，我们使用了清单 6.1 中定义的三个新类型。当我们声明并初始化 MyInt 和 MyString 变量时，简单地将 int 与 string 值转换成相应的类型并赋值即可。对于 MyMap 变量，其声明和初始化方式就像普通的 map 一样。本章后面将展示如何为定义的新类型添加方法，这些方法是以该新类型作为接收者类型的函数。

清单 6.2　使用清单 6.1 中的自定义类型

```
func main() {

    // 声明一个类型为 MyInt 的变量
    i := MyInt(1)

    //声明一个类型为 MyString 的变量
    s := MyString("foo")

    //声明一个类型为 MyMap 的变量
    m := MyMap{"foo":"bar"}

    // 打印变量 i 的类型和值
    fmt.Printf("%[1]T:\t%[1]v\n", i)

    // 打印变量 s 的类型和值
    fmt.Printf("%[1]T:\t%[1]v\n", s)

    // 打印变量 m 的类型和值
    fmt.Printf("%[1]T:\t%[1]v\n", m)
}
```

```
$ go run.

main.MyInt:1
main.MyString:foo
main.MyMap:map[foo:bar]
```

```
Go Version:go1.19
```

6.1.2　定义结构体

在理解了如何在 Go 语言中定义新类型后，让我们来看一下结构体。结构体为你提供了定义复杂类型的方式。结构体可以拥有任意数量的字段与方法。结构体类型对于编写 Go 语言程序至关重要。

在清单 6.3 中，我们定义了一个有两个字段的结构体 User。第一个字段是 Name，类型为 string；第二个字段是 Age，类型为 int。

清单 6.3　包含两个字段的结构体 User

```
type User struct {
    Name string
    Age int
}
```

6.1.3　初始化结构体

　　结构体的初始化语法与 map 的初始化语法几乎一样，我们使用{}来初始化一个结构体。像 map 一样，我们可以为每个字段提供一个值。在清单 6.4 中，我们声明了一个新变量 u，并为其赋予 User 类型的值。我们没有初始化变量 u 的任何字段。为了打印结构体，我们使用了格式化控制符%+v，输出结果中打印了结构体字段的名称和值。

清单 6.4　不使用任何值初始化结构体

```
func main() {

    // 初始化一个空的 User
    u := User{}

    fmt.Printf("%+v\n", u)
}
```
```
$ go run.

{Name: Age:0}
```
```
Go Version: go1.19
```

　　在初始化结构体时，可以同时设置部分或全部字段的值。例如，在清单 6.5 中，我们声明了一个 User 类型的新变量 u，并在初始化时为该变量设置了 Name 和 Age 两个字段的值。

清单 6.5　使用值初始化结构体

```
func main() {

    // 使用值来初始化一个结构体 User
    u := User{
        Name:"Jimi",
        Age:27,
    }

    fmt.Printf("%+v\n", u)
}
```
```
$ go run.

{Name:Jimi Age:27}
```

Go Version:go1.19

6.1.4　不带字段名的初始化

在前面用值来初始化结构体的例子中（见清单 6.5），我们一直使用字段名来指定每个字段的值，这在初始化多行结构体时是必须的。若只在一行上初始化结构体，可以选择不使用字段名。

在清单 6.6 中，我们使用两个字段的值"Kurt"和 27 来初始化结构体 User，而没有使用字段名。尽管 Go 语法上允许这样做，但我们并不推荐在实际代码中这么用。原因有很多，首先，这样做会使代码很难阅读。如果你不熟悉代码库，就无法确定值被映射到哪些字段上了。更重要的是，这些字段最终都需要被命名。

清单 6.6　不使用字段名初始化结构体

```
func main() {

    // 不使用字段名而是使用值来初始化结构体 User
    u := User{"Kurt", 27}

    fmt.Printf("%+v\n", u)
}
```

```
$ go run.
```

```
{Name:Kurt Age:27}
```

Go Version:go1.19

在初始化结构体时，如果不使用字段名，则必须提供所有字段的值，否则会导致编译错误。如清单 6.7 所示，在初始化结构体 User 时，我们只提供了 Name 字段的值，而没有给 Age 字段赋值。这种情况下，编译器会报错。

清单 6.7　初始化结构体时仅使用部分字段的值

```
func main() {

    // 结构体 User 的初始化缺少值
    u := User{"Kurt"}

    fmt.Printf("%+v\n", u)
}
```

```
$ go run.
```

```
#  demo
. /main.go:18:18: too few values in struct literal
```

Go Version:go1.19

最后，值的顺序必须与结构体中字段的定义顺序相匹配。如果结构体中字段的顺序改变了，那么值的顺序也必须改变。在清单 6.8 中，我们用 Name 和 Age 字段的值初始化结构体 User。由于值的顺序与字段的顺序不匹配，因此导致编译时出现错误。

清单 6.8　以错误的值顺序初始化一个结构体

```
func main() {

    // 以错误的值顺序初始化结构体 User
    u := User{27, "Kurt"}

    fmt.Printf("%+v\n", u)
}
```

```
$ go run.

#  demo
./main.go:19:12: cannot use 27 (untyped int constant) as string
➥value in struct literal
./main.go:19:16: cannot use "Kurt" (untyped string constant) as
➥int value in struct literal

Go Version:go1.19
```

若在一开始就显式地使用字段名称，那么可以防止这些问题发生。

6.1.5　访问结构体字段

通过点符号（一个点加上字段名）可以引用结构体的字段。在清单 6.9 中，printUser 函数访问了变量 u 的 Name 和 Age 字段，并将它们分别赋给变量 name 和 age。在 main 函数中，通过 u.Name = "Janis"将变量 u 的 Name 字段赋值为"Janis"。

清单 6.9　访问结构体的字段

```
func printUser(u User) {

    // 访问结构体 User 的 Name 字段并且将其赋给变量 name
    name := u.Name

    // 访问结构体 User 的 Age 字段并且将其赋给变量 age
    age := u.Age

    // 打印结构体 User 的 Name 和 Age 字段
    fmt.Printf("%s is %d years old\n", name, age)
}
```

```
func main() {

    // 使用值初始化结构体 User
```

```
    u := User{Age:27}

    // 设置结构体 User 中 Name 字段的值
    u.Name = "Janis"

    // 打印结构体 User 的 Name 和 Age 字段
    printUser(u)
}
```

```
$ go run.
```

```
Janis is 27 years old
```

```
Go Version:go1.19
```

6.1.6　结构体标签

结构体标签是附加到结构体字段上的元数据，为与该结构体一起工作的其他 Go 代码提供指令。结构体标签是形如<name>:"<value>"的字符串，其中 <name> 是标签的名称，<value> 是标签的值。在清单 6.10 中，User 结构体的 Name 字段具有一个标签 json:"name"，标签名称是 json，值为 name。

清单 6.10　结构体标签

```
type User struct {
    Name string 'json:"name"'
}
```

其他 Go 代码可以检查这些结构体并提取它们所需要的特定键的值。如果没有其他代码访问和利用结构体标签，那么标签对该结构体本身的代码实现和功能没有直接影响。

6.1.7　编码用的结构体标签

结构体标签的常见用途是将结构体的数据编码成其他格式。例如，JSON（见清单 6.11）、XML 和 Protobuf 都是编码格式的示例。

清单 6.11　json.Encoder 类型

```
$ go doc encoding/json.Encoder

package json // import "encoding/json"

type Encoder struct {
        // Has unexpected fields.
}
    An Encoder writes JSON values to an output stream.

func NewEncoder(w io.Writer) *Encoder
```

```
func (enc *Encoder) Encode(v any) error
func (enc *Encoder) SetEscapeHTML(on bool)
func (enc *Encoder) SetIndent(prefix, indent string)
```

Go Version:go1.19

在清单 6.12 中，我们使用 encoding/json 包对结构体 User 进行编码。在创建新的 json.Encoder（见清单 6.11）后，我们调用 json.Encoder.Encode 方法将变量 u 作为参数传递。由于结构体 User 没有结构体标签，json.Encoder.Encode 方法使用字段名称作为 JSON 的键。

清单 6.12　默认的 JSON 编码

```
package main

import (
    "encoding/json"
    "log"
    "os"
)

type User struct {
    ID       int
    Name     string
    Phone    string
    Password string
}

func main() {
    u := User{
        ID:        1,
        Name:      "Amy",
        Password:  "goIsAwesome",
    }

    // 创建一个新的 JSON 编码器，将其用于写入标准输出
    enc := json.NewEncoder(os.Stdout)

    // 对结构体 User 进行编码
    if err := enc.Encode(u); err != nil {
        // 如果发生错误，就对错误进行处理
        log.Fatal(err)
    }
}
```

```
$ go run.

{"ID":1,"Name":"Amy","Phone":"","Password":"goIsAwesome"}
```

Go Version:go1.19

尽管 json.Encoder 可以将结构体 User 正确编码为 JSON，但仍存在问题。在清单 6.12 中，字段名没有为 JSON 做适当的转换，带有零值的字段也会被编码，这会浪费字节。此外，像 Password 字段这样的敏感数据也会被编码，这会带来安全隐患。

6.1.8 使用结构体标签

为了让我们能够控制结构体 User 的 JSON 编码，encoding/json 包使用了 json 结构体标签。当标签存在时，它会告诉 json.Encoder 在编码结构体时应该使用什么字段名，以及是否编码该字段。

在清单 6.13 中，结构体 User 的每个字段都被改为使用 json 结构体标签了。更新后，Name 字段现在使用的是 json:"name" 标签，这就是告诉 json.Encoder 在编码时使用 name 作为字段名，而不是 Name。

清单 6.13　使用 json 结构体标签控制编码输出

```
type User struct {
    ID          int         'json:"id" '
    Name        string      'json:"name" '
    Phone       string      'json:"phone,omitempty" '
    Password    string      'json:" - " '
}
$ go run.

{"id":1,"name":"Amy"}
Go Version:go1.19
```

Phone 字段现在使用的是 json:"phone,omitempty" 标签，这是告诉 json.Encoder 对该字段使用 phone 来代替 Phone 作为字段名。逗号后的 omitempty 标签是告诉 json.Encoder 如果字段值为零值，则忽略该字段。

最后，User 结构体中的 Password 字段使用了 json:"-" 标签。这是告诉 json.Encoder 不要对该字段进行编码。在标准库和其他库中，通常使用 "-" 指示不应编码该字段。

每个使用了结构体标签的包都会有相关文档，用以说明如何指定标签来实现预期的行为。如果想要深入了解 encoding/json 包在结构体标签方面的选项，那么可以查看 json.Marshal 的文档，它提供了更详细的说明。

6.2　方法

方法是在类型上声明函数的语法糖。清单 6.14 展示了一个在结构体 User 中添加方法 String() string 的代码示例。在函数名之前，我们引入了一组新的括号()。这组新的括号用于定义方法的接收者。接收者是传递给方法的值的类型。在这个例子中，接收者是 User。在方法内部可以通过变量 u 来访问接收者，并实现对接收者的值的操作。

清单 6.14　声明并使用方法

```
type User struct {
    Name string
    Age  int
}

func (u  User) String() string {
    return fmt.Sprintf("%s is %d", u.Name, u.Age)
}
```

```
func main() {

    u := User{
        Name:"Janis",
        Age:27,
    }

    //使用变量 u 作为接收者来调用 String 方法
    fmt.Println(u.String())
}
```

```
$ go run.

Janis is 27
```

```
Go Version:go1.19
```

6.2.1　方法与函数的不同

方法遵循适用于函数的几乎所有规则，因为本质上它们就是函数。方法可以有任意数量的参数，并且可以返回任意数量的值，就像函数一样。

与函数不同，方法会绑定接收者的类型，方法不能独立于接收者调用。稍后，在第 10 章中，当我们看到泛型时，你会发现函数可以使用泛型，但方法不可以。

6.2.2　方法表达式

如先前所述，方法只是固定第一个参数为接收者的函数的语法糖。清单 6.15 和清单 6.16 中的代码都打印了相同的结果。在清单 6.15 中，我们在变量 u 上调用了 String()方法，Go 程序会自动将变量 u 的值传递给该方法。在清单 6.16 中，在结构体 User 上调用了 String(u User)方法。这实际上跟我们使用的调用方法是一样的。

清单 6.15　正常方法调用

```
func main() {

    u   := User{
        Name: "Janis",
        Age:  27,
    }

    //使用变量 u 作为接收者来调用 String 方法
    fmt.Println(u.String())
}
```

清单 6.16　方法的语法糖

```
func main() {

    u := User{
        Name: "Janis",
        Age:  27,
    }

    //使用变量 u 作为接收者来调用 String 方法
    fmt.Println(User.String(u))
}
```

```
$ go run.

Janis is 27
```
Go Version:go1.19

6.2.3　第三方类型的方法

很多编程语言都支持在非自己定义的类型上定义方法。在清单 6.17 中，我们在 Ruby 程序中的所有整数类型上都添加了一个 greet 方法。

清单 6.17　在 Ruby 中向第三方类型添加一个方法

```
# Integer 是 Ruby 中整数的基类。应用程序运行时,
# 任何在此处添加的方法都可以在所有整数中使用
class Integer

    # 为应用程序中的每个整数添加 greet 方法
    def greet
        puts "Hello, I am #{self}."
    end

end
```

```
# 调用整数 27 的 greet 方法
27.greet
```

```
$ ruby main.rb
```

```
Hello, I am 27
```

Go 语言不允许为不是你自己定义的类型定义方法。在清单 6.18 中，我们尝试为该 Go 程序中的 int 类型添加了一个 Greet()方法，这将导致编译错误。

清单 6.18 在 Go 程序中向第三方类型添加方法

```
package main

import "fmt"

func (i int) Greet() {
    fmt.Printf("Hello, I am %d\n", i)
}
```

```
$ go run.
```

```
# demo
. /main.go:5:7: cannot define new methods on non -local type int
```

Go Version:go1.19

解决这个问题的一个方法是创建一个基于 int 的新类型。在清单 6.19 中，MyInt 类型基于 int 类型创建。然后我们可以在 MyInt 类型上定义 Greet()方法。为了使用这个新类型，我们只需要将 int 类型转换为 MyInt 类型即可。

清单 6.19 定义一个自定义类型来为 int 类型添加方法

```
package main

import "fmt"

type MyInt int

func (i MyInt) Greet() {
    fmt.Printf("Hello, I am %d\n", i)
}
func main() {
    i := MyInt(27)
    i.Greet()
}
```

```
$ go run.
```

```
Hello, I am 27
Go Version:go1.19
```

6.2.4 函数作为类型

函数签名是一种事实上的"类型"，也可以为函数签名显式地创建类型。

以下是一些函数类型的优点。

- 参数声明更清晰、更易维护。
- 新类型可以充分利用 Go 类型系统。
- 可以轻松地为新类型提供文档，为将来提供有价值的反馈。

在清单 6.20 中，使用函数签名 func() string 创建了一个新类型，该类型称为 greeter。sayHello 函数接受 greeter 类型作为参数。所有先前将函数传递到其他函数的规则都适用于 greeter 类型。在清单 6.20 中，sayHello 函数使用匿名函数作为参数。

清单 6.20 函数作为类型

```
package main

import "fmt"

// greeter 是一个返回 string 类型且没有参数的函数
type greeter func() string

func sayHello(fn greeter) {

    //调用 greeter 函数并且打印结果
    fmt.Println(fn())
}

func main() {

    // 使用一个匿名函数调用 sayHello，该匿名函数的签名与 greeter 类型相匹配
    sayHello(func() string {
        return "Hello"
    })
}
```

```
$ go run.

Hello
```

```
Go Version:go1.19
```

6.2.5 函数的方法

在为函数创建一个新类型后，我们可以像看待 Go 语言中的其他类型一样来看待该类型，并

且它还可以作为方法的接收者。对此，一个很好的例子是来自标准库的 http.HandlerFunc 类型，见清单 6.21。本书后面会讨论方法。

清单 6.21　http.HandleFunc 类型

```
$ go doc net/http.HandlerFunc

package http//import "net/http"

type HandlerFunc func(ResponseWriter, *Request)
    The HandlerFunc type is an adapter to allow the use of
    ➡ordinary functions as HTTP handlers. If f is a function with
    ➡the appropriate signature, HandlerFunc(f) is a Handler
    ➡that calls f.

func (f HandlerFunc) ServeHTTP(w ResponseWriter, r *Request)
```

```
Go Version:go1.19
```

6.2.6　没有继承

在 Go 语言中，没有继承的概念。当基于一个现有类型创建新类型时，由于 Go 语言中没有继承机制，因此新类型不会继承现有类型的任何方法。在定义新类型时，现有类型的任何方法都不会转移到新类型中。如果现有类型是一个结构体，它的字段定义将被转移到新类型中。

在清单 6.22 中，我们定义了一个 User 类型和一个基于它的 MyUser 类型。MyUser 类型包含与 User 类型相同的字段，但没有 User 类型的方法。在清单 6.23 中，当尝试在 MyUser 类型上调用 String()方法时，我们会得到一个编译时错误。

清单 6.22　User 类型和基于 User 类型定义的 MyUser 类型

```
type User struct {
    Name string
    Age  int
}

func (u User) String() string {
    return fmt.Sprintf("%s is %d", u.Name, u.Age)
}

type MyUser User
```

清单 6.23　新类型不会继承现有类型的方法

```
func main() {
    u := User{
        Name: "Janis",
        Age:  27,
```

```
    }

    fmt.Println(u.String())

    mu := MyUser{
        Name: "Janis",
        Age: 27,
    }

    fmt.Println(mu.String())
}
```

```
$ go run.

# demo
./main.go:33:17: mu.String undefined (type MyUser has no field or
➡method String)
```

```
Go Version:go1.19
```

6.3 指针

指针是一种保存变量值地址的类型。在本节中，我们将解释值传递和引用传递的区别，并讨论如何声明指针以及如何通过指针引用值。此外，本节还会涵盖指针的性能和安全性，以及应该在何时使用指针等内容。

人们害怕使用指针。在其他语言中，你会听到有关指针运算、意外覆盖内存和其他可怕的事。在 Go 语言中，指针本质上是非常简洁明了的。

6.3.1 值传递

要理解指针，首先必须了解 Go 语言如何传递数据。当从一个函数中将数据传递到另一个函数中时，Go 语言首先会复制要传递的数据，然后会将复制后的数据发送给目标函数，这称为值传递。

图 6.1 用简化的示意图展示了 Go 语言在函数之间传递数据的过程。Go 应用程序中有一个全局内存空间，此空间被称为堆。该应用程序中的所有函数、类型等都可以使用堆。例如，全局变量就存储在堆中。堆中的元素是垃圾回收器最难清除的，也是清除速度最慢的。

对于每个函数调用，堆中都会创建一个新的内存空间。这个空间是运行函数的专用内存空间，被称为栈。栈是函数内部的局部变量所在的地方。当函数退出时，垃圾收集器可以清理整个栈。因为一个函数的内存可以一次性回收（例如所有的局部变量），所以垃圾收集器能够非常高效地工作。

在图 6.1 中，当 func A 栈中的变量 u 被传递到 func B 栈中时，func B 栈中会创建变量 u 的值的一个新副本。在 func A 栈中，变量 u 占据了内存空间 0x123。在 func B 栈中，变量 u 占据了另一个内存空间 0x456。

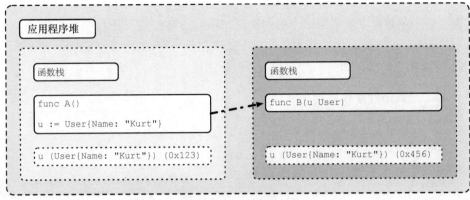

图 6.1　值传递

　　在清单 6.24 中，changeName 函数接收 User 类型的值的一个副本。由于 changeName 函数接收的是 User 类型的值的一个副本，因此在该函数的上下文中对 User 类型的值所做的任何更改都不会影响原始的 User 类型的值。

清单 6.24　值传递

```
func changeName(b User) {
    b.Name = "Janis"
    fmt.Println("new name:", b.Name)
}
```

```
type User struct {
    Name string
}

func main() {
    u  := User{Name:"Kurt"}

    fmt.Println("before:", u.Name)

    changeName(u)

    fmt.Println("after:", u.Name)
}
```

```
$ go run.

before:Kurt
new name:Janis
after:Kurt
```

6.3.2 接收指针

为了表明一个函数或方法需要一个值的指针，我们在类型前面使用*符号。在清单 6.25 中，我们看到 changeName 函数有两个版本。第一个版本接受一个 User 类型的值，而第二个版本接受一个指向 User 类型的值的指针。

清单 6.25 接受指针参数

```
// User 类型的值（复制 User）
func changeName(b User) {}

//User 类型的值的指针（复制 User 指针）
func changeName(b *User)
```

6.3.3 获取指针

为了获取值的指针，我们使用&运算符。在清单 6.26 中，我们初始化了一个类型为 User 的变量 u，然后获取了该变量的指针&u。

清单 6.26 获取变量指针

```
func main() {

    // 初始化 User 实例
    u := User{
        Name:  "Jimi",
        Age:   27,
    }

    // 获取 User 实例的指针
    ptr := &u

    //  打印指针的值
    fmt.Printf("%+v\n", ptr)

    // 打印指针
    fmt.Printf("%p\n", ptr)
}
```

```
$ go run.

&{Name:Jimi Age:27}
0x1400000c030
```

在清单 6.26 中，当使用%+v 格式化控制符打印 ptr 时，输出结果与打印 User 类型的值时的输出相同，但是在变量 u 前面使用了&运算符来表示 ptr 是一个指针。

如果你在初始化时就知道需要一个指针，则不必先把它赋给一个变量。相反，你可以使用&运算符来获取新初始化的值的指针。在清单 6.27 中，我们在初始化时就获取了一个 User 类型的新值的指针。这样，变量 u 就是一个指向 User 类型的值的指针。

清单 6.27 初始化期间立即获取指针

```
func main() {

    // 将 User 实例初始化并立即获取指向它的指针
    u := &User{
        Name:  "Jimi",
        Age:   27,
    }

    // 打印指针的值
    fmt.Printf("%+v\n", u)

    // 打印指针
    fmt.Printf("%p\n", u)
}
```
```
$ go run.

&{Name:Jimi Age:27}
0x14000126018
```
```
Go Version:go1.19
```

6.3.4 传递指针

在 Go 语言中，指针是一个小的包装器，它保存着底层值的内存地址。当我们像图 6.2 中一样将指针作为参数从一个函数传递给另一个函数时，Go 程序会创建一个指针的副本并将其传递给接收函数。这种行为与你之前所见的完全相同。但是，不同之处在于，尽管这两个指针具有不同对象的 ID，但它们仍然指向相同的底层数据。然而，该底层数据已不在函数栈中，现在它已被转移到应用程序的堆中了，这通常被称为栈逃逸。为了安全地删除底层数据，垃圾回收器首先需要确认堆中的其他值栈没有再引用那块内存。

图 6.2 中的 A 和 B 都有指向相同数据的指针，无论通过哪个指针对数据进行更改，都会改变两个指针所指的数据。

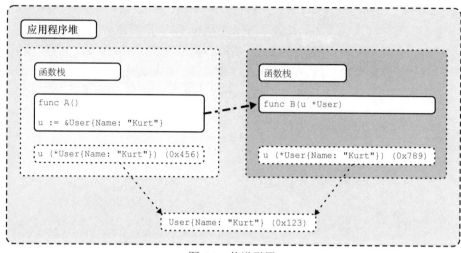

图 6.2 传递引用

6.3.5 使用指针

为了能够修改底层值，我们使用指针重写清单 6.24 中的示例。在清单 6.28 中，我们使用指向类型为 User 的值的指针来更改用户的名称。结果，名称的更改在两个引用中均能反映出来。

清单 6.28 使用指针

```go
type User struct {
    Name string
}

func main() {
    u:= User{Name:"Kurt"}

    fmt.Println("before:", u.Name)

    changeName(&u)

    fmt.Println("after:", u.Name)
}
```

```
$ go run.

before:Kurt
new name:Janis
after:Janis
```

```
Go Version:go1.19
```

6.3.6 值接收者与指针接收者

你可以将方法接收者定义为值接收者或者指针接收者。它们的行为不同，值接收者不能修改数据，但指针接收者可以。

在清单 6.29 中，Titleize()方法被定义为指针接收者，这意味着该方法可以修改底层数据。

清单 6.29 方法接收者

```go
type User struct {
    Name string
    Age int
}

// 指针接收者
func (u *User)Titleize() {
    u.Name = strings.Title(u.Name)
}

// 值接收者
func (u User) Reset() {
    u.Name = ""
    u.Age = 0
}

func main() {

    // 初始化 User 实例
    u:= User{
        Name: "kurt",
        Age:  27,
    }

    // 打印 User 实例
    fmt.Println("before title:\t", u)

    // 调用 Titleize 方法
    u.Titleize()

    // 调用 Titleize 方法后打印 User 实例
    fmt.Println("after  title:\t", u)

    // 调用 Reset 方法
    u.Reset()

    // 调用 Reset 方法后打印 User 实例
    fmt.Println("after reset:\t", u)
```

```
    }
```
```
$ go run.

before title:{kurt 27}
after title:{Kurt 27}
after reset:{Kurt 27}
```

Go Version:go1.19

6.3.7 new 函数

内置函数 new（见清单 6.30）接收一个类型 T 作为参数，在运行时会为该类型的变量分配存储空间，并返回指向该变量的类型*T 的值。变量以其零值初始化。

清单 6.30 new 函数

```
$ go doc builtin.new

package builtin//import "builtin"

func new(Type) *Type
    The new built-in function allocates memory. The first argument
    ➥is a type, not a value, and the value returned is a pointer
    ➥to a newly allocated zero value of that type.
```

Go Version:go1.19

在 Go 语言中，new(User)与&User{}相比，使用 new 函数创建变量用得非常少，通常使用&修饰符。对于 string 或 int 这样的基础类型，使用 new 函数获取指针很有用，因为不能使用&修饰符（比如&"Hello"）来获取这些类型的指针，而 new 函数允许。清单 6.31 展示了几个使用 new 函数来获取各种类型的指针的例子。

清单 6.31 使用 new 函数

```
func main() {

    // 创建一个 string 类型的指针
    s := new(string)

    //  解引用指针并对其进行赋值
    *s = "hello"

    // 创建一个 int 类型的指针
    i:= new(int)

    // 解引用指针并对其进行赋值
    *i = 42
```

```
//创建一个 User 类型的指针
u1 := new(User)

// 在功能上等价且符合惯用写法
u2 := &User{}

fmt.Printf("s:  %v, *s:  %q\n", s, *s)
fmt.Printf("i:  %v, *i:  %d\n", i, *i)
fmt.Printf("u1:  %+v, *f:  %+v\n", u1, *u1)
fmt.Printf("u2:  %+v, *f1:  %+v\n", u2, *u2)

}
```

```
$ go run.

s:0x14000010230, *s: "hello"
i:0x14000014098, *i: 42
u1:&{Name:Age:0}, *f:{Name:Age:0}
u2:&{Name:Age:0}, *f1:{Name:Age:0}
```

Go Version:go1.19

我们使用*运算符访问指针的底层值。在清单 6.31 中，我们创建了一个新的字符串类型的指针变量 s，然后对指针进行解引用来访问底层的字符串，并将其设置为"Hello"，之后，变量 s 就指向了这个新的字符串值。

6.3.8 性能

在 Go 语言中指针既可以提升性能，又可以降低性能，对于大块内存（比如图像文件），传递指针可以减少内存分配和操作开销。

然而，指针也会向垃圾回收器与编译器暗示，有问题的值可能会在当前栈之外使用，这可能会导致将值放到堆上。如之前所提到的，在 Go 语言中，栈被垃圾回收器视为一块可以收集的内存。然而，应用程序中的堆内存很难被清理，因此清理速度较慢。图 6.3 左侧展示的是在两个函数之间传递值时 Go 语言是如何管理内存的，而右侧展示的则是在两个函数之间传递指针时，Go 语言是如何管理内存的。比较这两张图片，你可以看到使用指针时垃圾回收器增加了额外负担。

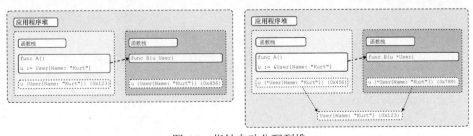

图 6.3　指针自动分配到堆

理解使用指针时 Go 语言如何处理内存很重要，因为在 Go 语言中广泛使用指针。不过，大多数情况下你不必担心指针的内存分配以及其对垃圾回收器的影响。

6.3.9 nil 接收者

在使用指针接收者时必须小心，如果接收者本身是 nil，则仍然可以调用不引用该接收者的方法。如果调用一个确实引用了接收者的方法，就会引发运行时 panic。

在清单 6.32 中，尝试使用 nil 接收者调用 String() 方法会导致运行时 panic。

清单 6.32 nil 接收者

```
package main

import "fmt"

type User struct {
    Name string
    Age int
}
func (u *User) String() string {
    return fmt.Sprintf("%s is %d", u.Name, u.Age)
}

func main() {
    // 创建一个新的指向 User 实例的指针
    var u *User

    // 在 nil 接收者上调用 String 方法
    fmt.Println(u.String())
}
```

```
$ go run.

panic: runtime error:invalid memory address or nil pointer
➥dereference [signal SIGSEGV:segmentation violation code=0x2
➥addr=0x0 pc=0x1043cd788]

goroutine 1 [running]:
main.(*User).String(...)
          . /main.go:11
main.main()
          . /main.go:22 +0x28
exit status 2
```

Go Version:go1.19

6.3.10 nil 接收者检查

你可以在引用接收者之前检查接收者是否为 nil。虽然这在某些情况下可能有效，但是它可能会在无意中导致你的代码变成"空操作"，进而悄无声息地执行失败，并在后续造成难以发现的严重 bug。

你必须决定如何处理这些问题。在清单 6.33 中，在调用 String()方法接收者的字段之前，我们会在 String()方法中检查接收者是否为 nil。如果接收者为 nil，返回"<empty>"。在该方法可以返回错误的情况下，当接收者为 nil 时我们返回一个错误。

清单 6.33 nil 接收者检查

```
package main

import "fmt"

type User struct {
    Name string
    Age  int
}

func (u*User) String() string {
    if u == nil {
        return ""
    }

    return fmt.Sprintf("%s is %d", u.Name, u.Age)
}

func main() {

    // 创建一个新的指向 User 实例的指针
    var u *User

    // 使用空指针调用 String 方法
    fmt.Println(u.String())
}
```

```
$ go run.

<empty>
```

```
Go Version:go1.19
```

6.4   本章小结

在本章中，我们介绍了结构体、方法和指针，还介绍了结构体标签及其在编码和解码中的用途，并讲解了如何向类型添加方法。最后，我们讨论了指针、如何用指针来避免数据的复制，以及如何允许其他人修改底层数据。

第 7 章

测试

测试这个领域，在 Go 语言中和在任何其他语言中一样，都值得单独写一本书。遗憾的是，鉴于本书的定位，书中无法涵盖与测试相关的所有主题，如基准测试、示例测试和设计模式等。这一章将介绍 Go 语言中与测试相关的基础知识，包括编写、运行和调试测试，还将介绍表驱动测试、测试辅助函数和代码覆盖率等内容。

7.1 测试基础

Go 语言自带一个强大的测试框架，可见，Go 语言中是非常重视测试的。该测试框架是用 Go 语言编写的，所以不需要学习另一种语法。由于 Go 语言在设计时就考虑到了测试问题，因此，在 Go 程序中创建和理解测试比在其他语言的程序中更容易。

与其他静态类型的语言一样，编译器会捕获很多 bug。但是，这依然不能保证业务逻辑合理或没有 bug。Go 语言提供了一些工具来确保代码是没有错误的（比如测试），还提供了一些工具来显示代码中的哪些部分已经被测试过，哪些部分还没有（比如代码覆盖率）。

这里先介绍 Go 语言中测试的一些基本功能，后面介绍新的主题时，将进一步展示与这些主题相关的测试功能和方法。

7.1.1 命名

到目前为止，我们对文件或 Go 代码中的函数命名和位置并没有太多的约定。然而，在测试中，文件和函数的命名对测试的运行起着极其重要的作用。

7.1.1.1 测试文件命名

当创建测试代码时，该代码必须放在一个测试文件中。Go 程序将基于 test 这个后缀来识别该文件是否为测试文件。如果一个文件的后缀是 _test.go，Go 程序就知道要把它当作测试文件来处理。

这种命名方式带来一个额外的好处，即在文件列表中，所有的测试文件通常都会紧挨着它们经常要测试的文件，如清单 7.1 所示。

这个命名习惯是必须遵守的。即使在其他文件中写了测试代码，如果文件名没有使用_test.go 这样的后缀，那么 Go 框架也不会将该代码作为测试来运行。

清单 7.1　以_test.go 结尾的测试文件与被测试代码文件放在一起

```
foo.go
foo_test.go
```

7.1.1.2　测试函数签名

除了要把测试代码放在_test.go 文件中，还需要正确命名测试函数。如果没有正确的命名和签名，Go 不会将该函数作为测试运行。

每个测试函数必须采用 Test<名称>(*testing.T)形式的函数签名。

清单 7.2 中的函数以大写字母 Test 开始。你也可以在测试文件中编写其他函数，但只有以 Test 关键字开头的函数才会被作为测试运行。此外，每个测试函数都必须接受（t *testing.T）参数。

清单 7.2　一个简单的 Go 测试

```
func TestSimple(t * testing.T) {
    if true {
        t.Fatal("expected false, got true")
    }
}
```

```
$ go test -v

=== RUN TestSimple
    simple_test.go:8: expected false, got true
--- FAIL: TestSimple (0.00s)
FAIL
exit status 1
FAIL demo 0.441s
```

```
Go Version: go1.19
```

7.1.2　testing.T 类型

testing.T 类型用于验证和控制测试的流程，清单 7.3 展示了控制测试流程所用的方法。本章会覆盖 testing.T 类型的大部分内容，以及它的方法。

清单 7.3　testing.T 类型

```
$ go doc testing.T

package testing // import "testing"

type T struct {
        // Has unexported fields.
}
    T is a type passed to Test functions to manage test state and
➥support formatted test logs.

    A test ends when its Test function returns or calls any of
➥the methods FailNow, Fatal, Fatalf, SkipNow, Skip, or Skipf.
➥Those methods, as well as the Parallel method, must be called
➥only from the goroutine running the Test function.

    The other reporting methods, such as the variations of Log and Error,
➥may be called simultaneously from multiple goroutines.


func (c * T) Cleanup(f func())
func (t * T) Deadline() (deadline time.Time, ok bool)
func (c * T) Error(args ...any)
func (c * T) Errorf(format string, args ...any)
func (c * T) Fail()
func (c * T) FailNow()
func (c * T) Failed() bool
func (c * T) Fatal(args ...any)
func (c * T) Fatalf(format string, args ...any)
func (c * T) Helper()
func (c * T) Log(args ...any)
func (c * T) Logf(format string, args ...any)
func (c * T) Name() string
func (t * T) Parallel()
func (t * T) Run(name string, f func(t *T)) bool
func (t * T) Setenv(key, value string)
func (c * T) Skip(args ...any)
func (c * T) SkipNow()
func (c * T) Skipf(format string, args ...any)
func (c * T) Skipped() bool
func (c * T) TempDir() string
```

Go Version: go1.19

7.1.3　标记测试失败

测试时最常用的两个调用是清单 7.4 中的 testing.T.Error 方法和清单 7.5 中的 testing.T.Fatal

方法。两者都会报告测试失败，但是 testing.T.Error 方法会继续执行该测试，而 testing.T.Fatal 方法则会结束该测试。

清单 7.4　testing.T.Error 方法

```
$ go doc testing.T.Error

package testing // import "testing"

func (c * T) Error(args ...any)
    Error is equivalent to Log followed by Fail.
```
Go Version: go1.19

清单 7.5　testing.T.Fatal 方法

```
$ go doc testing.T.Fatal

package testing // import "testing"

func (c * T) Fatal(args ...any)
    Fatal is equivalent to Log followed by FailNow.
```
Go Version: go1.19

7.1.4　使用 t.Error

在清单 7.6 中，GetAlphabet 函数用于返回每个国家的字母表切片。例如，如果给定键 US，GetAlphabet 函数会返回一个由 26 个字符 A～Z 组成的切片和一个代表无错误的 nil。如果请求的键不存在于 map 中，那么将返回一个 nil 来表示该键不存在，并使用 fmt.Errorf 函数返回一个错误。

清单 7.6　一个可能返回错误的函数

```
func GetAlphabet(key string) ([]string, error) {
    az := []string{"A", "B", "C", "D", "E", "F",
        "G", "H", "I", "J", "K", "L", "M", "N", "O",
        "P", "Q", "R", "S", "T", "U", "V", "W", "X",
        "Y", "Z"}
    m := map[string][]string{
        "US": az,
        "UK": az,
    }

    if v, ok := m[key]; ok {
        return v, nil
    }
```

```
        return nil, fmt.Errorf("no key found %s", key)
}
```

在清单 7.7 中，对 GetAlphabet 函数进行测试时，用 testing.T.Errorf 函数来标记测试错误。这是在告诉 Go 程序，测试已经失败，但测试会继续运行。

清单 7.7　使用 testing.T.Errorf 函数来表明测试失败

```go
func Test_GetAlphabet_Errorf(t * testing.T) {

    key := "CA"
    alpha, err := GetAlphabet(key)
    if err != nil {
        t.Errorf("could not find alphabet %s", key)
    }

    act := alpha[12]
    exp := "M"

    if act != exp {
    t.Errorf("expected %s, got %s", exp, act)
    }

}
```

```
$ go test -v

=== RUN Test_GetAlphabet_Errorf
    alphabet_test.go:11: could not find alphabet CA
--- FAIL: Test_GetAlphabet_Errorf (0.00s)
panic: runtime error: index out of range [12] with length 0 [recovered]
        panic: runtime error: index out of range [12] with length 0


goroutine 34 [running]:
testing.tRunner.func1.2({0x104ea6940, 0x1400015c000})
        /usr/local/go/src/testing/testing.go:1389 +0x1c8
testing.tRunner.func1()
        /usr/local/go/src/testing/testing.go:1392 +0x384
panic({0x104ea6940, 0x1400015c000})
        /usr/local/go/src/runtime/panic.go:838 +0x204
demo.Test_GetAlphabet_Errorf(0x140001111e0)
        ./alphabet_test.go:14 +0x138
testing.tRunner(0x140001111e0, 0x104eb1538)
        /usr/local/go/src/testing/testing.go:1439 +0x110
created by testing.(* T).Run
        /usr/local/go/src/testing/testing.go:1486 +0x300
exit status 2
```

```
FAIL demo 0.764s
```
```
Go Version: go1.19
```

在清单 7.7 中，键 CA 并不存在。第一个错误 could not find alphabet CA 被记录了下来，然后测试继续运行。接下来的检查是确认字母表的第 13 个字母是 M。因为没有找到字母表，所以 alpha 切片是空的。因此当测试试图读取切片索引 12 所对应的数据时，就出现了 panic。

7.1.5 使用 T.Fatal（推荐）

清单 7.8 中的示例代码使用了 testing.T.Fatalf 函数而不是 testing.T.Errorf 函数。这次在第一个错误（could not find alphabet CA）出现时测试会立即失败。由于测试在第一个错误出现时就停止了，因此 alpha[12] 的调用没有被执行，自然测试也就不会出现 panic。

清单 7.8 使用 testing.T.Fatalf 函数表明测试失败

```go
func Test_GetAlphabet_Fatalf(t * testing.T) {

    key := "CA"
    alpha, err := GetAlphabet(key)
    if err != nil {
        t.Fatalf("could not find alphabet %s", key)
    }
    act := alpha[12]
    exp := "M"

    if act != exp {
        t.Fatalf("expected %s, got %s", exp, act)
    }
}
```
```
$ go test -v

=== RUN Test_GetAlphabet_Fatalf
    alphabet_test.go:11: could not find alphabet CA
--- FAIL: Test_GetAlphabet_Fatalf (0.00s)
FAIL
exit status 1
FAIL demo 0.594s
```
```
Go Version: go1.19
```

综上所述，在决定何时使用 testing.T.Fatal 函数或 testing.T.Error 函数时，可参考以下判断规则。如果当前条件失败了并且测试继续执行会导致更多的失败，那么应该用 testing.T.Fatal 函数来阻止测试继续执行。如果测试在一个条件失败后继续执行仍然可以报告其他有效的错误，那么就使用 testing.T.Error 函数。

7.1.6 精心编写测试失败的信息

当确定一个测试已经失败时，需要精心编写一个失败的信息，以告诉运行测试的人什么失败了及失败的原因是什么。这个失败的信息也应该能够适应以后测试中的变化。

以清单 7.9 中的测试为例，该测试被设计为如果 AddTen(int)函数的结果没有返回 11 便失败。

清单 7.9 一个失败的测试

```
func Test_AddTen(t * testing.T) {
    v := AddTen(1)
    if v != 11 {
        t.Fatalf("expected %d, got %d", 11, v)
    }
}
```

虽然清单 7.9 中的错误信息写得非常好，但我们在两个地方硬编码了预期值。如果更新了一个而忘记了更新另一个，那么就会导致输出非常混乱。可见，所有的测试信息都应该是有弹性的，这样才能适应未来的变化。

通过使用变量来保存数据，比如预期值，只需在一处更新代码即可，这时错误信息也将相应地被更新，如清单 7.10 所示。

清单 7.10 一个有良好错误信息的失败测试

```
func Test_AddTen(t * testing.T) {
    act := AddTen(1)
    exp := 11
    if act != exp {
        t.Fatalf("expected %d, got %d", exp, act)
    }
}
```

```
$ go test -v

=== RUN Test_AddTen
    math_test.go:16: expected 11, got 12
--- FAIL: Test_AddTen (0.00s)
FAIL
exit status 1
FAIL demo 0.115s
```

Go Version: go1.19

现在，如果未来的预期值发生变化，则只需要改变一个变量。这就降低了出现无效错误信息的可能性。

7.2 代码覆盖率

确保代码经过良好的测试是编写稳健、可维护的应用程序时最重要的环节之一。编写大型代码库时，这一点尤为重要。在本节中，我们将介绍代码覆盖率的基础知识以及如何使用它来帮助你编写更好的测试。

7.2.1 代码覆盖率基础

为了写出最好的测试，你需要知道测试覆盖了代码的哪些分支。这可以通过生成代码覆盖率报告来实现。

我们先来看看包的代码覆盖率。如清单 7.11 所示，当运行 go test 时，测试通过，但没有输出代码覆盖率信息。

清单 7.11 运行测试，不输出覆盖率信息

```
$ go test .

ok      demo    (cached)
Go Version: go1.19
```

在清单 7.12 中，我们用-cover 标志运行 go test，被测包的代码覆盖率就被打印出来了。

清单 7.12 运行测试同时输出覆盖率信息

```
$ go test -cover .

ok      demo    (cached)    coverage: 53.3% of statements
Go Version: go1.19
```

-cover 标志可以在本地和 CI 中运行，它可帮助我们快速了解软件包的测试情况。

7.2.2 生成覆盖率报告

虽然-cover 标志可以让你快速了解代码的测试覆盖情况，但是你也可以生成一份详细的覆盖率报告。这个报告会体现出哪些行的代码被测试覆盖，哪些行没有。

在清单 7.13 中，我们将 -coverprofile 标志和 coverage.out 的值一起传递给 go test 来生成一个覆盖率报告。测试运行后，会生成包含覆盖率信息的 coverage.out 文件。

清单 7.13 生成覆盖率报告

```
$ go test -coverprofile=coverage.out .

ok      demo    0.711s coverage: 53.3% of statements
```

Go Version: go1.19

由清单 7.13 生成的文件 coverage.out 包含了所有被测试覆盖的代码行的列表,如清单 7.14 所示。

清单 7.14 coverage.out 文件的内容

```
mode: set
demo/errors.go:14.42,16.2 1 0
demo/store.go:25.39,26.12 1 1
demo/store.go:30.2,30.12 1 1
demo/store.go:39.2,39.12 1 0
demo/store.go:26.12,28.3 1 0
demo/store.go:31.9,32.13 1 1
demo/store.go:33.9,34.37 1 0
demo/store.go:35.10,36.14 1 0
demo/store.go:47.48,51.15 2 1
demo/store.go:56.2,59.9 2 1
demo/store.go:67.2,67.18 1 0
demo/store.go:51.15,53.3 1 0
demo/store.go:59.9,64.3 1 1
```

7.2.3 go tool cover 命令

清单 7.14 中的覆盖率文件无法拿来直接查看,应该配合清单 7.15 中的 cover.cmd 命令使用。

清单 7.15 go tool cover 命令

```
$ go tool cover -h

Usage of 'go tool cover':
Given a coverage profile produced by 'go test':
        go test -coverprofile=c.out

Open a web browser displaying annotated source code:
        go tool cover -html=c.out

Write out an HTML file instead of launching a web browser:
        go tool cover -html=c.out -o coverage.html

Display coverage percentages to stdout for each function:
        go tool cover -func=c.out

Finally, to generate modified source code with coverage annotations
(what go test -cover does):
        go tool cover -mode=set -var=CoverageVariableName program.go

Flags:
  -V    print version and exit
```

```
-func string
        output coverage profile information for each function
-html string
        generate HTML representation of coverage profile
-mode string
        coverage mode: set, count, atomic
-o string
        file for output; default: stdout
-var string
        name of coverage variable to generate (default "GoCover")

Only one of -html, -func, or -mode may be set.
```
Go Version: go1.19

go tool cover 命令可以用来解析在 go test 中使用-coverprofile 标志生成的覆盖率报告文件。例如，在清单 7.16 中，我们使用 go tool cover 命令来针对每个函数查看清单 7.13 所生成的覆盖率报告。

清单 7.16　查看函数粒度的代码覆盖率

```
$ go tool cover -func=coverage.out

demo/errors.go:14: Error        0.0%
demo/store.go:25:  Destroy      42.9%
demo/store.go:47:  All          71.4%
total:             (statements) 53.3%
```
Go Version: go1.19

7.2.4　生成 HTML 覆盖率报告

最常见的情况是，你想生成一份 HTML 覆盖率报告。这个报告会以可视化的形式给出哪些代码行被测试覆盖，哪些行没有被覆盖。可以使用-html 标志和值 coverage.out 基于清单 7.13 中生成的覆盖率文件生成一份 HTML 覆盖率报告，如清单 7.17 所示。报告会在默认浏览器中打开。

在清单 7.17 中，我们在调用 go tool cover 命令时使用了-html 标志和覆盖率文件的名称 coverage.out。在本地运行时，报告会打开默认浏览器，并以 HTML 格式显示代码覆盖情况，如图 7.1 所示。

清单 7.17　生成 HTML 覆盖率报告

```
$ go tool cover -html=coverage.out
```
Go Version: go1.19

如清单 7.18 所示，你可以使用-o 标志来指定一个输出文件，而不是在你的默认浏览器中打开报告。

清单 7.18　将生成的 HTML 覆盖率报告保存到一个输出文件中

```
$ go tool cover -html=coverage.out -o coverage.html
```

Go Version: go1.19

图 7.1 中展示了在浏览器中显示的代码覆盖率。该报告用绿色高亮显示了被测试覆盖的行，未被覆盖的行用红色表示。灰色的行表示不会被覆盖率测试跟踪的代码，如类型定义和函数声明或注释。

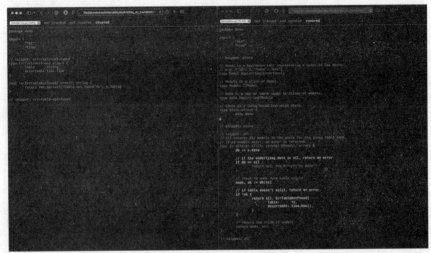

图 7.1　HTML 覆盖率报告

7.2.5　编辑器支持

很多编辑器以及它们的 Go 插件都支持显示代码覆盖率。例如，Visual Studio Code 中的 Go 扩展插件支持在编辑器中直接显示代码覆盖率，如图 7.2 所示。

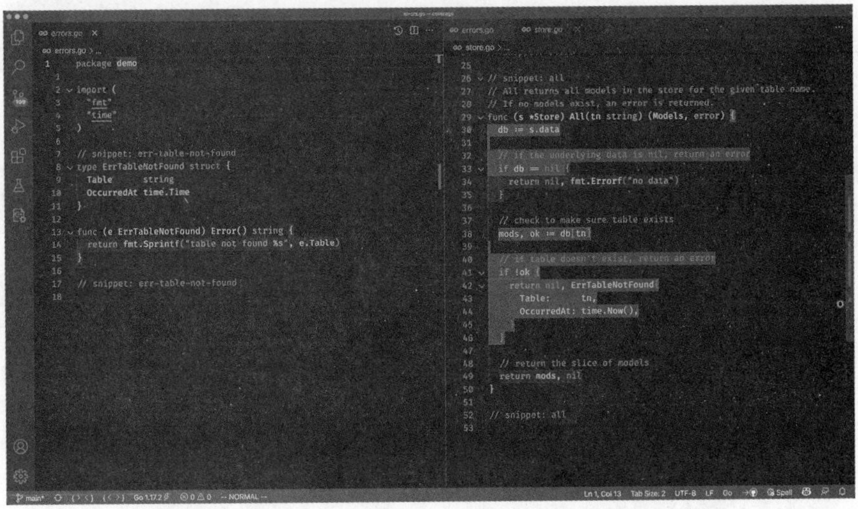

图 7.2　直接在 Visual Studio Code 中高亮显示代码覆盖率

7.3 表驱动测试

清单 7.19 中展示的代码覆盖率显示，All 方法的一些代码路径目前没有被测试覆盖。表驱动测试可以帮助我们解决这个问题。

清单 7.19 查看每个函数的代码覆盖率

```
$ go tool cover -func=coverage.out

demo/errors.go:14:  Error        0.0%
demo/store.go:25:   Destroy      42.9%
demo/store.go:47:   All          71.4%
total:              (statements) 53.3%

Go Version: go1.19
```

你可以使用表驱动测试快速覆盖大量场景，同时复用通用的设置和比较代码。表驱动测试并不是 Go 语言独有的，但在 Go 社区中非常流行。

7.3.1 表驱动测试剖析

清单 7.20 是一个构造表驱动测试的例子。这里使用了匿名结构体的切片。该匿名结构体定义了每个测试用例所需的所有字段。我们可以先把测试用例存到切片中，然后遍历测试用例的切片并执行测试。

清单 7.20 表驱动测试剖析

```
func Test_TableDrivenTests_Anatomy(t *testing.T) {
    t.Parallel()

    // 所有测试用例共用的设置代码放在这里
    // 创建匿名结构体的切片
    // 用每个所需的测试用例初始化该切片并将其赋给变量 tcs
    // 变量 tcs 代表测试用例
    tcs := []struct {
        // 每个测试用例所需要的字段
    }{
        // 测试用例放在这里
    }

    for _, tc := range tcs {
        // 遍历每个测试用例，并对其做出必要的断言
    }
}
```

7.3.2　编写表驱动测试

给定清单 7.21 中的 All 方法，我们可以使用表驱动测试来覆盖代码中所有的错误路径。

清单 7.21　All 方法

```
// All 方法返回存储中给定表名对应的所有模型
// 如果模型不存在，则返回一个错误
func (s *Store) All(tn string) (Models, error) {
    db := s.data

    // 如果 db 变量中的值是 nil，则返回一个错误
    if db == nil {
        return nil, ErrNoData(tn)
    }

    // 通过检查来确保表存在
    mods, ok := db[tn]
    // 如果表不存在，则返回一个错误
    if !ok {
        return nil, ErrTableNotFound{
            Table:      tn,
            OccurredAt: time.Now(),
        }
    }

    // 返回所有模型的切片
    return mods, nil
}
```

在清单 7.22 定义的测试中，我们首先设置了通用测试数据。这里定义了 Store 类型的不同实现，这些实现有很多不同之处，比如它们内部的 data 字段是否被初始化。

之后，我们创建了一个新的匿名结构体的切片来存放想要测试的测试用例。结构体中要设置 Store 和期望看到的错误。

最后我们遍历了测试用例的切片并执行测试。

清单 7.22　没有子测试的表驱动测试

```
func Test_Store_All_Errors(t *testing.T) {
    t.Parallel()

    // 要用的表名
    tn := "users"

    // 设置要测试的不同的 Store
    noData := &Store{}
```

```
withData := &Store{data: data{}}
withUsers := &Store{data: data{"users": Models{}}}

// 创建用来存储每个测试用例的匿名结构体切片
tcs := []struct {
    store *Store
    exp   error
}{
    // 测试用例
    {store: noData, exp: ErrNoData(tn)},
    {store: withData, exp: ErrTableNotFound{}},
    {store: withUsers, exp: nil},
}
// 遍历表并测试每个用例
for _, tc := range tcs {
    _, err := tc.store.All(tn)

    ok := errors.Is(err, tc.exp)

    if !ok {
        t.Fatalf("expected error %T, got %T", tc.exp, err)
    }
}
}
```

正如从清单 7.23 的测试输出中看到的,测试都通过了,但它们是作为同一个测试存在的。

清单 7.23　表驱动测试的输出

```
$ go test -v

=== RUN Test_Store_All_Errors
=== PAUSE Test_Store_All_Errors
=== CONT Test_Store_All_Errors
--- PASS: Test_Store_All_Errors (0.00s)
PASS
Ok      demo      0.542s
```
Go Version: go1.19

如果其中一个测试用例失败,我们不知道是哪一个失败了,也无法单独运行这个测试,如清单 7.24 所示。这时,使用子测试可以解决这两个问题。

清单 7.24　不能确定是哪个测试用例失败了

```
$ go test -v

=== RUN Test_Store_All_Errors
```

```
=== PAUSE Test_Store_All_Errors
=== CONT Test_Store_All_Errors
    store_test.go:39: expected error table not found , got no data
--- FAIL: Test_Store_All_Errors (0.00s)
FAIL
exit status 1
FAIL demo 0.231s
```
Go Version: go1.19

7.3.3　子测试

目前编写的测试存在一个问题，即它们对失败的描述不明确，如果其中一个测试用例失败了，我们不知道具体是哪一个，正如在清单 7.24 中看到的一样。子测试就是用来解决这种问题的。testing.T.Run 方法允许我们为定义的每个测试用例创建一个全新的测试，如清单 7.25 所示。在 Go 语言中，测试的名称是由测试函数的名称衍生出来的。例如，如果我们有一个名为 TestSomething 的测试函数，那么测试的名字就是 TestSomething。有了子测试，我们就可以为每个测试用例创建自己的名字，使其更具描述性且更加实用。

清单 7.25　testing.T.Run 方法

```
$ go doc testing.T.Run

package testing // import "testing"

func (t * T) Run(name string, f func(t * T)) bool
    Run runs f as a subtest of t called name. It runs f in a
    ➥separate goroutine and blocks until f returns or calls t.
    ➥Parallel to become a parallel test. Run reports whether f
    ➥succeeded (or at least did not fail before calling
    ➥t.Parallel).

    Run may be called simultaneously from multiple goroutines,
    ➥but all such calls must return before the outer test
    ➥function for t returns.
```
Go Version: go1.19

7.3.4　子测试剖析

到目前为止，使用子测试与我们一直在做的表驱动测试没有什么不同（参考清单 7.20）。两者最大的区别是在 for 循环中。清单 7.26 中没有直接做断言，而是调用 testing.T.Run 方法来创建一个新的子测试，并给 testing.T.Run 方法提供测试用例的名称和作为子测试运行的函数。

清单 7.26　子测试剖析

```
func Test_Subtest_Anatomy(t *testing.T) {
```

```
    t.Parallel()

    // 所有测试用例共用的设置代码都在这里
    // 创建一个匿名结构体的切片
    // 用每个所需的测试用例初始化该切片并将此切片赋给变量 tcs
    tcs := []struct {

        // 测试用例的名字
        name string
        // 每个测试用例所需要的字段
    }{
        // {name: "some test", tests cases go here },
        // {name: "some other test", tests cases go here },
    }
    for _, tc := range tcs {
        // 为每个测试用例创建一个子测试
        t.Run(tc.name, func(t *testing.T) {
            // 遍历每个测试用例，并为每个测试用例进行需要的断言
        }
    }
}
```

7.3.5　编写子测试

在清单 7.27 中，通过添加对 testing.T.Run 方法的调用，为每个测试用例创建了一个子测试。当测试运行时，每个测试用例被独立显示。如果其中的某一个子测试失败，则很容易识别是哪一个。

清单 7.27　子测试独立显示

```
$ go test -v

=== RUN Test_Store_All_Errors_Sub
=== PAUSE Test_Store_All_Errors_Sub
=== CONT Test_Store_All_Errors_Sub
=== RUN Test_Store_All_Errors_Sub/no_data
=== RUN Test_Store_All_Errors_Sub/with_data,_no_users
    store_test.go:41: expected error demo.ErrTableNotFound,
    ↪got demo.ErrNoData
=== RUN Test_Store_All_Errors_Sub/with_users
    --- FAIL: Test_Store_All_Errors_Sub (0.00s)
    --- PASS: Test_Store_All_Errors_Sub/no_data (0.00s)
    --- FAIL: Test_Store_All_Errors_Sub/with_data,_no_users (0.00s)
    --- PASS: Test_Store_All_Errors_Sub/with_users (0.00s)
FAIL
exit status 1
FAIL demo 0.404s
Go Version: go1.19
```

7.4 运行测试

了解运行测试的不同选项可以大大缩短开发过程中的反馈周期。这一节将介绍运行特定测试的方法、测试运行后的详细输出、测试快速失败的方法、并行运行的选项等内容。

7.4.1 运行指定包的测试

你可以使用 go test 命令运行当前包（文件夹）中的所有测试，无须指定任何测试路径，如清单 7.28 所示。

清单 7.28 运行当前包中的所有测试

```
$ go test

PASS
Ok    demo    1.500s
Go Version: go1.19
```

7.4.2 运行当前包及子包中的测试

通常，Go 项目由多个包组成。要运行所有包中的测试，可以使用./...标识符，该标识符用于告诉 Go 遍历当前包及所有子包，如清单 7.29 所示。

清单 7.29 运行当前包及子包中的所有测试

```
$ go test ./...

ok demo        (cached)
ok demo/models (cached)
ok demo/web    (cached)
Go Version: go1.19
```

测试的包是可选的，你可以指定一个或多个要测试的包的路径，如清单 7.30 所示。

清单 7.30 运行 models 包中的所有测试

```
$ go test ./models

ok demo/models (cached)
Go Version: go1.19
```

7.4.3 输出测试详细信息

在运行测试时，输出详细信息很有用，比如在你调试测试的时候。从清单 7.31 中可以看到，每个测试和子测试都是分开显示的。这样就可以看到哪些测试已被运行，以及该测试的状态。

-v 标志可以开启这种详细的输出。

清单 7.31 详细测试输出

```
$ go test -v

=== RUN Test_Store
=== PAUSE Test_Store
=== RUN Test_Store_Order
=== PAUSE Test_Store_Order
=== RUN Test_Store_User_Order_History
=== PAUSE Test_Store_User_Order_History
=== RUN Test_Store_Address_Verification
=== PAUSE Test_Store_Address_Verification
=== CONT Test_Store
=== CONT Test_Store_Order
=== CONT Test_Store_User_Order_History
=== CONT Test_Store_Address_Verification
=== RUN Test_Store_Order/good_credit_card
=== RUN Test_Store_Order/bad_credit_card
--- PASS: Test_Store (0.02s)
--- PASS: Test_Store_User_Order_History (0.02s)
--- PASS: Test_Store_Address_Verification (0.04s)
=== RUN Test_Store_Order/user_not_logged_in
--- PASS: Test_Store_Order (0.11s)
    --- PASS: Test_Store_Order/good_credit_card (0.00s)
    --- PASS: Test_Store_Order/bad_credit_card (0.05s)
    --- PASS: Test_Store_Order/user_not_logged_in (0.06s)
PASS
ok demo 0.394s
```

Go Version: go1.19

7.4.4 在测试中输出日志

当使用-v 标志时，无论测试是否成功，打印到标准输出的内容都会被显示出来，这包括对 fmt.Print 和类似函数的调用。你可以使用 testing.T.Log 和 testing.T.Logf 方法来记录测试期间的信息。默认情况下，只有在使用了-v 选项运行测试或测试失败时，testing.T.Log 和 testing.T.Logf 语句输出的日志才会显示在测试输出中[①]。在清单 7.32 中可以看到，当不使用-v 标志运行测试时，就没有额外的输出。

清单 7.32 测试中输出日志

```
$ go test .
```

[①] 这里原文表达不够严谨，使用-v 选项时 Log 和 Logf 也会输出。——译者注

```
ok demo (cached)
```

当测试以-v 标志运行时，Testing.T.Log 和 testing.T.Logf 语句的输出会显示出来，如清单 7.33
所示。

清单 7.33　用-v 标志开启测试日志输出

```
$ go test -v .

=== RUN   Test_Store_All_Errors
=== PAUSE Test_Store_All_Errors
=== CONT  Test_Store_All_Errors
    store_test.go:13: using "users" for the table name
=== RUN   Test_Store_All_Errors/no_data
    store_test.go:31: running test: no data
=== RUN   Test_Store_All_Errors/with_data,_no_users
    store_test.go:31: running test: with data, no users
=== RUN   Test_Store_All_Errors/with_users
    store_test.go:31: running test: with users
--- PASS: Test_Store_All_Errors (0.00s)
    --- PASS: Test_Store_All_Errors/no_data (0.00s)
    --- PASS: Test_Store_All_Errors/with_data,_no_users (0.00s)
    --- PASS: Test_Store_All_Errors/with_users (0.00s)
PASS
ok demo (cached)
```

7.4.5　短测试

在本地进行开发时，你可能不希望耗时的测试或集成测试重复运行，清单 7.34 中的
testing.Short 函数可以用来标记一个测试为短测试。

清单 7.34　testing.Short 函数

```
$ go doc testing.Short

package testing // import "testing"

func Short() bool
    Short reports whether the -test.short flag is set.
```

你可以将-short 参数传递给测试执行器，然后用 testing.Short 函数来检查是否传递了这个参
数，如清单 7.35 所示。如果测试有外部依赖，比如数据库，但是可能没有本地测试可用的数据
库，则也可以用 testing.Short 函数来检查。

清单 7.35 使用-short 标志和 testing.Short 来运行特定的测试

```
$ go doc testing.Short

package testing // import "testing"

func Short() bool
    Short reports whether the -test.short flag is set.
```

Go Version: go1.19

```
func Test_Example(t * testing.T) {
    if testing.Short() {
        t.Skip("skipping test in short mode.")
    }

    // ...
}
```

```
$ go test -v -short .

=== RUN Test_Example
    short_test.go:8: skipping test in short mode.
--- SKIP: Test_Example (0.00s)
PASS
ok demo (cached)
```

Go Version: go1.19

7.4.6 并行运行包测试

默认情况下，每个包的测试都是并行运行的，这样可以更快地执行测试。我们可以通过设置-parallel 标志为 1 来改变这种行为，如清单 7.36 所示。这样做通常是为了防止使用数据库事务或者其他资源的包在测试时争抢资源。

清单 7.36 改变测试执行器的并发度

```
$ go test -p 1 ./...
```

7.4.7 并行运行测试

尽管在测试过程中包是在不同的线程中运行的，但这些包中的单个测试不是。在同一时间，只能运行一个测试。但是，这是可以改变的。

使用 testing.T.Parallel 方法可以声明这个测试要与（并且只能与）其他可并行运行的测试并行运行，如清单 7.37 所示。

清单 7.37 testing.T.Parallel 方法

```
$ go doc testing.T.Parallel
```

```
package testing // import "testing"

func (t * T) Parallel()
    Parallel signals that this test is to be run in parallel with
    ➥(and only with) other parallel tests. When a test is run
    ➥multiple times due to use of -test.count or -test.cpu,
    ➥multiple instances of a single test never run in parallel
    ➥with each other.
```

Go Version: go1.19

> 强烈建议你在测试中使用 testing.T.Parallel 方法。不能并行运行测试是不良架构的标志，这通常是因为使用了共享资源而不是传入了要使用的资源。

在清单 7.38 中，我们在 Test_Example 测试函数中做的第一件事是通过调用 t.Parallel 方法来告诉 Go 程序这个测试是并发安全的，可以与其他测试同时运行。

清单 7.38　调用 t.Parallel 方法来标记一个测试是适合并行运行的

```
func Test_Example(t *testing.T) {
    // 标记这个测试可以安全地和其他测试并行运行
    t.Parallel()

    // ...
}
```

7.4.8　运行特定的测试

-run 标志允许通过一个正则表达式来匹配和运行特定名称的测试。例如，在清单 7.39 中，我们将 -run 标志传递给了测试执行器，以便只运行名字中包含 History 字符串的测试。

清单 7.39　只运行名字中有 History 字符串的测试

```
$ go test -v -run History ./...

=== RUN Test_Store_User_Order_History
=== PAUSE Test_Store_User_Order_History
=== CONT Test_Store_User_Order_History
--- PASS: Test_Store_User_Order_History (0.09s)
PASS
ok demo (cached)
testing: warning: no tests to run
PASS
ok demo/models (cached) [no tests to run]
testing: warning: no tests to run
PASS
ok demo/web (cached) [no tests to run]
```

```
Go Version: go1.19
```

在清单 7.40 中，我们将 -run 标志传递给测试执行器，使其只运行名字中有 Address 字符串的测试。

清单 7.40 -run 标志对子测试也生效

```
$ go test -v -run Address ./...

=== RUN Test_Store_Address_Verification
=== PAUSE Test_Store_Address_Verification
=== CONT Test_Store_Address_Verification
--- PASS: Test_Store_Address_Verification (0.07s)
PASS
ok demo (cached)
=== RUN Test_Address
=== PAUSE Test_Address
=== CONT Test_Address
--- PASS: Test_Address (0.01s)
PASS
ok demo/models (cached)
=== RUN Test_User_Update_Address
=== PAUSE Test_User_Update_Address
=== CONT Test_User_Update_Address
--- PASS: Test_User_Update_Address (0.06s)
PASS
ok demo/web (cached)
```

```
Go Version: go1.19
```

7.4.9 设置测试超时时间

最终，你可能会不小心写下一个错误的无限 for 循环或其他导致测试永远运行的代码。通过使用-timeout 标志，可以为测试设置一个超时时间来防止这些情况的发生。在清单 7.41 中，测试会在运行 50 毫秒后停止并失败。

清单 7.41 使用-timeout 标志设置测试超时时间

```
$ go test -timeout 50ms ./...

panic: test timed out after 50ms

goroutine 33 [running]:
testing.(* M).startAlarm.func1()
        /usr/local/go/src/testing/testing.go:2029 +0x8c

created by time.goFunc
```

```
        /usr/local/go/src/time/sleep.go:176 +0x3c

goroutine 1 [chan receive]:
testing.tRunner.func1()
        /usr/local/go/src/testing/testing.go:1405 +0x45c
testing.tRunner(0x14000138000, 0x1400010fcb8)
        /usr/local/go/src/testing/testing.go:1445 +0x14c
testing.runTests(0x1400001e1e0?, {0x102f3dea0, 0x1, 0x1},
➥{0x9000000000000000?, 0x102d69218?, 0x102f46640?}}
        /usr/local/go/src/testing/testing.go:1837 +0x3f0
testing.(* M).Run(0x1400001e1e0)
        /usr/local/go/src/testing/testing.go:1719 +0x500
main.main()
        _testmain.go:47 +0x1d0

goroutine 4 [sleep]:
time.Sleep(0x3b9aca00)
        /usr/local/go/src/runtime/time.go:194 +0x11c
demo.Test_Forever_(0x0?)
        ./timeout_test.go:11 +0x2c
testing.tRunner(0x140001381a0, 0x102e99298)
        /usr/local/go/src/testing/testing.go:1439 +0x110
created by testing.(* T).Run
        /usr/local/go/src/testing/testing.go:1486 +0x300
FAIL demo 0.125s
FAIL
```
Go Version: go1.19

> 建议在运行测试时总是提供一个超时时间。如果代码发生死锁，它会超时并提供可帮助你调试的 goroutine 的堆栈跟踪信息。

7.4.10 快速失败

使用-failfast 标志，你可以在第一个测试失败时就停止测试。在做大型代码重构时，如果希望整个测试在一个测试用例执行失败时就立即停止，那么使用这个标志将非常有用。

在清单 7.42 中，我们在运行测试时没有使用-failfast 标志。正如从输出中看到的，所有的测试在报告失败之前都会运行。在清单 7.43 中，我们使用了-failfast 标志，正如输出中显示的那样，一旦第一个测试失败，其余的测试就不会运行。

清单 7.42 没有设置-failfast 标志[①]

```
$ go test .
```

---

① 原文为"设置了-failfast 标志"，应为"没有设置-failfast 标志"，已改。——译者注

```
--- FAIL: Test_A (0.00s)
--- FAIL: Test_B (0.00s)
--- FAIL: Test_C (0.00s)
FAIL
FAIL demo 0.327s
FAIL

Go Version: go1.19
```

清单 7.43　设置了-failfast 标志

```
$ go test -failfast .

--- FAIL: Test_A (0.00s)
FAIL
FAIL demo 0.167s
FAIL
```

7.4.11　禁用测试缓存

Go 程序会自动缓存任何已通过的测试,这可以使后续的测试运行得更快。当测试或其测试的代码发生变化时,Go 程序会销毁这个缓存。这意味着你几乎从不需要处理测试缓存的问题。偶尔,你也可能想要禁止这种行为。

如果你有一些集成测试且这些测试涉及其所在包之外的系统,那么你可能希望禁用缓存。因为测试包可能没有发生变化,但外部的依赖却发生了变化,在这种情况下,你应该不希望缓存测试。

为了确保测试运行不使用任何缓存,可以使用-count 标志强制测试至少运行一次,如清单 7.44 所示。

清单 7.44　使用-count 标志禁用测试缓存

```
$ go test -count=1 ./...
```

7.5　测试辅助函数

就像我们在写真实的代码一样,测试有时需要辅助函数。这些辅助函数被称为测试辅助函数。测试辅助函数可能会设置、销毁或提供测试所需的资源,它们可以被用来编写断言或模拟外部的依赖。

7.5.1　定义测试辅助函数

Go 语言中的测试辅助函数和其他函数类似。所不同的是,它们只在测试中定义。虽然不是必需的,但建议将 testing.TB 接口作为测试辅助函数的第一个参数,如清单 7.45 所示。这个接口是类型 testing.T 和 testing.B(用于基准测试)的公共函数集。

清单 7.45 testing.TB 接口

```
$ go doc testing.TB

package testing // import "testing"

type TB interface {
        Cleanup(func())
        Error(args ...any)
        Errorf(format string, args ...any)
        Fail()
        FailNow()
        Failed() bool
        Fatal(args ...any)
        Fatalf(format string, args ...any)
        Helper()
        Log(args ...any)
        Logf(format string, args ...any)
        Name() string
        Setenv(key, value string)
        Skip(args ...any)
        SkipNow()
        Skipf(format string, args ...any)
        Skipped() bool
        TempDir() string
        // Has unexported methods.
}
    TB is the interface common to T, B, and F.
```

Go Version: go1.19

我们来定义一些测试辅助函数，用于重构测试代码，如清单 7.46 所示。这些辅助函数用来创建测试所需的不同 Store。

清单 7.46 使用辅助函数重构测试

```
func Test_Store_All_Errors(t *testing.T) {
    t.Parallel()

    tn := "users"

    noData := &Store{}
    withData := &Store{data: data{}}
    withUsers := &Store{data: data{"users": Models{}}}

    // 创建一个能保存测试用例各个字段的匿名结构体的切片
    tcs := []struct {
        name  string
```

```
    store *Store
    exp   error
}{
    //  测试用例
    {name: "no data", store: noData, exp: ErrNoData(tn)},
    {name: "with data, no users", store: withData, exp:
    ➥ErrTableNotFound{}},
    {name: "with users", store: withUsers, exp: nil},
}

// 遍历变量 tcs 并测试每个用例
for _, tc := range tcs {
    t.Run(tc.name, func(t *testing.T) {
        _, err := tc.store.All(tn)

        ok := errors.Is(err, tc.exp)
        if !ok {
            t.Fatalf("expected error %v, got %v", tc.exp, err)
        }
    })
}
}
```

在清单 7.47 中，我们创建了两个辅助函数。第一个是 noData(testing.TB)，它返回一个没有任何数据的&Store。第二个是 withData(testing.TB)，它返回一个 data 字段已正确初始化的&Store。

清单 7.47 两个用来初始化 Store 值的辅助函数

```
func noData(t testing.TB) * Store {
    return &Store{}
}

func withData(t testing.TB) * Store {
    return &Store{
        data: data{},
    }
}
```

在清单 7.48 中，我们声明了重构测试代码所需的 withUsers 辅助函数。然而，目前我们还不能实现该辅助函数，这里可以调用传入的 testing.TB 的 testing.TB.Fatal 方法来让 Go 程序知道这个辅助函数还没有被实现。

清单 7.48 一个未实现的辅助函数

```
func withUsers(t testing.TB) *Store {
    // go test 报告此行代码失败
    t.Fatal("not implemented")
```

```
        return nil
}
```

在清单 7.49 中，我们可以通过更新测试来使用新的测试辅助函数，在测试中将 testing.T 参数传入辅助函数。

清单 7.49　使用新的测试辅助函数

```
func Test_Store_All_Errors(t * testing.T) {
    t.Parallel()

    tn := "users"

    tcs := []struct {
        name string
        store * Store
        exp error
    }{
        {name: "no data", store: noData(t), exp: ErrNoData(tn)},
        {name: "with data, no users", store: withData(t), exp:
        ➥ErrTableNotFound{}},
        {name: "with users", store: withUsers(t), exp: nil},
    }

    for _, tc := range tcs {
        t.Run(tc.name, func(t * testing.T) {
            _, err := tc.store.All(tn)

            ok := errors.Is(err, tc.exp)

            if !ok {
                t.Fatalf("expected error %v, got %v", tc.exp, err)
            }
        })
    }
}
```

由于我们还没有实现测试辅助函数 withUsers，测试失败，如清单 7.50 所示。

清单 7.50　栈跟踪信息中会显示测试辅助函数执行失败的那行

```
$ go test -v

=== RUN Test_Store_All_Errors
=== PAUSE Test_Store_All_Errors
=== CONT Test_Store_All_Errors
    store_test.go:24: not implemented
--- FAIL: Test_Store_All_Errors (0.00s)
```

```
FAIL
exit status 1
FAIL demo 0.687s
```

当测试失败时，它报告的测试失败是在 withUsers 函数内部，而不是在测试本身中，如清单 7.48 所示。这可能会导致调试测试代码变得困难。

7.5.2 将函数标记为测试辅助函数

为了能让 Go 程序报告测试本身的代码正确的行号，而不是测试辅助函数中代码的行号，我们需要告诉 Go 程序，withData 函数是一个测试辅助函数。要做到这一点，我们必须在测试辅助函数中使用 testing.TB.Helper 方法，如清单 7.51 所示。

清单 7.51　testing.TB.Helper 方法

```
$ go doc testing.T.Helper

package testing // import "testing"
func (c * T) Helper()
    Helper marks the calling function as a test helper function.
    ➥When printing file and line information, that function will be
    ➥skipped. Helper may be called simultaneously from multiple
    ➥goroutines.
```

Go Version: go1.19

```
func withUsers(t testing.TB) * Store {
    t.Helper()
    t.Fatal("not implemented")
    return nil
}
```

现在，当测试失败时，在清单 7.52 中，报告的行号是失败时测试函数的行号，而不是测试辅助函数的行号。

清单 7.52　栈跟踪信息现在指向测试函数内失败的行

```
$ go test -v

=== RUN   Test_Store_All_Errors
=== PAUSE Test_Store_All_Errors
=== CONT  Test_Store_All_Errors
    store_test.go:44: not implemented
--- FAIL: Test_Store_All_Errors (0.00s)
FAIL
exit status 1
FAIL demo 0.490s
```

```
Go Version: go1.19
```

```
table := []struct {
    name   string
    store  *Store
    exp    error
}{
    {name: "no data", store: noData(t), exp: ErrNoData(tn)},
    // go test 现在报告这行代码失败
    {name: "with data, no users", store: withData(t), exp:
    ➥ErrTableNotFound{}},
    {name: "with users", store: withUsers(t), exp: nil},
}
```

7.5.3 清理测试辅助函数的资源

测试辅助函数，甚至测试本身需要在测试完成后清理一些资源，这很常见。要实现该功能，需要使用 testing.TB.Cleanup 方法，如清单 7.53 所示。在调用 testing.TB.Cleanup 方法时传入一个函数，当测试完成时会自动调用该函数。

清单 7.53 testing.TB.Cleanup 方法

```
$ go doc testing.T.Cleanup

package testing // import "testing"
func (c * T) Cleanup(f func())
    Cleanup registers a function to be called when the test
    ➥(or subtest) and all its subtests complete. Cleanup functions
    ➥will be called in last added, first called order.
```
```
Go Version: go1.19
```

在清单 7.54 中，我们实现了 withUsers 测试辅助函数。在该函数内部，使用 testing.TB.Cleanup 方法来清理我们创建的用户。

清单 7.54 使用 testing.T.Cleanup 方法来清理测试辅助函数的资源

```
func withUsers(t testing.TB) * Store {
    t.Helper()

    users := Models{
        {"id": 1, "name": "John"},
        {"id": 2, "name": "Jane"},
    }

    t.Cleanup(func() {
        t.Log("cleaning up users", users)
    })
```

```
    return &Store{
        data: data{
            "users": users,
        },
    }

}
```

```
$ go test -v

=== RUN Test_Store_All_Errors
=== PAUSE Test_Store_All_Errors
=== CONT Test_Store_All_Errors
=== RUN Test_Store_All_Errors/no_data
=== RUN Test_Store_All_Errors/with_data,_no_users
=== RUN Test_Store_All_Errors/with_users
=== CONT Test_Store_All_Errors
    store_test.go:30: cleaning up users [map[id:1 name:John]
    ➥map[id:2 name:Jane]]
--- PASS: Test_Store_All_Errors (0.00s)
    --- PASS: Test_Store_All_Errors/no_data (0.00s)
    --- PASS: Test_Store_All_Errors/with_data,_no_users (0.00s)
    --- PASS: Test_Store_All_Errors/with_users (0.00s)
PASS
ok      demo      0.642s
```

Go Version: go1.19

弄清 Cleanup 与 defer 的区别

虽然 testing.TB.Cleanup 方法看起来像一个 defer 语句，但它们实际上是不同的概念。当一个函数被 defer 时，该函数会在其父函数返回时被调用。在 testing.TB.Cleanup 方法的示例中，传入 testing.TB.Cleanup 方法的函数在测试完成后才会被调用。

7.6　本章小结

本章首先介绍了 Go 测试的基础知识，然后讲解了如何编写表驱动测试、编写测试、运行测试，以及如何编写测试辅助函数。同时展示了如何生成代码覆盖率报告以及如何并行运行测试。此外，本章还介绍了许多重要的测试标志，如-run、-v 和-timeout。最后，解释了如何编写实用的测试辅助函数以及如何正确地清理其资源。

第 8 章

接口

Go 语言中的接口提供了一种指定对象行为的方法。"如果某个对象支持这样的行为，那么它就可以用在这里"[①]。本章首先介绍如何使用接口来抽象行为，然后讲解如何使用泛型来进一步完善接口。此外，本章还介绍了诸如空接口、实现多个接口的方法，值与指针类型接收者以及行为断言等概念。

8.1 具体类型 VS.接口

接口允许指定行为。它们关注的是做什么，而不是拥有什么。接口还允许你对代码进行抽象以提高代码的可重用性、可扩展性和可测试性。

为了说明这一点，让我们以表演场地为例进行讲解。表演场地应允许各种表演者在场地内表演，使用这个概念作为函数的示例如清单 8.1 所示。

清单 8.1　PerformAtVenue 函数

```
func PerformAtVenue(m Musician) {
    m.Perform()
}
```

PerformAtVenue 函数将 Musician 类型作为参数，并且会调用 Musician 类型的 Perform 方法，如清单 8.2 所示。Musician 类型是一种具体类型。

清单 8.2　Musician 类型

```
type Musician struct {
```

---

① 出自 *The Go Programming Language* 一书的第 7 章。

```
    Name string
}

func (m Musician) Perform() {
    fmt.Println(m.Name, "is singing")
}
```

当我们将 Musician 类型传递给清单 8.3 中的 PerformAtVenue 函数时，代码编译通过，并且我们得到了预期的输出。

清单 8.3　用 Musician 类型调用 PerformAtVenue 函数

```
func main() {
    m := Musician{Name: "Kurt"}
    PerformAtVenue(m)
}
```

```
$ go run .

Kurt is singing
```

```
Go Version: go1.19
```

PerformAtVenue 函数使用了具体类型 Musician 作为参数，这限制了可以在场地表演的人员类型。例如，如果我们尝试将 Poet 传递给 PerformAtVenue 函数，就会得到编译错误，如清单 8.4 所示。

清单 8.4　使用不正确类型时的编译错误

```
type Poet struct {
    Name string
}

func (p Poet) Perform() {
    fmt.Println(p.Name, "is reading poetry")
}
```

```
func main() {
    m := Musician{Name: "Kurt"}
    PerformAtVenue(m)

    p := Poet{Name: "Janis"}
    PerformAtVenue(p)
}
```

```
$ go run .
# demo
./main.go:34:17: cannot use p (variable of type Poet) as type Musician in
➥argument to PerformAtVenue
```

Go Version: go1.19

接口允许你通过指定一个通用的方法集合来解决此问题，这些方法是 PerformAtVenue 函数所需的。

在清单 8.5 中，我们引入了一个 Performer 接口。该接口要求其实现者必须实现 Perform 方法。

清单 8.5　Performer 接口

```
type Performer interface {
    Perform()
}
```

Musician 和 Poet 类型都实现了 Perform 方法。因此，我们可以说这两种类型都实现了 Performer 接口。通过将 PerformAtVenue 函数的参数更换为 Performer，我们现在就能够将 Musician 或 Poet 类型传递给 PerformAtVenue 函数了，如清单 8.6 所示。

清单 8.6　Musician 和 Poet 类型都实现了 Performer 接口

```
func PerformAtVenue(p Performer) {
    p.Perform()
}
```

```
$ go run .

Kurt is singing
Janis is reading poetry
```

Go Version: go1.19

通过使用接口而不是具体类型，我们能够对代码进行抽象，使代码更灵活、更具可扩展性。

8.2　显式接口实现

在许多面向对象的语言如 C#和 Java 中，必须明确声明类型要实现的具体接口。

例如，在 C#中，我们可以使用:运算符在类名后面列出要实现的接口类型。在清单 8.7 所示的例子中，我们声明了要实现 Performer 接口。

清单 8.7　在 C# 中实现 Performer 接口

```
// C#
interface Performer {
    void Perform();
}
// 显式实现 Performer 接口
class Musician : Performer {
    public void Perform() {}
}
```

在 Java 中,通过在类名后使用 implements 关键字来告诉编译器我们的类型要实现 Performer 接口,如清单 8.8 所示。

清单 8.8 在 Java 中实现 Performer 接口

```
// Java
interface Performer {
    void Perform();
}

// 显式实现 Performer 接口
class Musician implements Performer {
    void Perform() {}
}
```

8.3 隐式接口实现

在 Go 语言中,接口是隐式实现的。这意味着你不需要告诉 Go 语言你正在实现某个接口。如清单 8.9 所示,给定一个 Performer 接口,只要类型实现了 Perform 方法,就可以认为该类型实现了 Performer 接口。

清单 8.9 Performer 接口

```
type Performer interface {
    Perform()
}
```

添加一个与 Performer 接口(如清单 8.10 所示)的方法签名匹配的 Perform 方法,Musician 类型现在隐式地实现了 Performer 接口。

清单 8.10 Musician 类型隐式地实现了 Performer 接口

```
type Musician struct {
    Name string
}
// Musician 类型隐式地实现了 Performer 接口
func (m Musician) Perform() {
    fmt.Println(m.Name, "is singing")
}
```

如果一个类型实现了接口中指定的所有行为,则可以说它实现了该接口。编译器会进行检查,以确保类型是可接受的,如果不可接受,则报告错误。有时这个类型被称为鸭子类型,由于它发生在 Go 程序编译时,所以也被称为结构化类型(structural typing)。

结构化类型有如下一些有用的副作用。

- 具体类型不需要知道你的接口。
- 你可以为已经存在的具体类型编写接口。
- 你可以为其他人的类型或出现在其他包中的类型编写接口。

8.4　使用接口之前

清单 8.11 中的 WriteData 函数接受一个指向 os.File 类型的指针，以及一个字节切片。然后该函数使用传递进来的数据调用 os.File.Write 函数。

清单 8.11　WriteData 函数

```
func WriteData(w *os.File, data []byte) {
    w.Write(data)
}
```

要调用 os.File.Write 函数，我们必须拥有一个 os.File 类型，os.File 是系统中的具体类型。为了调用这个函数，我们需要从文件系统获取或创建一个文件，或者像清单 8.12 中所做的那样使用 os.Stdout 类型（它也是一个 os.File 类型）来调用该函数。

清单 8.12　以 os.Stdout 类型作为 os.File 类型

```
func main() {
    WriteData(os.Stdout, []byte("Hello, World!"))
}
```

测试 WriteData 函数需要进行大量的设置工作。在清单 8.13 中，我们需要创建一个新文件、调用 WriteData 函数、关闭文件、重新打开文件、读取文件，然后比较内容。完成上述这些工作是为了能够在 os.File 类型上测试 WriteData 函数。

清单 8.13　测试 WriteData 函数

```
func Test_WriteData(t *testing.T) {
    t.Parallel()

    dir, err := ioutil.TempDir("", "example")
    if err != nil {
        t.Fatal(err)
    }

    fn := filepath.Join(dir, "hello.txt")

    f, err := os.Create(fn)

    if err != nil {
        t.Fatal(err)
```

```
    }

    data := []byte("Hello, World!")
    WriteData(f, data)

    f.Close()

    f, err = os.Open(fn)
    if err != nil {
        t.Fatal(err)
    }

    b, err := ioutil.ReadAll(f)
    if err != nil {
        t.Fatal(err)
    }

    act := string(b)
    exp := string(data)
    if act != exp {
        t.Fatalf("expected %q, got %q", exp, act)
    }

}
```

```
$ go test -v

=== RUN Test_WriteData
=== PAUSE Test_WriteData
=== CONT Test_WriteData
--- PASS: Test_WriteData (0.00s)
PASS
ok      demo      0.150s
```

```
Go Version: go1.19
```

WriteData 函数是使用接口进行重构时的主要候选函数。

8.5　使用接口

io.Writer 接口是 Go 语言中最著名的接口之一，如清单 8.14 所示。

如果一个类型想要实现 io.Writer 接口，它必须要实现一个名为 Write 的方法，该方法的函数签名必须与 Write(p []byte) (n int, err error)相匹配。

清单 8.14　io.Writer 接口

```
$ go doc io.Writer
```

```
package io // import "io"

type Writer interface {
        Write(p []byte) (n int, err error)
}

    Writer is the interface that wraps the basic Write method.

    Write writes len(p) bytes from p to the underlying data stream. It returns
➥the number of bytes written from p (0 <= n <= len(p)) and any error
➥encountered that caused the write to stop early. Write must return a
➥non-nil error if it returns n < len(p). Write must not modify the slice
➥data, even temporarily.

    Implementations must not retain p.

var Discard Writer = discard{}
func MultiWriter(writers ...Writer) Writer
```

Go Version: go1.19

　　实现 io.Writer 接口的代码可以在标准库和第三方包中找到。io.Writer 接口最常见的几种实现类型是 os.File、bytes.Buffer 和 strings.Builder。

　　我们会注意到，这里 os.File 类型被用到的只是与 io.Writer 接口相匹配的部分。为了提高 WriteData 函数的兼容性和可测试性，可以修改 WriteData 函数，让其使用 io.Writer 接口作为参数，而不是具体的 os.File 类型，如清单 8.15 所示。

清单 8.15　修改 WriteData 函数

```
func WriteData(w io.Writer, data []byte) {
    w.Write(data)
}
```

　　WriteData 函数的用法在清单 8.16 中没有改变。

清单 8.16　使用 os.Stdout 类型作为 io.Writer 接口

```
func main() {
    WriteData(os.Stdout, []byte("Hello, World!"))
}
```

　　现在我们可以用更易于测试的实现来替换原来的实现，测试 WriteData 函数也变得更容易了，如清单 8.17 所示。

清单 8.17　再次测试 WriteData 函数

```
func Test_WriteData(t *testing.T) {
    t.Parallel()
```

```
//创建一个缓冲区来写入数据
bb := &bytes.Buffer{}

data := []byte("Hello, World!")

//将数据写入缓冲区
WriteData(bb, data)

//捕获写入缓冲区的数据并将其保存到 act 变量中
act := bb.String()

exp := string(data)
//比较期望值和实际值
if act != exp   {
    t.Fatalf("expected %q, got %q", exp, act)
}

}
```

```
$ go test -v

=== RUN Test_WriteData
=== PAUSE Test_WriteData
=== CONT Test_WriteData
--- PASS: Test_WriteData (0.00s)
PASS
Ok      demo      0.197s

Go Version: go1.19
```

8.6 实现 io.Writer 接口

现在 WriteData 函数使用了 io.Writer 接口,我们不仅可以使用标准库中的实现类型,如 os.File 和 bytes.Buffer,还可以创建自己的 io.Writer 接口。

在清单 8.18 中,我们实现了签名正确的 Write 方法,并且不需要显式声明 Scribe 类型实现了 io.Writer 接口。编译器能够确定传入的类型是否实现了所需的接口。

清单 8.18 Scribe 类型实现了 io.Writer 接口

```
type Scribe struct {
    data []byte
}

func (s Scribe) String() string {
```

```
        return string(s.data)
}

func (s *Scribe) Write(p []byte) (int, error) {
        s.data = p
        return len(p), nil
}
```

在清单 8.19 中，我们使用实现了 io.Writer 接口的 Scribe 类型的指针来调用 WriteData 函数。

清单 8.19　Scribe 类型实现了 io.Writer 接口

```
func main() {
        s := &Scribe{}
        WriteData(s, []byte("Hello, World!"))
}
```
```
$ go run .
```
```
Go Version: go1.19
```

*Scribe 类型也可用于测试 WriteData 函数，就像我们使用 bytes.Buffer 类型时所做的一样，如清单 8.20 所示。

清单 8.20　还是测试 WriteData 函数

```
func Test_WriteData(t * testing.T) {
        t.Parallel()

        scribe := &Scribe{}
        data := []byte("Hello, World!")
        WriteData(scribe, data)

        act := scribe.String()
        exp := string(data)
        if act != exp {
            t.Fatalf("expected %q, got %q", exp, act)
        }

}
```
```
$ go test -v

=== RUN   Test_WriteData
=== PAUSE Test_WriteData
=== CONT  Test_WriteData
--- PASS: Test_WriteData (0.00s)
PASS
Ok      demo      0.055s
```
```
Go Version: go1.19
```

8.7 多个接口

接口是隐式实现的，这意味着类型可以同时实现多个接口且无须显式声明。除了实现 io.Writer 接口，Scribe 类型还实现了 fmt.Stringer 接口，如清单 8.21 所示。

清单 8.21 fmt.Stringer 接口

```
$ go doc fmt.Stringer

package fmt // import "fmt"

type Stringer interface {
        String() string
}

    Stringer is implemented by any value that has a String method, which
    ➥defines the "native" format for that value. The String method is used
    ➥to print values passed as an operand to any format that accepts a string
    ➥or to an unformatted printer such as Print.

Go Version: go1.19
```

你可以使用 fmt.Stringer 接口来将值转换为字符串。因为在 Scribe 类型上实现了 String() string 方法，所以现在 Scribe 类型同时实现了 fmt.Stringer 和 io.Writer 接口，如清单 8.22 所示。

清单 8.22 Scribe 类型同时实现了 fmt.Stringer 和 io.Writer 接口

```
func (s Scribe) String() string {
    return string(s.data)
}
```

8.8 断言接口实现

在实现接口时，特别是在实现多个接口时，断言你的类型符合所有你正在尝试实现的接口通常很有用。一种断言方式是声明一个新变量，其类型是你正在实现的接口，然后将你的类型赋给它，如清单 8.23 所示。使用_符号告诉编译器对该变量进行赋值，然后抛弃结果。这些断言通常在包级别完成。

清单 8.23 断言 Scribe 类型实现了 io.Writer 和 fmt.Stringer 接口

```
package main

var _ io.Writer = &Scribe{}
var _ fmt.Stringer = Scribe{}
```

编译器会一直失败，直到 Scribe 类型实现了 io.Writer 和 fmt.Stringer 接口。

8.9　空接口

到目前为止,你看到的所有接口都声明了一个或多个方法。在 Go 语言中,对接口的最小方法数量没有限制。这意味着可以有所谓的空接口(Empty Interface),如清单 8.24 所示。如果你声明了一个没有方法的接口,则系统中的每种类型都被认为已经实现了该接口。

在 Go 语言中,使用空接口来表示任何类型。

清单 8.24　空接口

```
// 通用的空接口
interface{} // 别名为 any

// 一个命名的空接口
type foo interface{}
```

例如,int 没有方法,因此 int 可以匹配一个没有方法的接口。

8.9.1　any 关键字

Go 1.18 版本中引入了泛型。作为泛型的一部分,一个新的关键字 any 也被添加到了 Go 语言中。这个关键字是 interface{}的别名,如清单 8.25 所示。

推荐使用 any 而不是 interface{},因为它更加明确且易于阅读。

清单 8.25　使用 any 替代 interface{}

```
// Go 1.x:
func foo(x interface{}) {
    // ...
}

// Go 1.18:
func foo(x any) {
    // ...
}
```

如果你使用的是 Go 1.18 或更高版本,则可以使用关键字 any 来代替 interface{}。使用关键字 any 替代 interface{}被认为是一种惯用法。

8.9.2　空接口的问题

> "空接口不提供任何信息。"
>
> ——罗布·派克

在 Go 语言中,过度使用空接口被认为是一种不良实践。你应该尽量接受具体类型或非空接口。虽然使用空接口有合理的解释,但是应该首先考虑它存在如下缺点。

- 没有类型信息。
- 很可能出现运行时 panic。
- 存在难懂的代码（难于测试、理解和为之编写文档等）。

8.9.3   使用空接口

假设我们正要对一个类似于数据库的数据存储进行写入操作。我们可能有一个 Insert 方法，它接受 id 和要存储的值，如清单 8.26 所示。这个 Insert 方法应该能够存储我们的数据模型。这些模型可能代表用户、小部件和订单等。

我们可以使用空接口来接受所有的模型，并将它们插入数据存储中。

清单 8.26   Insert 方法

```
func (s *Store) Insert(id int, m any) error {
```

然而，这意味着除了我们的数据模型，任何人都可以向我们的数据存储中传递任何类型。这显然不是我们期望的。我们可以尝试设置复杂的 if/else 或 switch 语句，但随着时间的推移，这将变得难以维护和管理。接口允许我们过滤掉不想要的类型，只允许我们想要的类型通过。

8.10   定义接口

你可以使用 type 关键字在 Go 类型系统中创建一个新的接口并为其命名，然后基于 interface 类型来定义这个新类型，如清单 8.27 所示。

清单 8.27   定义一个接口

```
type MyInterface interface {}
```

由于接口定义行为，因此接口只是方法的集合。接口可以有零个、一个或多个方法。

"接口越大，抽象程度越低。"

——罗布·派克

大接口是不符合惯用法的。要尽可能地让每个接口中的方法数量少，如清单 8.28 所示。小接口更易于实现，尤其是在测试时。小接口还可以帮助我们将函数和方法的范围缩小，使它们更易于维护和测试。

清单 8.28   使用不超过两个或三个方法的小接口

```
type MyInterface interface {
    Method1()
    Method2() error
    Method3() (string, error)
}
```

需要注意的是，接口是方法的集合，而不是字段的集合，如清单 8.29 所示。在 Go 语言中，只有结构体有字段，但系统中的任何类型都可以拥有方法。这就是接口仅是方法的集合的原因。

清单 8.29　接口仅是方法的集合

```
//有效
type Writer interface {
    Write(p []byte) (int, error)
}

//无效
type Emailer interface {
    Email string
}
```

8.10.1　定义 Model 接口

再考虑一下用于存储数据的 Insert 方法，如清单 8.30 所示。该方法需要用到两个参数，第一个参数是要存储的模型 ID。

清单 8.30　Insert 方法

```
func (s *Store) Insert(id int, m any) error {
```

在清单 8.30 中，第二个参数应该是我们的数据模型之一。但是，因为我们使用了一个空接口，所以从 int 到 nil 的任何类型都可以传入。

为了防止像清单 8.31 一样出现函数类型这种非预期数据模型，我们可以定义一个接口。因为 Insert 函数需要通过一个 ID 进行插入操作，所以我们可以将其作为接口的基础。

清单 8.31　将函数类型传递给 Insert 方法

```
func Test_Store_Insert(t *testing.T) {
    t.Parallel()

    //创建一个 Store 类型的结构体变量
    s := &Store{
        data: Data{},
    }

    exp := 1

    // 插入一个无效的类型
    err := s.Insert(exp, func() {})
    if err != nil {
        t.Fatal(err)
    }

    // 检索类型
    act, err := s.Find(exp)
```

```
    if err != nil {
        t.Fatal(err)
    }

    // 断言返回值是一个 func() 函数
    _, ok := act.(func())
    if !ok {
        t.Fatalf("unexpected type %T", act)
    }

}
$ go test -v

=== RUN    Test_Store_Insert
=== PAUSE  Test_Store_Insert
=== CONT   Test_Store_Insert
--- PASS: Test_Store_Insert (0.00s)
PASS
ok      demo        0.239s
```

Go Version: go1.19

若某类型要实现 Model 接口，则该类型需要有一个 ID() int 方法，如清单 8.32 所示。我们可以通过接受单个参数（Model 接口）来简化 Insert 方法的定义，如清单 8.33 所示。

清单 8.32   Model 接口

```
type Model interface {
    ID() int
}
```

清单 8.33   将 Insert 方法更改为接受 Model 接口

```
func (s *Store) Insert(m Model) error {
```

现在，编译器和（或）运行时会拒绝任何没有 ID() int 方法的类型，例如 string、[]byte 和 func()，如清单 8.34 所示。

清单 8.34   拒绝未实现 Model 接口的类型

```
func Test_Store_Insert(t *testing.T) {
    t.Parallel()

    //创建一个 Store 类型的结构体变量
    s := &Store{}

    exp := 1

    // 插入一个无效的类型
```

```
    err := s.Insert(func() {})
    if err != nil {
        t.Fatal(err)
    }

    // 检索类型
    act, err := s.Find(exp)
    if err != nil {
        t.Fatal(err)
    }

    // 断言返回值是一个 func() 函数
    _, ok := act.(func())
    if !ok {
        t.Fatalf("unexpected type %T", act)
    }
}
```

```
$ go test -v

FAIL demo [build failed]

# demo [demo.test]
./store_test.go:15:18: cannot use func() {} (value of type func()) as type
    ➥Model in argument to s.Insert: func() does not implement
    ➥Model (missing ID method)
./store_test.go:27:11: impossible type assertion: act.(func())
    ➥func() does not implement Model (missing ID method)
```

Go Version: go1.19

8.10.2 实现接口

最后，让我们创建一个新类型 User，它实现了 Model 接口，如清单 8.35 所示。

清单 8.35 User 类型实现 Model 接口

```
type User struct {
    UID int
}
```

```
func (u User) ID() int
```

在更新测试用例，改为使用 User 类型后，测试就可以通过了，如清单 8.36 所示。

清单 8.36 使用 User 类型

```
func Test_Store_Insert(t *testing.T) {
    t.Parallel()
```

```go
//创建一个 store 类型
s := &Store{
    data: Data{},
}

//创建一个 user 类型
exp := User{UID: 1}

// 插入 user 类型
err := s.Insert(exp)
if err != nil {
    t.Fatal(err)
}

// 获取 user 类型
act, err := s.Find(exp.UID)
if err != nil {
    t.Fatal(err)
}

// 断言返回值是一个 user 类型
actu, ok := act.(User)
if !ok {
    t.Fatalf("unexpected type %T", act)
}

//确保返回的 user 类型与插入的 user 类型相同
if exp.UID != actu.UID {
    t.Fatalf("expected %v, got %v", exp, actu)
}
}
```

```
$ go test -v

=== RUN Test_Store_Insert
=== PAUSE Test_Store_Insert
=== CONT Test_Store_Insert
--- PASS: Test_Store_Insert (0.00s)
PASS
ok demo 0.101s
```

```
Go Version: go1.19
```

8.11   嵌入接口

在 Go 语言中，通过将一个或多个接口嵌入新接口可以实现接口组合。这被广泛用于将某些行为组合成更复杂行为的场景下。io 包定义了许多接口，其中就包括了由其他接口组成的接口，例如 io.ReadWriter 和 io.ReadWriteCloser，如清单 8.37 所示。

清单 8.37 io.ReadWriteCloser 接口

```
$ go doc io.ReadWriteCloser

package io // import "io"

type ReadWriteCloser interface {
        Reader
        Writer
        Closer
}
    ReadWriteCloser is the interface that groups the basic Read, Write and
    ➥Close methods.
```
Go Version: go1.19

嵌入其他接口的替代方法是在新接口中重新声明相同的方法，如清单 8.38 所示。

清单 8.38 io.ReadWriteCloser 接口的硬编码表示方式

```
package io

//ReadWriteCloser 是一个接口，它包含了基本的 Read、Write 和 Close 方法
type ReadWriteCloser interface {
    Read(p []byte) (n int, err error)
    Write(p []byte) (n int, err error)
    Close() error
}
```

然而，这是错误的做法。如果打算实现 io.Read 接口（如在 io.ReadWriter 接口中一样），且 io.Read 接口发生了更改，那么它将不再是正确的接口实现。嵌入所需的接口使我们能够保持界面更清洁和更具弹性。

定义 Validatable 接口

由于插入模型的行为与更新模型的行为不同，因此我们可以定义一个接口来确保只有既是 Model 接口又具有 Validate() error 方法的类型才能被插入，如清单 8.39 所示。

清单 8.39 Validatable 接口

```
type Validatable interface {
    Model
    Validate() error
}
```

如清单 8.40 所示，Validatable 接口嵌入了 Model 接口，并引入了一个新的方法 Validate() error。除此之外，实现 Model 接口的方法还要实现 Validate 方法。Validate() error 方法允许数据模型在插入前对自己进行验证。

清单 8.40　接受 Validatable 接口的 Insert 方法

```
func (s *Store) Insert(m Validatable) error {
```

8.12　类型断言

对于具体的类型，例如 int 或 struct，Go 编译器和运行时确切地知道该类型的功能。然而，接口可以由与该接口匹配的任何类型支持。这意味着支持特定接口的具体类型可能会提供超出该接口范围的附加功能。

Go 语言允许你测试接口以查看其具体实现是否为某种类型。在 Go 语言中，这被称为类型断言。

在清单 8.41 中，我们断言 any 类型（空接口）的变量 i 实现了 io.Writer 接口。此断言的结果被赋给了变量 w。变量 w 的类型为 io.Writer，并且可以当作 io.Writer 类型的变量使用。

清单 8.41　断言 any 是一个 io.Writer

```
func WriteNow(i any) {
    w := i.(io.Writer)
    now := time.Now()
    w.Write([]byte(now.String()))
}
```

然而，当传递一个没有实现 io.Writer 接口的类型（如 int 或 nil）时会发生什么呢？

在清单 8.42 中，当传递的是 int 而非 io.Writer 接口时，应用程序会发生 panic。panic 可能会使你的应用程序崩溃，因此需要防止出现这种情况。

清单 8.42　断言 any 是一个 io.Writer 接口时发生 panic

```
func main() {
    WriteNow(42)
}
```

```
$ go run.

panic: interface conversion: int is not io.Writer: missing method Write

goroutine 1 [running]:
main.WriteNow({0x1006c8680?, 0x1006bfd38})
        ./assert.go:10 +0x38
main.main()
        ./assert.go:19 +0x30
exit status 2
```

```
Go Version: go1.19
```

8.12.1　对断言进行断言

为了防止类型断言失败时出现运行时 panic，我们可以在断言期间获取第二个参数，如清单 8.43

所示。第二个变量是 bool 类型，如果类型断言成功，则该变量的值为 true，否则该变量的值为 false。

清单 8.43 验证类型断言成功

```
func WriteNow(i any) error {
    w, ok := i.(io.Writer)
    if !ok {
        return fmt.Errorf("expected io.Writer, got %T", i)
    }

    now := time.Now()
    w.Write([]byte(now.String()))

    return nil
}
```

你应该始终检查这个布尔值，以防止出现 panic 并保证你的应用程序不会崩溃。

8.12.2 断言具体类型

除了断言一个接口实现了另一个接口，还可以使用类型断言来获取底层的具体类型。

在清单 8.44 中，我们尝试将类型为 io.Writer 的变量 w 断言为 bytes.Buffer 类型。如果断言成功，即 ok == true，则变量 bb 就是 bytes.Buffer 类型，那么我们就可以访问 bytes.Buffer 类型上公开导出的所有字段和方法了。

清单 8.44 断言 io.Writer 类型是 bytes.Buffer 类型

```
func WriteNow(w io.Writer) error {
    now := time.Now()

    if bb, ok := w.(* bytes.Buffer); ok {
        bb.WriteString(now.String())
        return nil
    }

    w.Write([]byte(now.String()))

    return nil
}
```

8.13 通过 switch 语句进行断言

当我们想将一个接口断言为多种不同的类型时，可以使用 switch 语句代替大量的 if 语句，如清单 8.45 所示。在进行类型断言时，使用 switch 语句还可以防止出现我们之前看到的单个类型断言导致引发 panic 的情况。

清单 8.45 使用 switch 语句进行多种类型的断言

```
func WriteNow(i any) error {

    now := time.Now().String()

    switch i.(type) {
    case * bytes.Buffer:
        fmt.Println("type was a * bytes.Buffer", now)
    case io.StringWriter:
        fmt.Println("type was a io.StringWriter", now)
    case io.Writer:
        fmt.Println("type was a io.Writer", now)
    }

    return fmt.Errorf("cannot write to %T", i)
}
```

8.13.1 捕获 switch 语句中的类型断言结果

通过 switch 语句断言类型可能有用，但更有用的通常是将类型断言的结果赋给一个变量。
在清单 8.46 中，switch 语句中的类型断言结果被分配给了变量 t := i.(type)。

清单 8.46 将断言的类型捕获到变量中

```
func WriteNow(i any) error {

    now := time.Now().String()

    switch t := i.(type) {
    case * bytes.Buffer:
        t.WriteString(now)
    case io.StringWriter:
        t.WriteString(now)
    case io.Writer:
        t.Write([]byte(now))
    }

    return fmt.Errorf("cannot write to %T", i)
}
```

如果 i 的类型是 bytes.Buffer，则变量 t 也是 bytes.Buffer 类型，并且可以使用该类型上公开
导出的所有字段和方法。

8.13.2 注意 case 子句的顺序

在 switch 语句中，case 子句按照它们列出的顺序被检查。一个组织不良好的 switch 语句可

能会导致匹配错误。

在清单 8.47 中，因为 bytes.Buffer 和 io.WriteStringer 类型都实现了 io.Writer 接口，所以第一个 case 子句与 io.Writer 接口相匹配，这将导致上述两种类型都会被匹配，且会阻止正确子句被执行。

清单 8.47 错误的 switch 语句布局

```
func WriteNow(i any) error {

    now := time.Now().String()

    switch t := i.(type) {
    case io.Writer:
        t.Write([]byte(now))
    case * bytes.Buffer:
        t.WriteString(now)
    case io.StringWriter:
        t.WriteString(now)
    }

    return fmt.Errorf("cannot write to %T", i)
}
```

使用 go-staticcheck 工具可以检查 switch 语句的 case 子句组织是否合理，见清单 8.48。

清单 8.48 检查糟糕的 switch 语句布局

```
$ staticcheck

assert.go:18:2: unreachable case clause: io.Writer will always match before
➥* bytes.Buffer (SA4020)
```

8.14 使用断言

断言不只适用于空接口。任何接口都可以被断言，这可以查看它是否实现了另一个接口。我们可以在数据存储中使用这个特性来添加回调钩子："插入前钩子"和"插入后钩子"，如清单 8.49 所示。

清单 8.49 向数据存储中插入一条记录

```
func (s *Store) Insert(m Validatable) error {

    / TODO: 此处为插入前钩子

    // 验证模型
    err := m.Validate()
    if err != nil {
        return err
    }
```

```
    //插入
    s.data[m.ID()] = m
    // TODO: 此处为插入后钩子


    return nil
}
```

8.14.1　定义回调接口

可以在系统中定义两种新的接口类型来支持插入操作前后的回调功能，如清单 8.50 所示。

清单 8.50　定义回调接口

```
type BeforeInsertable interface {
    BeforeInsert() error
}


type AfterInsertable interface {
    AfterInsert() error
}
```

更新一下 Insert 函数，以便在工作流程的适当时间检查这些新接口，如清单 8.51 所示。

清单 8.51　检查回调接口

```
func (s *Store) Insert(m Validatable) error {

    // 代码片段: 插入数据之前
    if bi, ok := m.(BeforeInsertable); ok {
        if err := bi.BeforeInsert(); err != nil {
            return err
        }
    }
    //代码片段: 插入数据之前

    // 验证模型
    err := m.Validate()
    if err != nil {
        return err
    }

    //插入
    s.data[m.ID()] = m

    //插入后

    //代码片段: 插入数据之后
    if ai, ok := m.(AfterInsertable); ok {
        if err := ai.AfterInsert(); err != nil {
```

```
        return err
    }
}
//代码片段：插入数据之后

return nil
}
```

这些新接口允许实现了 Validatable 接口的类型自主选择要使用的额外功能。

8.14.2　代码拆解分析

让我们看看应如何在 Insert 方法中使用这些接口。

在清单 8.52 中，如果类型为 Validatable（接口）的变量 m 可以断言为 BeforeInsertable 接口，那么 bi 变量就是 BeforeInsertable 类型，其中 ok 就是 true。然后调用 BeforeInsert 方法，检查它返回的错误，并判断是继续执行还是返回错误。但是，如果变量 m 没有实现 BeforeInsertable，那么 ok 返回 false，BeforeInsert 方法就不会被调用。

清单 8.52　检查 BeforeInsert 回调

```
if bi, ok := m.(BeforeInsertable); ok {
    if err := bi.BeforeInsert(); err != nil {
        return err
    }
}
```

我们以相同的方式检查 AfterInsertable 接口，见清单 8.53。

清单 8.53　检查 AfterInsert 回调

```
if ai, ok := m.(AfterInsertable); ok {
    if err := ai.AfterInsert(); err != nil {
        return err
    }
}
```

8.15　本章小结

在本章中，我们讨论了 Go 语言中的接口。接口是方法定义的集合。如果某个类型实现了这些方法，它就会隐式地实现该接口。此外，我们还了解了使用 any 或空接口的危险性。接着，我们展示了如何定义接口、嵌入接口，以及如何在代码中断言行为和类型。最后，我们展示了如何为另一个接口断言一个接口[1]，这样你就可以接受一个更小的接口，并检查"可选"的行为。

---

[1] 如果一个接口 A 包含另一个接口 B 的所有方法，那么可以将 B 断言为 A。这个概念在 Go 语言中非常重要，因为它允许你编写通用代码，而不必关心具体的类型。——译者注

## 第 9 章

错误

本章会介绍 Go 语言如何通过错误模型来使代码更可靠、如何处理基本错误以及如何将错误作为实现 error 接口的类型来返回。另外，本章还会讨论一些概念，如自定义错误类型、panic、从 panic 状态恢复和预定义错误。

9.1　错误作为值

很多语言使用了异常这个概念，在程序执行出错后会抛出一个异常，随后会捕获这个异常。在捕获一个异常后，你可以选择在日志中记录这个异常，或者执行另一个代码路径，或者重新抛出异常来让上游开发人员处理这个问题。

清单 9.1 展示了在 Java 中处理异常的例子。

清单 9.1　Java 中的异常

```
public static void main(String args[]){
  try{
    // 打开文件
    FileInputStream fstream=new FileInputStream("example.txt");

    // 获取 DataInputStream 的对象
    DataInputStream in=new DataInputStream(fstream);
    BufferedReader br=new BufferedReader(new InputStreamReader(in));
    String strLine;

    // 逐行读取文件
    while((strLine=br.readLine())!=null){
    // 在控制台打印内容
```

```
    System.out.println(strLine);
  }

  // 关闭输入流
  in.close();
}catch(IOException e){
 System.err.println("IO Error:"+e.getMessage());
}catch(Exception e){
 // 捕获异常（若存在）
 System.err.println("Error:"+e.getMessage());
 }
}
```

　　Go 语言选择了一种不同的处理方式，即将错误视为值。这些错误值会被返回，并由调用者处理，而不是抛出和捕获异常，如清单 9.2 所示。

清单 9.2　Go 语言中的错误

```
func readFile()error{

    // 打开文件
    f,err:=os.Open("example.txt")
    if err!=nil{
        return err
    }

    // 完成后关闭文件
    defer f.Close()

    // 使用文件打开缓冲扫描器
    scanner:=bufio.NewScanner(f)

    // 逐行扫描文件
    for scanner.Scan(){

        // 将每一行内容打印到控制台
        fmt.Println(scanner.Text())
    }

    // 如果扫描过程中出现错误，直接将错误返回给调用函数
    if err:=scanner.Err();err!=nil{
        return err
    }

    // 若一切顺利，则返回 nil
    return  nil
}
```

9.1.1 error 接口

在 Go 语言中,错误通过 error 接口来表示,如清单 9.3 所示。

清单 9.3 error 接口

```
$ go doc builtin.error

package builtin//import "builtin"

type error interface {
    Error() string
}
    The error built-in interface type is the conventional interface for
    ➥representing an error condition,with the nil value representing
    ➥no error.
```

Go Version:go1.19

9.1.1.1 使用 errors.New 函数创建错误

Go 语言提供了两种在代码中快速实现 error 接口的方式。

第一种方式是使用 errors.New 函数,如清单 9.4 所示。该函数使用一个字符串作为入参,返回一个使用字符串作为错误信息的 error 实现。

清单 9.4 errors.New 函数

```
$ go doc errors.New

packageerrors//import"errors"

func New(text string)error
    New returns an error that formats as the given text.Each call to New
    ➥returns a distinct error value even if the text is identical.
```

Go Version:go1.19

9.1.1.2 使用 fmt.Errorf 函数创建错误(推荐)

创建错误时,常见的做法是创建一个字符串。该字符串中包含了错误信息以及导致错误发生的变量的值。

我们可以使用清单 9.6 中 fmt.Errorf 函数来简化清单 9.5 中所用的错误创建模式。

清单 9.5 使用 errors.New 和 fmt.Springf 函数创建错误

```
err=errors.New(fmt.Sprintf("error at %s",time.Now()))
```

清单 9.6 fmt.Errorf 函数

```
$ go doc fmt.Errorf
```

```
package fmt//import"fmt"

func Errorf(format string,a...any)error
    Errorf formats according to a format specifier and  returns the string
    ➥as a value that satisfies error.

    If the format specifier includes a %w verb with an error operand,
    ➥the returned error will implement an Unwrap method  returning the
    ➥operand.It is invalid to include more than one %w verb or to supply it
    ➥with an operand that does not  implement the error interface.The %w
    ➥verb is otherwise a synonym for %v.
```
Go Version:go1.19

清单 9.7 中的代码比清单 9.5 中的更简洁并且有更好的可读性。

清单 9.7 使用 fmt.Errorf 函数创建错误

```
err = fmt.Errorf("error at %s",time.Now())
```

使用 fmt.Errorf 函数可以处理创建错误的大多数场景。

9.1.2 处理错误

错误是 Go 语言类型系统的一种类型，在本节的例子中它是接口类型。错误可以被返回，也可以作为函数的参数传递。

在 Go 语言中，如果函数需要返回错误，错误应当总是最后一个返回参数。尽管 Go 编译器不强制要求这么做，但 Go 语言的习惯用法是把错误作为最后一个返回值。在清单 9.8 中，函数 one 跟 two 按惯例将错误作为最后一个参数返回，而 bad 函数则不按惯例，它将错误作为了第一个参数返回。

清单 9.8 符合惯例与不符合惯例的错误返回样例

```
// 符合惯例
func one() error{}
func two() (int,error){}

// 不符合惯例
func bad()(error,int){}
```

与 Go 语言中的所有接口一样，error 接口的零值为 nil。在 Go 语言中，错误检查是通过检查函数返回的错误是否为 nil 来完成的，如清单 9.9 所示。

清单 9.9 通过断言是否为 nil 来检查错误

```
err:= boom()
if err!=nil{
```

```
    // 如果 err 不为 nil，对错误进行处理
}
```

9.1.3 使用错误

在清单 9.10 中，如果在 map 中找到了请求的 key，则返回它的值和一个 nil。如果在 map 中找不到 key，则返回空字符串和一个使用 fmt.Errorf 函数创建的错误。

清单 9.10 可能返回一个错误的函数

```
func Get(key string)(string,error){
    m:=map[string]string{
        "a":"A",
        "b":"B",
    }

    if v,ok:=m[key];ok{
        return v,nil
    }

    return"",fmt.Errorf("no key found %s",key)
}
```

在清单 9.11 中，Get 测试函数展示了错误检查模式的运行过程。

清单 9.11 Get 测试函数

```
func Test_Get(t*testing.T){
    t.Parallel()

    act,err:=Get("a")
    if err!=nil{
        t.Fatalf("expect no error,got %s",err)
    }

    exp:= "A"
    if act!=exp{
        t.Fatalf("expected %s,got %s",exp,act)
    }

    _,err=Get("?")
    if err==nil  {
        t.Fatalf("expected an error,got nil")
    }
}
```

9.2 panic

有时，你的代码会执行一些 Go 程序运行时不允许执行的操作。例如，在清单 9.12 中，如果我们尝试向一个数组或者切片中插入超过范围的值，就会导致运行时 panic。

清单 9.12 索引越界导致运行时 panic

```
func main(){
    a:=[]string{}
    a[42]="Bring a towel"
}
$ go run.

panic:runtime error:index out of range[42]with length 0

goroutine 1[running]:

ain.main()
        ./main.go:6  +0x28
exit status  2
```
Go Version: go1.19

9.2.1 引发 panic

在 Go 语言中，可以通过内置的 panic 函数来引发 panic，如清单 9.13 所示。panic 函数接受 any 类型的参数。

清单 9.13 panic 函数

```
$ go doc builtin.panic

package builtin//import"builtin"

func panic(v any)
    The panic built-in function stops normal execution of  the current
    ➥goroutine.When a function F calls panic,normal execution of F stops
    ➥immediately.Any functions whose execution was deferred by F are run in
    ➥the usual way,and then F returns to its caller.To the caller G,the
    ➥invocation of F then behaves like a call to panic,terminating G's
    ➥execution and running any deferred functions.This  continues until all
    ➥functions in the executing goroutine have stopped,in reverse order.At
    ➥that point,the program is terminated with a non-zero exit code.This
    ➥termination sequence is called panicking and can  be controlled by the
    ➥built-in function recover.
```
Go Version:go1.19

9.2.2 从 panic 状态恢复

如清单 9.14 所示，将 defer 关键字和 recover 函数组合，即可让应用程序从 panic 状态恢复，并且可以优雅地处理它们。

清单 9.14 recover 函数

```
$ go doc builtin.recover

package builtin//import"builtin"

func recover()any
    The recover built-in function allows a program to  manage behavior of
➥a panicking goroutine.Executing a call to recover inside a deferred
➥function(but not any function called by it)stops the panicking
➥sequence by restoring normal execution and retrieves the error value
➥passed to the call of panic.If recover is called outside the deferred
➥function it will not stop a panicking sequence.In this case,or when
➥the goroutine is not panicking,or if the argument supplied to panic was
➥nil,recover returns nil.Thus the return value from recover reports
➥whether  the goroutine is panicking.
```

```
Go  Version:  go1.19
```

在清单 9.15 中，运行会导致 panic 的代码之前，我们使用 defer 关键字来执行一个匿名函数，该函数在 main 函数退出之前运行。在该匿名函数内部，我们可以调用 recover 函数并检查它的返回值是否为 nil。如果发生了 panic，recover 函数会返回一个非 nil 的值。

现在，如果出现 panic，那么它会被 recover 函数捕获并且可以被优雅地处理。

清单 9.15 从 panic 状态恢复

```
func main(){
    defer func(){
        if i:=recover();i!=nil{
            fmt.Println("oh no,a panic occurred:",i)
        }
    }()

    a:=[]string{}
    a[42]="Bring a towel"
}
```

```
$ go run.

oh no,a panic occurred:runtime error:index out of range [42]withlength 0
```

```
Go Version:go1.19
```

虽然这不是 recover 函数的常见用法，但这里确实展示了它的工作原理。更常见的用法是，当你的应用程序调用一个作为参数传入的用户自定义的函数时使用 recover 函数。

清单 9.16 中的例子展示了一个接受自定义函数来匹配特定字符串的函数。如果传入的函数发生 panic，那么 sanitize 函数也会发生 panic。

清单 9.16　一个清理给定字符串的函数

```
type matcher func(rune) bool

func sanitize(m matcher,s string)(string,error){
    var val string

    // 遍历字符串的每一个 rune
    for_,c:=range s{

        // 使用 rune 作为参数调用 matcher 函数
        if m(c){
            // 向结果中添加 *
            val=val+" * "
            // 继续处理下一个 rune
            continue
        }

        // 向结果中添加 rune
        val=val+string(c)
    }

    // 返回清理后的字符串
    return val, nil
}
```

```
func main(){

    // 创建 matcher 函数
    m:=func(r rune) bool{
        // 模拟做一些糟糕的事……
        panic("hahaha")

        // 不触发的代码
        return false
    }
    // 清理字符串
    s,err:=sanitize(m,"go is awesome")
    if err!=nil{
        // 处理错误
        log.Fatal(err)
    }
```

```
    // 打印清理后的字符串
    fmt.Println(s)
}
```

```
$ go run.

panic:hahaha

goroutine 1[running]:
main.main.func1(0x29e45b8?)
        ./main.go:14+0x30
main.sanitize(0x1027b3f18,{0x10277bc12,  0xd})
        ./main.go:44+0xa8
main.main()
        ./main.go;21+0x34
exit status 2
```
Go Version:go1.19

然而，如果我们在 sanitize 函数中使用了 recover 函数，那么就可以在自定义函数中优雅地处理潜在的 panic。清单 9.17 中的示例使用 recover 函数来处理 sanitize 函数中出现的 panic。

清单 9.17　一个清理给定字符串的函数

```
func sanitize(m matcher,s string)(val string,err error){
    // 防止出现导致 panic 的无效匹配
    defer func(){
        if e:=recover();e!=nil{
            err=fmt.Errorf("invalid matcher.panic occurred:%v",e)
        }
    }()

    for_,c:=range s{
        if m(c){
            val=val+" * "
            continue
        }
        val=val+string(c)
    }
    return
}
```

```
$ go run.

invalid matcher.panic occurred:hahaha
```
Go Version:go1.19

现在，如果用户不经意间在提供的 matcher 函数中引发了 panic，那么 sanitize 函数会优雅地处理它，并且返回一个错误，而不是引发 panic。

9.2.3 捕获并返回 panic 值

当 Go 语言中出现 panic 时，你可以有如下三种处理方式。

- 可以让应用程序因为 panic 而崩溃并且处理后果。
- 可以从 panic 状态恢复，记录它然后继续执行应用程序。
- 可以正确捕获 panic 的值并且将其作为一个错误返回。

最后一种方式可以使你从 panic 状态恢复时具有最高的控制权，然而这需要通过一些操作和函数来实现。

如清单 9.18 所示，DoSomething(int)函数接受一个整数类型的参数，并且返回 nil 或者 panic。

清单 9.18　一个返回 nil 或者 panic 的函数

```
func DoSomething(input int)error{
    switch input{
    case 0:
        // 输入是 0，返回 nil
        return nil
    case 1:
        // 输入是 1,返回一个值为字符串"one"的 panic
        panic("one")
    }

    // 没有匹配任何条件
    return nil
}
```

在清单 9.19 中，我们对 DoSomething(int)函数进行了测试，当我们使用值 1 来调用 DoSomething(int)函数时，会导致测试出现 panic。

清单 9.19　针对清单 9.18 中的 DoSomething(1)函数进行测试

```
func Test_DoSomething(t*testing.T){
    t.Parallel()

    err:=DoSomething(0)
    if err!=nil{
        t.Fatal(err)
    }

    err=DoSomething(1)

    if err!=nil{
        t.Fatal("expected nil,got",err)
```

```
        }
    }
```

```
$ go test-v


===   RUN      Test_DoSomething
===   PAUSE    Test_DoSomething
===   CONT     Test_DoSomething
- - -  FAIL: Test_DoSomething(0.00s)
panic:one[recovered]
          panic:one

Goroutine 4[running]:
testing.tRunner.func1.2({0x1027f0e60,0x1028116e0})
          /usr/local/go/src/testing/testing.go:1389+0x1c8
testing.tRunner.func1()
          /usr/local/go/src/testing/testing.go:1392+0x384
panic({0x1027f0e60,0x1028116e0})
          /usr/local/go/src/runtime/panic.go:838+0x204
demo.DoSomething(...)
          ./recover.go:11
demo.Test_DoSomething(0x0?)
          ./recover_test.go:16+0x38
testing.tRunner(0x140001361a0,0x102811298)
          /usr/local/go/src/testing/testing.go:1439+0x110
created by testing.(*T).Run
          /usr/local/go/src/testing/testing.go:1486+0x300
exit status 2
FAIL demo 0.939s
```

Go Version:go1.19

为了解决这个问题，我们需要正确地从 DoSimething(int)函数引发的 panic 状态中恢复。以下是从 panic 状态中恢复的正确步骤。

1. 使用 defer 和 recover 函数捕获 panic。
2. 在 panic 的返回值上使用类型断言来判定 recover 函数的返回值是否属于一个错误。
3. 使用具名返回值从延迟执行的 recover 函数中发送回错误。

在清单 9.20 中，我们实现了从 panic 状态恢复所需的正确步骤。如清单 9.20 所示，我们在 DoSomething(int)函数中进行了修正，而不是在测试中，这是因为引发 panic 的函数有责任让程序从 panic 状态恢复。

清单 9.20 从 panic 状态正确返回

```
func DoSomething(input int)(err error)  {
    // 延迟函数从 panic 状态恢复
    defer func(){
```

```
        p:=recover()
        if p==nil  {
            // 返回 nil，延迟的函数不会出现 panic
            // 从延迟函数中返回
            return
        }

        // 检查 recover 函数的返回值是否为 "错误"
        if e,ok:=p.(error);ok{
            // 将 recover 函数的返回值赋给匿名函数作用域之外的 err 变量
            err=e
            return
        }

        // 如果捕获到的值 p 是一个非 error 类型的值，则使用该值创建一个名为 ErrNonErrCaught 的新错误，并
           将有关 recover 函数返回值的信息存储在该错误中
        msg:=fmt.Sprintf("non -error panic type %T %s",p,p)
        err=ErrNonErrCaught(msg)
    }()

    switch input{
    case 0:
        // 输入为 0，返回 nil
    return nil
    case 1:
        // 输入为 1，返回值为字符串"one"的 panic
        panic("one")
    }

    // 未匹配到任何条件
    return nil
}

type ErrNonErrCaught string

func(e ErrNonErrCaught)Error()string{
    return string(e)
}
```

首先，我们改变了函数签名，对 error 使用了具名返回值 err error，这样就可以在延迟函数内部设置 err 变量的值。一旦进入 DoSomething(int)函数内部，如果发生 panic，我们使用 defer 关键字和一个匿名函数来捕获此 panic。在匿名函数的内部，我们使用 recover 函数从 panic 状态恢复，并且将返回值赋给变量 p。

在前面的清单 9.14 中，recover 函数返回 any。这意味着其返回值可以是任何类型，可以将 string、int 或 nil 类型作为返回值。因此，我们必须使用类型断言来检查 recover 函数返回值的类

型。如果值是一个 error，那么可以使用具名返回值来将返回值发送给调用者；如果不是，则使用 recover 函数的返回值来创建一个新的 error。

如清单 9.21 所示，现在测试运行时不会再出现 panic，并且测试可以顺利通过。

清单 9.21　正确恢复 panic 状态之后，测试通过

```
func Test_DoSomething(t*testing.T){
    t.Parallel()

    err:=DoSomething(0)
    if err!=nil{
        t.Fatal(err)
    }

    err=DoSomething(1)

    if err!=ErrNonErrCaught("non -error panic type string one")  {
        t.Fatal("expected ErrNonErrCaught,got",err)
    }
}
```

```
$  go  test  -v

===   RUN      Test_DoSomething
===   PAUSE    Test_DoSomething
===   CONT     Test_DoSomething
---   PASS:    Test_DoSomething(0.00s)
PASS
ok    demo    1.127s
```

```
Go Version:go1.19
```

9.3　不要主动抛出 panic

从不在你的代码里抛出 panic。

好吧，也许"从不"这个说法有点极端。然而，一般来说，在特定条件之外导致 panic 而不是返回错误是不符合习惯用法的。

当发生 panic 时，除非有 recover 函数在，否则程序会停止（通常不会优雅）。通常，将错误返回并让上游处理错误是一个更好的实践。

一般的规则是，如果你正在编写一个包，不应该引发 panic，原因是调用者应该始终拥有程序的控制权，而包不应该决定程序的控制流。

另外，如果你是调用者（也许你控制着程序的 main 函数），那么你已经掌控了程序的执行流程，如果你需要，可以抛出 panic，很多时候它会以 log.Fatal 函数的形式呈现，就像清单 9.22 一样，使用非零值退出程序。

清单 9.22　log.Fatal 函数

```
$ go doc log.Fatal

package log//import"log"

func Fatal(v...any)
    Fatal is equivalent to Print() followed by a call to  os.Exit(1).
```

Go Version:go1.19

最后，任何抛出 panic 的代码都很难进行测试。出于这些原因，最好考虑使用抛出 panic 之外的其他方法，毕竟大多数 panic 可以通过合理的代码和良好的设计来预防。

9.3.1　检查 nil

Go 语言中 panic 最常出现的场景是在 nil 值上进行调用时。Go 语言中任何零值为 nil 的类型都可以是这些 panic 的来源，如接口、map、指针、通道和函数等。在使用它们之前检查这些类型是否为 nil 可以帮助你避免这些 panic。

一个常见的例子是一个类型内嵌了一个指针类型。在清单 9.23 中，User 类型作为指针嵌入在 Admin 类型中。由于 User 类型是嵌入的，它的方法被提升了。这意味着 Admin 类型现在有了一个 String 方法。然而，在代码的最后一行，a.String()方法被调用，方法接收者实际上是 User 类型。由于 User 类型没有被赋值过（User 类型的值是 nil），因此在尝试访问 String 方法时会发生 panic。

清单 9.23　调用 nil 值的方法导致 panic

```
package main

import"fmt"

type User struct{
    name    string
}

func(u User)String()string{
    return u.name
}

type Admin struct{
    *User
    Perms map[string]bool
}

func main(){
```

```
    a:=&Admin{}
    fmt.Println(a.String())
}
```

```
$ go run.
```

```
panic:runtime error:invalid memory address or nil pointer  dereference
[signalSIGSEGV:segmentation violation code=0x2  addr=0x0 pc=0x102138020]
```

```
goroutine 1[running]:
main.main()
        ./main.go:20+0x20
exit status 2
```

Go Version:go1.19

在清单 9.24 中，Admin 类型使用一个 User 类型正确进行了初始化。现在，当 String 方法被调用时，由于 User 类型的值不为 nil，因此该方法会被正确地执行。

清单 9.24　正确初始化以避免引发 panic

```
package main

import"fmt"

type User struct{
    name string
}

func(u User)String()string  {
    return u.name
}

type Admin struct  {
    *User
    Perms map[string]bool
}

func main(){
    a:=&Admin{
        User:&User{name:"Kurt"},
    }
    fmt.Println(a.String())
}
```

```
$ go run.
```

```
Kurt
```

Go Version:go1.19

9.3.2 创建 map

创建 map 时，你必须初始化它们的内存空间。如清单 9.25 所示，我们创建了一个 map 类型的变量，但没有初始化它，这导致当我们访问该 map 的时候出现了 panic。

清单 9.25 使用值为 nil 的 map 导致 panic 发生

```
package main

import "fmt"

func main(){

    // 创建一个新的 map 变量
    var m map[string]int

    // 插入键值对
    m["Amy"]=27

    // 打印 map
    fmt.Printf("%+v\n",m)
}
```
```
$ go run.

panic:assignment to entry in nil map

goroutine 1[running]:
main.main()
        ./main.go:11+0x38
exit status 2
```
```
Go Version:go1.19
```

最简单的解决办法是在声明变量的时候使用:=运算符来初始化 map。在清单 9.26 中，我们初始化了 map，代码可以成功运行。

清单 9.26 创建 map 时避免发生 panic

```
package main

import "fmt"

func main(){

    // 初始化一个新的 map
    m:=map[string]int{}
```

```
    // 插入键值对
    m["Amy"]=27
    // 打印 map
    fmt.Printf("%+v\n",m)
}
```

```
$ go run.
```

```
map[Amy:27]
```

```
Go Version:go1.19
```

然而，如果一个 map 使用长变量声明但没有初始化，那么在后面的代码中，在使用之前需要初始化该 map，否则会发生 panic。如清单 9.27 所示，在使用之前我们检查了变量 m 是否为 nil。如果变量没有初始化，我们可以初始化一个新的 map 并将其赋给该变量。这可以防止因访问 nil map 而导致发生 panic。

清单 9.27　在使用 map 之前检查它是否为 nil

```
package main

import"fmt"

func main(){

    // 创建一个新的 map 变量
    var m map[string]int

    if m==nil{
        // 初始化 map
        m=map[string]int{}
    }

    // 插入键值对
    m["Amy"]=27

    // 打印 map
    fmt.Printf("%+v\n",m)
}
```

```
$ go run.
```

```
map[Amy:27]
```

```
Go Version:go1.19
```

最后，我们可以使用 make 函数来初始化 map，虽然这时代码可以正常工作，但这种初始化 map 的方法并非符合惯例的方法，如清单 9.28 所示。

清单 9.28 使用 make 函数初始化 map

```
package main

import "fmt"

func  main(){

    // 初始化一个新 map
    m:=make(map[string]int)

    // 插入键值对
    m["Amy"]=27

    // 打印 map
    fmt.Printf("%+v\n",m)
}
```
```
$ go run.

map[Amy:27]
```
```
Go Version:go1.19
```

9.3.3 指针

指针在使用之前必须被初始化。在清单 9.29 中，我们定义了一个新的变量 bb。bb 是 bytes.Buffer 类型的一个指针。如果我们在该指针被正确初始化之前使用了它，将会导致运行时发生 panic。

在清单 9.30 中，我们声明并且使用 bytes.Buffer 类型的指针初始化了 bb 变量。由于 bb 变量已经被正确初始化，因此应用程序不会发生 panic。

清单 9.29 nil 指针导致发生 panic

```
package main

import(
    "bytes"
    "fmt"
)

func main(){

    // 创建一个新的 bytes.Buffer 类型的指针
    var bb *bytes.Buffer

    // 使用指针将数据写入缓冲区
```

```
    bb.WriteString("Hello,world!")

    // 打印缓存区内容
    fmt.Println(bb.String())
}
```

```
$ go run.

panic:runtime error:invalid memory address or nil pointer  dereference
[signal SIGSEGV:segmentation violation code=0x2        addr=0x20 pc=0x100a34e30]

goroutine 1[running]:
bytes.(*Buffer).WriteString(0x1400005e768?,{0x100a59e9c?,   0x60?})
        /usr/local/go/src/bytes/buffer.go:182+0x20
main.main()
        ./main.go:16+0x30
exit status 2
```

Go Version:go1.19

清单 9.30　使用指针之前对其正确初始化

```
package main

import(
    "bytes"
    "fmt"
)

func main(){

    // 创建并初始化一个新的 bytes.Buffer 类型的指针
    bb:=&bytes.Buffer{}

    // 使用指针将数据写入缓冲区
    bb.WriteString("Hello,world!")

    // 打印缓冲区内容
    fmt.Println(bb.String())
}
```

```
$ go run.

Hello,world!
```

Go Version:go1.19

9.3.4　接口

在清单 9.31 中，我们创建了一个新的 io.Writer 类型的变量 w。这个变量没有使用接口的实现进行初始化。当我们使用该变量的时候，发生了 panic。

清单 9.31 nil 接口导致发生 panic

```
package main

import(
    "fmt"
    "io"
)

func main(){

    // 创建一个新的 Writer 变量
    var w io.Writer

    // 将输出打印到 w(io.Writer)上
    fmt.Fprintln(w,"Hello,world!")
}
```

```
$ go run.

panic:runtime error:invalid memory address or nil pointer  dereference
[signal SIGSEGV:segmentation violation code=0x2  addr=0x18 pc=0x1049e2bfc]
goroutine 1[running]:
fmt.Fprintln({0x0,0x0},{0x14000098f58,0x1,0x1})
        /usr/local/go/src/fmt/print.go:265  +0x4c
main.main()
        ./main.go:14+0x50
exit status 2
```

```
Go Version:go1.19
```

在清单 9.32 的示例中，我们使用接口的一个实现 io.Stdout 初始化了变量 w。

清单 9.32 在使用接口之前对其进行初始化

```
package main

import(
    "fmt"
    "os"
)

func main(){

    // 创建一个新的 Writer 变量，将 os.STDOUT 作为 Writer 的实现
    w:=os.Stdout
```

```
    // 将输出打印到 w(io.Writer) 上
    fmt.Fprintln(w,"Hello,world!")
}
```

```
$ go run.

Hello,world!
```

```
Go Version:go1.19
```

更常见的情况是,当一个接口被嵌入一个类型中,而该接口没有被实例化时,就会导致 panic 的发生。

在清单 9.33 中,我们定义了一个 Stream 结构体并且在它里面嵌入了一个 io.Writer 接口。通过嵌入该接口,Stream 类型现在也是 io.Writer 接口的实现,因为 io.Writer.Write 方法被提升到了 Stream 类型中。

清单 9.33　嵌入接口的自定义类型

```
type Stream struct{
    io.Writer
}
```

然而,如果没有将一个 Writer 实例赋给嵌入的 io.Writer 接口,那么当尝试调用 io.Writer.Write 方法时,代码会因为接收者为 nil 而发生 panic,如清单 9.34 所示。

清单 9.34　由 nil 接口引发的 panic

```
func main(){

    // 不使用 Writer 实例来初始化 stream
    s:=Stream{}

    fmt.Fprintf(s,"Hello Gophers!")
}
```

```
$ go run.

panic:runtime error:invalid memory address or nil pointer  dereference
[signal SIGSEGV:segmentation violation code=0x2  addr=0x18 pc=0x100199230]

goroutine 1[running]:
main.(*Stream).Write(0x1400011c820?,{0x14000134010?,0xe?,  0x0?})
        <autogenerated>:1+0x30
fmt.Fprintf({0x1001d41c8,0x14000118210},{0x10019ad19,0xe},{0x0,  0x0,  0x0})
        /usr/local/go/src/fmt/print.go:205+0x88
main.main()
        ./main.go:22+0x58
exit status 2
```

Go Version: go1.19

在清单 9.35 中，我们通过正确地赋予一个 io.Writer 接口的实现（os.Stdout）来修复代码。在本例中，为在 Stream 类型中嵌入的 io.Writer 接口赋的值是 os.Stdout。

清单 9.35　为嵌入的 io.Writer 接口赋予正确的实现

```
func  main(){

    // 使用 os.Stdout(作为 Writer 实例) 来初始化 Stream
    s:=Stream{
        Writer:os.Stdout,
    }

    fmt.Fprintf(s,"Hello Gophers!")
}
```

```
$ go run.

Hello Gophers!
```

Go Version:go1.19

9.3.5　函数

函数的零值是 nil，因此在使用函数之前需要对其进行赋值。在清单 9.36 中，我们创建了一个没有被赋值的函数变量 fn。在尝试调用该函数时会发生 panic。

清单 9.36　使用未初始化的函数变量

```
func main(){

    // 创建一个新的函数类型变量
    var fn func() string

    // 打印该函数的结果
    fmt.Println(fn())
}
```

```
$ go run.

panic:runtime error:invalid memory address or nil pointer  dereference
[signal  SIGSEGV:segmentation violation code=0x2  addr=0x0 pc=0x100b60020]
goroutine 1[running]:
main.main()
        ./main.go:16+0x20
exit status 2
```

Go Version:go1.19

在清单 9.37 中，我们对函数变量 fn 进行了赋值，现在应用程序可以成功运行了。

清单 9.37　将函数定义赋给 fn 函数变量

```
func main(){

    // 创建一个新的函数类型变量
    var fn func()string

    // 将一个函数赋给 fn 变量
    fn=func()string{
        return"Hello,World!"
    }

    // 打印函数结果
    fmt.Println(fn())
}
```

```
$ go run.

Hello,World!
```

Go Version:go1.19

9.3.6　类型断言

在 Go 语言中进行断言操作时，如果断言失败，程序就会发生 panic。

看一下清单 9.38 中的函数 WriteToFile(io.Writer,　[]byte)。该函数使用一个 io.Writer 接口以及要写入的[]byte 切片 data 作为参数。在 WriteToFile 函数内部，w 被断言为具体类型 os.File。在清单 9.39 中，我们将 bytes.Buffer 类型（不是 os.File 类型的实例）作为函数的第一个实参传入，这将导致发生 panic。

清单 9.38　未使用安全检查的类型断言

```
func WriteToFile(w io.Writer, data []byte)error{

    // 断言 w 是文件
    f:=w.(*os.File)

    // 延迟关闭文件
    defer f.Close()

    // 记录文件名称
    fmt.Printf("writing to file %s\n",f.Name())

    // 写入数据
    _,err:=f.Write(data)
    if err!=nil{
```

```
        return err
    }

    return nil
}
```

清单 9.39 类型断言失败导致 panic

```
func main(){

    // 创建一个缓冲区，用来写入
    bb:=&bytes.Buffer{}

    // 准备写入的数据
    data:=[]byte("Hello,world!")

    // 调用 WriteToFile 函数（使用缓冲区和准备写入的数据）
    err:=WriteToFile(bb,data)

    // 检查错误
    if err!= nil  {
        fmt.Println(err)
        os.Exit(1)
    }
}
```

```
$ go run.

panic:interface conversion:io.Writer is *bytes.Buffer,  not*os.File

goroutine 1[running]:
main.WriteToFile({0x102ab43e8?,0x14000106f40?},  {0x14000106f23?,
    ➥0x1400008e000?,0x0?})
    ./main.go:38+0x154
main.main()
    ./main.go:23+0x6c
exit status 2
```

Go Version:go.19

如果需要，Go 程序会在断言期间返回第二个参数，一个布尔值。如果断言成功，该布尔值为 true；如果失败，则为 false。如清单 9.40 所示，检查断言的第二个参数可以防止因类型断言失败而导致的 panic，使你的应用程序可以继续运行。

清单 9.40 适当的断言检查可以防止发生 panic

```
func WriteToFile(w io.Writer,data[]byte)error{
```

```
    // 断言 w 是文件
    f,ok:= w.( *os.File)

    // 检验断言是否成功
    if !ok{
        return fmt.Errorf("expected *os.File,got %T",w)
    }

    // 延迟关闭文件
    defer f.Close()

    // 记录文件名称
    fmt.Printf("writing to file %s\n",f.Name())

    // 写入数据
    _,err:=f.Write(data)
    if err!=nil{
        return err
    }

    return  nil
}
```

```
$ go run.

expected *os.File,got *bytes.Buffer

exit status 1
```
Go Version:go1.19

> 　　进行类型断言检查非常重要。几乎在所有场景下，不进行类型断言检查都将导致你的代码在未来出现 bug。

9.3.7　数组/切片的索引

　　当访问的切片或数组索引值大于切片/数组的长度时，会发生 panic。

　　参考清单 9.41 中的函数定义可知，函数试图访问给定切片的指定索引。如果索引值比切片的长度大，将发生 panic，如清单 9.42 所示。

清单 9.41　获取切片索引的函数

```
func find(names[]string, index int)(string, error){

    // 查找索引处的名称
    s:=names[index]
```

```
    // 如果值为空，则返回一个错误
    if len(s)==0{
        return s,fmt.Errorf("index  %d  empty",  index)
    }

    // 返回名称
    return s,nil
}
```

清单 9.42　一个越界 panic

```
func main(){

    // 创建一个切片
    names:=[]string{"Kurt","Janis","Jimi","Amy"}

    // 查找索引 42
    s,err:=find(names,42)
    // 检查是否存在错误
    if err!=nil{
        fmt.Println(err)
        os.Exit(1)
    }

    // 打印结果
    fmt.Println("found:",s)
}
```
```
$ go run.

panic:runtime error:index out of range[42] with length 4

goroutine 1[running]:
main.find(...)
        ./main.go:33
main.main()
        ./main.go:15+0x28
exit status 2
```
Go Version:go1.19

为了避免发生这个 panic，确保所请求的索引可以被安全地检索，我们需要检查切片/数组的长度。清单 9.43 中的示例是先对索引值与切片/数组的长度进行对照检查，然后才对此索引值进行访问。如果索引值大于切片/数组的长度，则函数返回一个 error 而不是引发 panic。

清单 9.43 适当的索引越界检查可以防止发生 panic

```
func find(names[]string,index int)(string,error){

    // 检查索引值越界
    if index>=len(names){
        return "",fmt.Errorf("out of bounds index %d [%d]",  index,len(names))
    }

    // 查找索引处的名称
    s:=names[index]

    // 如果值为空,则返回一个错误
    if len(s)==0{
        return s,fmt.Errorf("index %d empty",index)
    }
    // 返回名称
    return s, nil
}
```

```
$ go run.

out of bounds index 42 [4]

exit status 1
```

Go Version: go1.19

9.4 自定义错误

　　Go 语言中的错误是通过 error 接口实现的，如清单 9.44 所示。这意味着你可以创建自定义的错误实现。自定义错误允许你管理工作流程并提供超出 error 接口范围的有关错误的详细信息。

清单 9.44 error 接口

```
$ go doc builtin.error

package builtin // import "builtin"

type error interface {
        Error() string
}
    The error built -in interface type is the conventional interface for
    ➥representing an error condition, with the nil value representing
    ➥no error.
```

Go Version:go1.19

9.4.1　标准错误

清单 9.45 定义了几个类型，第一个类型 Model 基于 map[string]any 类型定义，例如 {"age": 27, "name": "jimi"}。接下来定义的 Store 结构类型有一个 map[string][]Model 类型的字段 data，这个 data 字段是包含表名及其模型的一个 map。

清单 9.45　类型定义

```
// Model 代表存储中的模型的键值对，例如 {"id": 1, "name": "bob"}
type Model map[string]any

// Store 是一种基于表的键/值存储
type Store struct {
    data map[string][]Model
}
```

如清单 9.46 所示，Store 拥有 All(string)方法。该方法返回给定表中存储的全部模型，如果表不存在，则会返回一个错误。这个错误是通过 fmt.Errorf 函数创建的。

清单 9.46　Store 的 All 方法

```
// All 方法返回给定表中存储的所有模型。如果不存在模型，则返回错误
func (s *Store) All (tn string) ([]Model, error) {
    db := s.data

    // 如果底层数据为 nil，则返回一个错误
    if db == nil {
        return nil, fmt.Errorf("no data")
    }

    // 检查确保表存在
    mods, ok := db[tn]

    // 如果表不存在，则返回一个错误
    if !ok {
        return nil, fmt.Errorf("table %s not found", tn)
    }

    // 返回模型的切片
    return mods, nil
}
```

清单 9.47 是一个测试，用于断言存储中是否存在给定的表。然而，这个测试是不完整的。虽然函数返回了一个错误，但是我们并不知道返回的错误是什么。为何会返回此错误呢？是因为表不存在，还是因为底层 data map 为 nil？

清单 9.47　关于 Store.All 方法的测试

```
func Test_Store_All_NoTable(t *testing.T) {
    t.Parallel ()

    s := &Store{
        data : map[string][]Model {},
    }

    _, err := s.All ("users")
    if  err == nil {
        t.Fatal ("expected error, got nil")
    }

    exp := "table users not found"
    act := err.Error()
    if  act != exp {
        t.Fatalf("expected %q, got %q", exp, act)

    }
}
```

```
$ go test -v

=== RUN Test_Store_All_NoTable
=== PAUSE Test_Store_All_NoTable
=== CONT Test_Store_All_NoTable
- - - PASS: Test_Store_All_NoTable (0.00s)
PASS
ok demo 1.082s
```

```
Go Version: go1.19
```

如清单 9.47 所示，对错误消息进行断言的做法很有吸引力，但这不是 Go 语言的习惯用法，不应该使用。原因很简单：错误消息会更改。如果错误消息更改，接下来的测试将失败。我们认为这是一个"脆弱"的测试。

9.4.2　实现自定义错误

你可以自定义错误，这不仅可以帮你区分多个错误，还可以向错误添加更多的上下文信息。

在清单 9.48 中，我们定义了一个新的结构体类型 ErrTableNotFound，它实现了 error 接口，这个类型包含了有关缺失的表的信息及错误发生的时间信息。

清单 9.48　ErrTableNotFound 结构体类型

```
type ErrTableNotFound struct {
    Table string
    OccurredAt time.Time
```

```
}

func (e ErrTableNotFound) Error() string {
    return fmt.Sprintf("[%s] table not found %s", e.OccurredAt, e.Table)
}
```

清单 9.49 更新了 Store.All(string)方法的实现。如果表不存在，该方法将返回一个错误 ErrTableNotFound。我们也对表名和错误发生的时间进行了赋值。

清单 9.49　Store.All 方法返回自定义错误

```
// All 方法返回给定表中存储的所有模型。如果不存在模型，则返回错误
func (s *Store) All (tn string) ([]Model, error) {
    db := s.data

    // 如果底层数据为 nil，则返回一个错误
    if db == nil {
        return nil, fmt.Errorf("no data")
    }

    // 检查确保表存在
    mods, ok := db[tn]

    // 如果表不存在，则返回一个错误
    if  !ok {
        return nil, ErrTableNotFound{
            Table :           tn,
            OccurredAt : time.Now(),
        }
    }

    // 返回模型的切片
    return mods, nil
}
```

现在可以将测试改为断言是否为一个 ErrTableNotFound 错误了，如清单 9.50 所示。这次测试正常通过，我们可以看到表名跟错误的发生时间。

清单 9.50　使用自定义错误来测试 Store.All 方法

```
func Test_Store_All_NoTable(t *testing.T) {
    t.Parallel ()

    s := &Store{
        data : map[string][]Model {},
    }
```

```
    _, err := s.All ("users")
    if err == nil {
        t.Fatal ("expected error, got nil")
    }

    exp := "users"
    e, ok := err.(ErrTableNotFound)
    if   !ok {
        t.Fatalf("expected ErrTableNotFound, got %T", err)
    }

    act := e.Table
    if act != exp {
        t.Fatalf("expected %q, got %q", exp, act)
    }
    if e.OccurredAt.IsZero() {
        t.Fatal ("expected non -zero time")
    }
}
```

```
$ go test -v

=== RUN     Test_Store_All_NoTable
=== PAUSE   Test_Store_All_NoTable
=== CONT    Test_Store_All_NoTable
--- PASS:   Test_Store_All_NoTable (0.00s)
PASS
ok demo 1.171s
```

Go Version: go1.19

9.5 包装错误和解包装错误

参考清单 9.51 中定义的方法。如果发生错误，则使用适当的信息初始化一个自定义的错误实现 ErrTableNotFound 类型。但是在返回之前，代码会使用 fmt.Errorf 函数将错误包装成一个包含导致错误的类型和方法的消息。要使用 fmt.Errorf 函数来包装一个错误，我们可以使用一个专门用于错误的格式化控制符%w。

清单 9.51　Store.All 方法

```
// All 方法返回给定表中存储的所有模型。如果不存在模型，则返回错误
func (s *Store) All (tn string) ([]Model, error) {
    db := s.data

    // 如果底层数据为 nil，则返回一个错误
```

```
    if db == nil {
        return nil, fmt.Errorf("no data")
    }

    // 检查确保表存在
    mods, ok := db[tn]

    // 如果表不存在，则返回一个错误
    if !ok {
        err := ErrTableNotFound{
            Table :          tn,
            OccurredAt : time.Now(),
        }
        return nil, fmt.Errorf("[Store.All] %w", err)
    }

    // 返回模型的切片
    return mods, nil
}
```

清单 9.52 展示了对清单 9.51 中方法的测试。测试尝试断言返回值（“错误”）是 ErrTableNotFound 类型。如果一个错误使用 fmt.Errorf 函数包装，则返回值类型就是常见的“错误”接口。我们改变了“错误”类型，这也将导致测试失败，因为“错误”不再是 ErrTableNotFound 类型，而是一个不同的类型。

清单 9.52　不能对被包装的错误进行正确断言

```
func Test_Store_All_NoTable(t *testing.T) {
    t.Parallel ()

    s := &Store{
        data : map[string][]Model {},
    }

    _, err := s.All ("users")
    if err == nil {
        t.Fatal ("expected error, got nil")
    }

    exp := "users"
    e, ok := err.(ErrTableNotFound)
    if  !ok {
        t.Fatalf("expected ErrTableNotFound, got %T", err)
    }

    act := e.Table
```

```
    if act != exp {
        t.Fatalf("expected %q, got %q", exp, act)
    }

    if e.OccurredAt.IsZero() {
        t.Fatal ("expected non -zero time")
    }
}
```

```
$ go test -v

=== RUN   Test_Store_All_NoTable
=== PAUSE Test_Store_All_NoTable
=== CONT  Test_Store_All_NoTable
  store_test.go:21: expected ErrTableNotFound, got *fmt.wrapError
--- FAIL: Test_Store_All_NoTable (0.00s)
FAIL
exit status 1
FAIL demo 0.987s

Go Version: go1.19
```

9.5.1 包装错误

为了获取原始的错误，我们需要一直解包错误，直到获取原始错误为止。这跟剥洋葱很像，每个错误都包装了一层。

让我们简单地看看在 Go 语言中如何包装与解包装错误。参考清单 9.53 中的错误类型定义。每个错误类型都包含一个 err 字段，该字段保存着被包装的错误。

清单 9.53 三个不同的错误类型

```
type ErrorA struct {
    err  error
}

func (e ErrorA) Error() string {
    return fmt.Sprintf("[ErrorA] %s", e.err)
}

type ErrorB struct {
    err error
}

func (e ErrorB) Error() string {
    return fmt.Sprintf("[ErrorB] %s", e.err)
}
```

```
type ErrorC struct {
    err error
}

func (e ErrorC) Error() string {
    return fmt.Sprintf("[ErrorC] %s", e.err)
}
```

在清单 9.54 中，Wrapper 函数接收一个错误并将其分别包装到三种错误类型中。

清单 9.54　Wrapper 函数

```
// Wrapper 用一堆其他的错误包装一个错误。例如 Wrapper(original) #=> ErrorC -> ErrorB ->
   ErrorA -> original
func Wrapper(original error) error {
    original = ErrorA{original}
    original = ErrorB{original}
    original = ErrorC{original}
    return original
}
```

另一种实现相同错误包装的方法是使用多行初始化，将每个错误类型填充为下一个错误类型，如清单 9.55 所示。这两种实现都是有效的包装方式。

清单 9.55　WrapperLong 函数

```
// WrapperLong 会用一堆其他错误对一个错误进行包装。例如，WrapperLong (original) #=> ErrorC -> ErrorB ->
   ErrorA -> original
func WrapperLong(original error) error {
    return ErrorC{
        err : ErrorB{
            err : ErrorA{
                err : original,
            },
        },
    }
}
```

9.5.2　解包装错误

如清单 9.56 所示，你可以使用 errors.Unwrap 函数解包一个错误直到获取原始的错误。在这个过程中，会持续剥离包装层，直到它获取原始错误为止。

清单 9.56　errors.Unwrap 函数

```
$ go doc errors.Unwrap

package errors // import "errors"
```

```
func Unwrap(err error) error
    Unwrap returns the result of calling the Unwrap method on err, if err's
    ➥type contains an Unwrap method returning error.Otherwise, Unwrap
    ➥returns nil
```

Go Version: go1.19

在清单 9.57 中，已将测试更改为使用 errors.Unwrap 函数解包错误，直到获取原始错误。然而，测试运行失败，原因是 errors.Unwrap 函数的运行结果是 nil。

清单 9.57　使用 errors.Unwrap 获取原始错误

```
func Test_Unwrap(t *testing.T) {
    t.Parallel ()

    original := errors.New("original error")
    wrapped := Wrapper(original)

    unwrapped := errors.Unwrap(wrapped)
    if unwrapped != original {
        t.Fatalf("expected %v, got %v", original, unwrapped)
    }

}
```

```
$ go test -v

=== RUN   Test_Wrapper
=== PAUSE Test_Wrapper
=== RUN   Test_Unwrap
=== PAUSE Test_Unwrap
=== CONT  Test_Wrapper
--- PASS: Test_Wrapper (0.00s)
=== CONT  Test_Unwrap
    errors_test.go:32: expected original error, got <nil>
--- FAIL: Test_Unwrap (0.00s)
FAIL
exit status 1
FAIL        demo        1.005s
```

Go Version: go1.19

9.5.3　解包装自定义错误

正如文档所述（参见清单 9.56），如果错误的类型包含返回 error 的 Unwrap 方法，则 errors.Unwrap 函数会返回对错误调用 Unwrap 方法的结果。否则，errors.Unwrap 函数会返回 nil。

文档要表达的是，你的自定义错误类型需要实现清单 9.58 所示的接口。然而，Go 语言标准库在文档之外没有为你定义接口。

清单 9.58　缺失的 Unwrapper 接口

```
type Unwrapper interface {
    Unwrap() error
}
```

让我们更新清单 9.53 中错误类型的定义（实现 Unwrapper 接口）。尽管清单 9.59 只展示了一种实现，但所有的类型都需要实现 Unwrapper 接口。实现该接口需要确保在调用 errors.Unwrap 函数之前错误一定是被包装过的。

清单 9.59　实现 Unwrapper 接口

```
func (e ErrorA) Unwrap() error {
    return errors.Unwrap(e.err)
}
```

```
$ go test -v

=== RUN   Test_Wrapper
=== PAUSE Test_Wrapper
=== RUN   Test_Unwrap
=== PAUSE Test_Unwrap
=== CONT  Test_Wrapper
--- PASS: Test_Wrapper (0.00s)
=== CONT  Test_Unwrap
    errors_test.go:32: expected original error, got <nil>
--- FAIL: Test_Unwrap (0.00s)
FAIL
exit status 1
FAIL        demo        0.585s
```

```
Go Version: go1.19
```

然而，在清单 9.59 中的测试仍然失败了。如果我们包装的错误没有包含 Unwrap 方法，那么 errors.Unwrap 函数返回 nil，因此我们无法获取原始错误。

为了修复这个问题，我们需要检查包装的错误是否实现了 Unwrapper 接口，如清单 9.60 所示。如果实现了 Unwrapper 接口，则使用错误作为参数调用 errors.Unwrap 函数。如果没实现 Unwrapper 接口，直接返回错误本身。

清单 9.60　正确地实现 Unwrap 方法

```
func (e ErrorA) Unwrap() error {
    if _, ok := e.err.(Unwrapper); ok {
        return errors.Unwrap(e.err)
    }
```

```
        return e.err
}
```

```
$ go test -v

=== RUN     Test_Wrapper
=== PAUSE Test_Wrapper
=== RUN     Test_Unwrap
=== PAUSE Test_Unwrap
=== CONT    Test_Wrappe
--- PASS: Test_Wrapper (0.00s)
=== CONT    Test_Unwrap
--- PASS: Test_Unwrap (0.00s)
PASS
ok              demo        1.267s
```

Go Version: go1.19

基于对 errors.Unwrap 函数的了解，我们可以修复清单 9.59 中的测试，以获取原始错误，如清单 9.61 所示。

清单 9.61   包装后的错误类型

```
func Test_Store_All_NoTable(t *testing.T) {
    t.Parallel ()

    s := &Store{
        data : map[string][]Model {},
    }

    _, err := s.All ("users")
    if err == nil {
        t.Fatal ("expected error, got nil")
    }

    // 解包错误
    err = errors.Unwrap(err)
    exp := "users"
    e, ok := err.(ErrTableNotFound)
    if  !ok  {
        t.Fatalf("expected ErrTableNotFound, got %T", err)
    }

    act := e.Table
    if act != exp {
        t.Fatalf("expected %q, got %q", exp, act)
    }
```

```
    if e.OccurredAt.IsZero() {
        t.Fatal ("expected non -zero time")
    }
}

$ go test -v

=== RUN Test_Store_All_NoTable
=== PAUSE Test_Store_All_NoTable
=== CONT Test_Store_All_NoTable
--- PASS: Test_Store_All_NoTable (0.00s)
PASS
ok            demo            1.034s
```
Go Version: go1.19

9.5.4　包装或者不包装

　　如你所见，你可以使用带有%w 格式化控制符的 fmt.Errorf 函数来包装错误。这允许后续从你的函数/方法的调用者处或在测试中解包错误。

　　通常的规则是始终使用%w 格式化控制符来包装错误，但也有例外。如果你不希望某些内部信息或有关包的信息被包装，则可以使用%s 格式化控制符来隐藏实现细节。不过请记住，这是例外情况，而不是规则。

　　如果有疑问，通常更安全的做法是将错误包装起来，这样其他代码调用你的包时才可以检查特定的错误。

9.6　errors.As 和 errors.Is 函数

　　尽管解包错误允许我们获取原始的底层错误，但它不允许我们访问可能用来包装该错误的任何其他错误。

　　参考清单 9.62，当我们使用 Wrapper 函数的返回值来解包错误时，我们可以访问传入的原始错误，但是我们如何检查包装的错误栈中是否包含 ErrorB，如何访问 ErrorA 错误呢？errors包提供的两个函数 errors.Is 和 errors.As 将帮助我们解决这些问题。

　　清单 9.62　将同一个错误嵌入多个错误中的函数

```
// Wrapper 函数会用一堆其他错误对一个错误进行包装。例如，Wrapper(original) #=> ErrorC -> ErrorB ->
    ErrorA -> original
func Wrapper(original error) error {
    original = ErrorA{original}
    original = ErrorB{original}
    original = ErrorC{original}
```

```
    return original
}
```

9.6.1 As 函数

处理错误时，我们通常不关心底层的错误。但是，有时我们确实会关心底层错误，并希望访问它。清单 9.63 中的 errors.As 函数可以解决这个问题。它接受一个错误和一个要匹配的类型。如果错误与类型匹配，则返回底层错误。如果错误与类型不匹配，则返回 nil。

清单 9.63　errors.As 函数

```
$ go doc errors.As

package errors // import "errors"

func As(err error, target any) bool
    As finds the first error in err's chain that matches target, and if one
    ➥is found, sets target to that error value and returns true.Otherwise,
    ➥it returns false.

    The chain consists of err itself followed by the sequence of errors
    ➥obtained by repeatedly calling Unwrap.

    An error matches target if the error's concrete value is assignable to
    ➥the value pointed to by target, or if the error has a method
    ➥As(interface{}) bool such that As(target) returns true.In the latter
    ➥case, the As method is responsible for setting target.

    An error type might provide an As method so it can be treated as if it
    ➥were a different error type.

    As panics if target is not a non -nil pointer to either a type that
    ➥implements error, or to any interface type.
```
Go Version: go1.19

像 errors.Unwrap 函数一样，errors.As 函数也有一个已经文档化但未发布的接口（如清单 9.64 所示），我们可以在自定义错误上实现该接口。

清单 9.64　AsError 接口

```
type AsError interface {
    As(target any) bool
}
```

为了使 errors.As 函数能够正常工作，我们需要在错误类型上实现 As 方法。在清单 9.65 中，你可以看到该函数 ErrorA 类型的实现。当在我们的错误上调用 errors.As 函数时，将调用 As 方法。如果错误匹配目标，则 As 方法应返回 true，否则返回 false。如果 As 方法返回 false，我们需要在底层错误上调用 errors.As 函数。如果 As 方法返回 true，我们可以返回 true 并将目标设置为当前错误。

清单 9.65 实现 AsError 接口

```
func (e ErrorA) As(target any) bool {
    ex, ok := target.( *ErrorA)
    if !ok {
        // 如果目标不是 ErrorA 类型，通过在底层错误和目标错误上调用 errors.As 函数来将底层错误传递给上一级
        return errors.As(e.err, target)
    }

    // 将目标设置为当前错误
    ( *ex) = e
    return true
}
```

值得注意的是，为了将目标设置为当前错误，我们必须首先解引用目标指针，这是因为 As 方法负责将目标设置为当前错误，如果我们不解引用目标指针，当 As 方法返回时，我们所做的任何更改都会丢失。

正如我们在清单 9.66 所示的测试中所见，我们能够获取被包装后的错误，并且可以从错误栈中提取 ErrorA 类型。As 方法将栈中的错误值设置为 act，然后我们可以直接访问 ErrorA 类型。

清单 9.66 测试 AsError 接口的实现

```
func Test_As(t *testing.T) {
    t.Parallel ()

    original := errors.New("original error")
    wrapped := Wrapper(original)

    act := ErrorA{}

    ok := errors.As(wrapped, &act)
    if !ok {
        t.Fatalf("expected %v to act as %v", wrapped, act)
    }

    if act.err == nil {
        t.Fatalf("expected non -nil, got nil")
    }

}

$ go test -v
```

```
=== RUN     Test_As
=== PAUSE   Test_As
=== CONT    Test_As
--- PASS:   Test_As   (0.00s)
PASS
ok            demo        0.848s
```
Go Version: go1.19

9.6.2　Is 函数

errors.As 函数（见清单 9.63）用于检查错误的类型，errors.Is 函数（见清单 9.67）用于检查错误链中的错误是否与给定的具体类型匹配。这为错误类型提供了一个快速的真假检查。

清单 9.67　errors.Is 函数

```
$ go doc errors.Is

package errors // import "errors"

func Is(err, target error) bool
    Is reports whether any error in err's chain matches target.

    The chain consists of err itself followed by the sequence of errors
    ➡obtained by repeatedly calling Unwrap.

    An error is considered to match a target if it is equal to that target
    ➡or if it implements a method Is(error) bool such that Is(target)
    ➡returns true.

    An error type might provide an Is method so it can be treated as
    ➡equivalent to an existing error.For example, if MyError defines

      func (m MyError) Is(target error) bool { return target == fs.ErrExist }

    then Is(MyError{}, fs.ErrExist) returns true.See syscall.Errno.Is for an
    ➡example in the standard library.An Is method should only shallowly
    ➡compare err and the target and not call Unwrap on either.
```
Go Version: go1.19

就像 errors.As 和 errors.Unwrap 函数一样，errors.Is 函数也有一个已文档化但未发布的接口。这个接口在清单 9.68 中定义。

清单 9.68　IsError 接口

```
type IsError interface {
```

```
    Is(target error) bool
}
```

和 errors.As 函数一样,我们必须为自定义错误类型实现 Is 方法,如清单 9.69 所示。如果我们的错误类型与目标错误类型相同,则可以返回 true。如果与目标错误类型不匹配,则需要用底层错误和目标错误调用 errors.Is 函数,以便对错误进行检查。

清单 9.69　实现 IsError 接口

```
func (e ErrorA) Is(target error) bool {
    if _, ok := target.(ErrorA); ok {
        // 若目标是 ErrorA 类型,则返回 true
        return true
    }

    // 如果目标不是 ErrorA 类型,则使用底层错误和目标错误调用 errors.Is 函数来将底层错误传递给上一级
    return errors.Is(e.err, target)
}
```

最后,在清单 9.70 中,我们编写了一个测试来断言 Is 方法,观察该方法是否如期运行。

清单 9.70　测试 IsError 实现

```
func Test_ Is(t *testing.T) {
    t.Parallel ()

    original := errors.New("original error")
    wrapped := Wrapper(original)

    exp := ErrorB{}

    ok := errors.Is(wrapped, exp)
    if !ok {
        t.Fatalf("expected %v to be %v", wrapped, exp)
    }

}
```
```
$ go test -v

=== RUN   Test_ Is
=== PAUSE Test_ Is
=== CONT  Test_ Is
--- PASS: Test_ Is (0.00s)
PASS
ok          demo          1.222s
```
```
Go Version: go1.19
```

9.7 栈跟踪信息

使用栈跟踪信息来调试代码有时非常有帮助。栈跟踪展示了代码当前的执行位置以及到达当前位置的函数调用列表。

runtime/debug 包提供了一些可以获取或打印栈跟踪信息的函数。清单 9.71 中的 debug.Stack 函数返回了一个表示栈跟踪信息的字节切片。

清单 9.71 使用 debug.Stack 函数

```
$ go doc runtime/debug.Stack

package debug // import "runtime/debug"

func Stack() []byte
    Stack returns a formatted stack trace of the goroutine that calls it.
    ➥It calls runtime.Stack with a large enough buffer to capture the
    ➥entire trace.

Go Version: go1.19
```

清单 9.72 中的 debug.PrintStack 函数将栈跟踪信息打印到标准输出。

清单 9.72 debug.PrintStack 函数

```
$ go doc runtime/debug.PrintStack

package debug // import "runtime/debug"

func PrintStack()
    PrintStack prints to standard error the stack trace returned by
    ➥runtime.Stack.

Go Version: go1.19
```

在清单 9.73 中，我们使用 debug.PrintStack 函数来将程序的栈跟踪信息打印到标准输出中。

清单 9.73 打印栈跟踪信息

```
package main

import "runtime/debug"

func main() {
    First()
}
```

```
func First() {
    Second()
}

func Second() {
    Third()
}

func Third() {
    debug.PrintStack()
}
```

```
$ go run.

goroutine 1 [running]:
runtime/debug.Stack()
        /usr/local/go/src/runtime/debug/stack.go:24 +0x68
runtime/debug.PrintStack()
        /usr/local/go/src/runtime/debug/stack.go:16 +0x20
main.Third(...)
        ./main.go:18
main.Second(...)
        ./main.go:14
main.First(...)
        ./main.go:10
main.main()
        ./main.go:6 +0x2c
```

Go Version: go1.19

9.8 本章小结

在本章中，我们深入讨论了 Go 语言中的错误处理，首先介绍了代码中的错误处理和创建方法，展示了如何实现自定义的错误接口。接下来演示了 panic 如何使应用程序崩溃，并讨论了各种从 panic 状态恢复的方法。之后展示了使用 errors.Unwrap 函数从包装错误中获取原始错误的方法，还解释了如何使用 errors.As 函数来断言错误链中是否存在某种类型的错误，如果存在，则将错误绑定到变量中以将其用于函数的其余部分。最后，我们讨论了如何使用 errors.Is 函数来检查错误链中是否存在某种类型的错误。

第 10 章

泛型

泛型于 2022 年 3 月随着 Go 1.18 的发布首次引入 Go 语言中，当时我们正在编写本书。就像 Go 团队一样，我们也会尽力在书中呈现关于 Go 泛型当前一些问题的思考和惯例。这些问题包括什么是泛型，如何使用泛型，何时、在哪里和为什么使用泛型。

10.1　什么是泛型

泛型编程是一种编程范式，它允许你先定义函数的结构，待实际使用时再指定具体的类型实参来获取函数的实现。这对编写和使用泛型函数很有益处。通过泛型，你可以编写直接使用多种类型的函数，而不必为每种类型多次编写相同的函数。在使用泛型函数时，你可以继续将你的类型用作具体类型，而不是接口表示。

10.1.1　接口存在的问题

Go 语言中的接口是一个强大的概念，它使开发人员能够创建灵活和可复用的代码。接口允许你通过定义一组方法来描述一个类型的行为。任何实现了这些方法和行为的类型都被认为实现了该接口。

我们已经在本书的前面讨论了接口的优点和缺点，所以没有必要在此重申。现在我们来讨论一下接口存在的一些问题。以清单 10.1 中定义的函数为例，考虑一下如何写一个函数来返回给定 map 的所有键。

清单 10.1　一个返回某个 map 中所有键的函数

```
func Keys(m map[any]any) []any {

    // 创建一个用来保存所有键的切片 keys
```

```
keys := make([]any, 0, len(m))
// 遍历 map
for k := range m {

    // 将键添加到切片中
    keys = append(keys, k)
}

// 返回 keys
return keys
}
```

Go 是一种静态类型语言，所以你必须指定想要从中获取键的 map 的类型。map 的键和值的类型需要同时被指定。你还需要指定这个函数返回的切片的类型。为了使这个函数支持所有的 map 类型，你需要使用 any 类型，或者空接口类型，以匹配任何类型。

尽管这意味着你可以编写一个从 map 处返回键列表的函数，但也意味着这个函数很难使用。以清单 10.2 中的测试为例，它试图使用一个不是 map[any]any 类型的 map。这段代码无法编译，因为测试中的 map 类型与函数要求的 map 类型不一致。

清单 10.2　类型不匹配导致的编译错误

```
func Test_Keys(t *testing.T) {
    t.Parallel()

    // 创建一个有一些值的 map
    m := map[int]string{
        1: "one",
        2: "two",
        3: "three",
    }

    // 获取所有的键
    act := Keys(m)

    // 将返回的键的切片排序，以便进行比较
    sort.Slice(act, func(i, j int) bool {
        return act[i] < act[j]
    })

    // 设置预期值
    exp := []int{1, 2, 3}
    // 断言实际返回的键的切片长度和预期的一致
    al := len(act)
    el := len(exp)
    if al != el {
        t.Fatalf("expected %d, but got %d", el, al)
```

```
    }

    // 遍历预期的值并且断言它们和实际的值相同
    for i, v := range exp {
        if v != act[i] {
            t.Fatalf("expected %d, but got %d", v, act[i])
        }
    }
}
```

```
$ go test -v

FAIL demo [build failed]

# demo [demo.test]
./keys_test.go:20:14: cannot use m (variable of type map[int]string) as type
➥map[any]any in argument to Keys
./keys_test.go:24:10: invalid operation: act[i] < act[j] (operator < not
➥defined on interface)
```

Go Version: go1.19

在清单 10.3 中，我们尝试解决这个问题。首先，我们需要创建一个新的、类型正确的中间 map，并将原 map 中的所有键复制到这个新的 map 中。处理结果的过程也是如此。我们需要遍历返回的键的切片，断言这些键的类型是正确的，然后把这些值复制到一个类型正确的新切片中。

清单 10.3　复制 map 以满足类型约束

```
func Test_Keys(t *testing.T) {
    t.Parallel()

    // 创建一个有一些值的 map
    m := map[int]string{
        1: "one",
        2: "two",
        3: "three",
    }

    // 创建一个用来传递给函数的中间 map
    im := map[any]any{}

    // 将原始 map 中的数据复制到中间 map 中
    for k, v := range m {
        im[k] = v
    }

    // 获取所有的键
    keys := Keys(im)
```

```go
    // 创建整数类型的键的切片，以便进行比较
    act := make([]int, 0, len(keys))

    // 将键复制到整数类型切片中
    for _, k := range keys {
        // 断言键是 int 类型
        i, ok := k.(int)
        if !ok {
            t.Fatalf("expected type int, got %T", k)
        }

        act = append(act, i)
    }

    // 将返回的 keys 排序，以便进行比较
    sort.Slice(act, func(i, j int) bool {
        return act[i] < act[j]
    })

    // 设置预期值
    exp := []int{1, 2, 3}

     // 断言实际返回的键的切片长度和预期的一致
    al := len(act)
    el := len(exp)
    if al != el {
        t.Fatalf("expected %d, but got %d", el, al)
    }

    // 遍历预期的值并且断言它们和实际的值相同
    for i, v := range exp {
        if v != act[i] {
            t.Fatalf("expected %d, but got %d", v, act[i])
        }
    }

}
```

```
$ go test -v

=== RUN   Test_Keys
=== PAUSE Test_Keys
=== CONT  Test_Keys
--- PASS: Test_Keys (0.00s)
PASS
ok      demo      0.167s
```

```
Go Version: go1.19
```

尽管在清单 10.3 中修复了测试，但这样调用一个函数非常麻烦。泛型正是为了帮助解决这类问题而设计的。

10.1.2 类型约束

Go 语言中的泛型为该语言引入了一个新的概念，即类型约束。类型约束允许你指定一个符合某些约束的类型。当你想编写一个可以使用多种类型的函数，但又希望指定该函数只能用于特定类型时，类型约束很有用。

例如，到目前为止，我们一直在使用 int 作为 map 键的类型，使用 string 作为值的类型。这虽没问题，但我们可以使用泛型来让其更加灵活。我们可能想用 int32 或 float64 作为键的类型，用类型 any 作为值的类型。

泛型允许你在定义一个函数或一个类型时将上述类型指定为约束。约束是在函数名或类型名之后，且在所有参数之前用[]添加的。清单 10.4 列出了一个泛型函数定义的格式。

清单 10.4　泛型函数定义的格式

```
func Name[constraints](parameters) (returns) {
    // ...
}
```

在清单 10.5 中，我们定义了一个 Slicer 函数。该函数定义了一个约束条件：类型 T 可以是任何类型。这个新的类型 T 可以在函数签名中使用。这里的 Slicer 函数返回了一个 T 类型的切片。

清单 10.5　一个返回切片值的泛型函数

```
func Slicer[T any](input T) []T {
    return []T{input}
}
```

在调用 Slicer 函数时，我们可以传递任何类型，并且它将返回一个相同类型的切片，如清单 10.6 所示。

清单 10.6　调用泛型函数

```
func Test_Slicer(t *testing.T) {
    t.Parallel()

    // 创建输入 string
    input := "Hello World"

    // 接收输出的[]string
    act := Slicer(input)

    exp := []string{input}
```

```
    if len(act) != len(exp) {
        t.Fatalf("expected %v, got %v", exp, act)
    }

    for i, v := range exp {
        if act[i] != v {
            t.Fatalf("expected %v, got %v", exp, act)
        }
    }

}
```

```
$ go test -v

=== RUN   Test_Slicer
=== PAUSE Test_Slicer
=== CONT  Test_Slicer
--- PASS: Test_Slicer (0.00s)
PASS
ok      demo    0.194s
```

Go Version: go1.19

在测试中，我们向 Slicer 函数传递了一个 string 类型的值。在编译时，Go 程序看到我们用 string 类型调用了 Slicer 函数，便插入了一个具有适当类型签名的函数。例如，将 string 类型传递给 Slicer 函数，编译器会生成一个看起来像清单 10.7 所示的函数。

清单 10.7 一个返回 string 类型的切片的静态函数

```
func Slicer(input string) []string {
    return []string{input}
}
```

10.1.3 多重泛型类型

现在你已经了解了泛型的基本知识，是时候再看一下清单 10.8 中的 Keys 函数并更新它以支持泛型了。

清单 10.8 不支持泛型的 Keys 函数

```
func Keys(m map[any]any) []any {

    // 创建一个用来保存所有键的切片
    keys := make([]any, 0, len(m))

    // 遍历 map
    for k := range m {
```

```
        // 将键添加到切片中
        keys = append(keys, k)
    }
    // 返回 keys
    return keys
}
```

map 有一个键类型和一个值类型。我们可以使用泛型来指定哪些类型可用于这两种类型。在清单 10.9 中，我们指定键的类型 K 必须为 int 类型，但值的类型 V 可以是任何类型。

清单 10.9　支持泛型的 Keys 函数

```
func Keys[K int, V any](m map[K]V) []K {

    // 创建一个用来保存所有键的切片
    keys := make([]K, 0, len(m))

    // 遍历 map
    for k := range m {

        // 将键添加到切片中
        keys = append(keys, k)
    }

    // 返回 keys
    return keys
}
```

通过清单 10.9 中的修改，我们可以将一个键类型为 int、值类型为 string 的 map 传入 Keys 函数，它将返回一个 int 切片，如清单 10.10 所示。

清单 10.10　让清单 10.9 中的函数使用泛型后，测试现在通过了

```
func Test_Keys(t *testing.T) {
    t.Parallel()

    // 创建一个有一些值的 map
    m := map[int]string{
        1: "one",
        2: "two",
        3: "three",
    }
    // 获取所有的键
    act := Keys(m)

    // 将返回的键进行排序以便比较
    sort.Slice(act, func(i, j int) bool {
```

```
        return act[i] < act[j]
    })

    // 设置预期值
    exp := []int{1, 2, 3}

    // 断言实际返回的键的切片长度和预期的一致
    if len(exp) != len(act) {
        t.Fatalf("expected len(%d), but got len(%d)", len(exp), len(act))
    }

    // 断言实际返回的键的切片类型和预期的一致
    at := fmt.Sprintf("%T", act)
    et := fmt.Sprintf("%T", exp)

    if at != et {
        t.Fatalf("expected type %s, but got type %s", et, at)
    }

    // 遍历预期的值并且断言它们和实际的值相同
    for i, v := range exp {
        if v != act[i] {
            t.Fatalf("expected %d, but got %d", v, act[i])
        }
    }

}
```

```
$ go test -v

=== RUN   Test_Keys `
=== PAUSE Test_Keys
=== CONT  Test_Keys
--- PASS: Test_Keys (0.00s)
PASS
ok      demo    0.244s
```
Go Version: go1.19

如果我们在清单 10.10 中使用 string 类型或 float64 类型作为 map 的键，编译将会失败。要实现上述需求，我们需要为键的类型指定一个更宽泛的约束。

10.1.4　实例化泛型函数

在调用泛型函数或创建泛型类型的新值时，Go 编译器需要知道哪些类型被提供给了泛型参数。到目前为止，我们都是让 Go 编译器根据传入的值的类型来推断泛型参数的类型。清单 10.11 声明了一个变量 fn，并用清单 10.9 中的 Keys 函数对其进行了初始化。当 fn 变量被调用时，编译器无法推断出泛型参数的类型，导致出现编译错误。

清单 10.11 实例化之前的 Keys 函数

```
// 创建一个指向 Keys 函数的变量
fn := Keys

// 获取所有的键
act := fn(m)
```

```
$ go test -v

FAIL demo [build failed]

# demo [demo.test]
./keys_test.go:22:8: cannot use generic function Keys without instantiation

Go Version: go1.19
```

在编译器无法推断出泛型参数的类型时，你需要向编译器提供泛型参数的类型。清单 10.12 中的示例用 Keys 函数给变量 fn 赋值时，提供了 int 类型和 string 类型。

清单 10.12 实例化以后的 Keys 函数

```
// 创建一个指向 Keys 函数的变量
fn := Keys[int, string]

// 获取所有的键
act := fn(m)
```

```
$ go test -v

=== RUN   Test_Keys
=== PAUSE Test_Keys
=== CONT  Test_Keys
--- PASS: Test_Keys (0.00s)
PASS
ok      demo    0.213s

Go Version: go1.19
```

10.1.5 定义约束

到目前为止，我们一直使用的是非常简单的类型，如将 int 和 any 作为键和值的类型。但是如果我们想使用更多的类型呢？为了指定哪些类型可以用于泛型参数，我们可以使用约束。约束的定义方式类似于接口，但我们不是指定一组方法，而是指定一组类型。

首先，我们可以定义一个要求类型为 int 的约束，如清单 10.13 所示。

清单 10.13 要求类型为 int 的约束

```
// MapKey 能被用作 map 中键的类型的一组约束
```

```
type MapKey interface {
    int
}
```

有了清单 10.13 中定义的 MapKey 约束，我们可以更新 Keys 函数，用它来代替 int，如清单 10.14 所示。

清单 10.14　使用 MapKey 约束的 Keys 函数

```
func Keys[K MapKey, V any](m map[K]V) []K {

    // 创建一个用来保存所有键的切片
    keys := make([]K, 0, len(m))

    // 遍历 map
    for k := range m {

        // 将键添加到切片中
        keys = append(keys, k)
    }

    // 返回 keys
    return keys
}
```

10.1.6　多类型约束

目前，MapKey 约束只允许使用 int 类型作为键。在清单 10.15 中，我们尝试向 Keys 函数传入以 float64 类型为键类型的 map，结果导致出现了编译错误。

清单 10.15　以 float64 类型为键类型的 Keys 函数

```
// 创建一个有一些值的 map
m := map[float64]string{
    1.1: "one",
    2.2: "two",
    3.3: "three",
}

// 获取键的切片
act := Keys(m)

// 将返回的键进行排序以便比较
sort.Slice(act, func(i, j int) bool {
    return act[i] < act[j]
})

// 设置预期值
```

```
exp := []float64{1.1, 2.2, 3.3}

// 断言实际返回的键的切片长度和预期的一致
if len(exp) != len(act) {
    t.Fatalf("expected len(%d), but got len(%d)", len(exp), len(act))
}

// 断言实际返回的切片类型和预期的一致
at := fmt.Sprintf("%T", act)
et := fmt.Sprintf("%T", exp)

if at != et {
    t.Fatalf("expected type %s, but got type %s", et, at)
}

// 遍历预期的值并且断言它们和实际的值相同
for i, v := range exp {
    if v != act[i] {
        t.Fatalf("expected %d, but got %d", v, act[i])
    }
}
```

```
$ go test -v

FAIL demo [build failed]

# demo [demo.test]
./keys_test.go:21:13: float64 does not implement MapKey
```

Go Version: go1.19

在定义约束时，可以使用 | 运算符来创建约束的并集[①]。例如，在清单 10.16 中，我们定义了一个约束，要求键的类型是 int 或 float64。

清单 10.16　一个要求键类型是 int 或 float64 类型的约束

```
// MapKey 是能被用作 map 中键的类型的一组约束
type MapKey interface {
    int | float64
}
```

在清单 10.16 中对 MapKey 约束做了修改后，我们可以给 Keys 函数传入键类型为 float64 的 map。如清单 10.17 所示，测试现在通过了。

清单 10.17　使用修改后的 MayKey 约束，测试通过了

```
$ go test -v
```

———————————

① 这里原文为交集，应该是笔误，应为并集，已改。——译者注

```
=== RUN    Test_Keys
=== PAUSE Test_Keys
=== CONT  Test_Keys
--- PASS: Test_Keys (0.00s)
PASS
ok     demo      0.214s
```
Go Version: go1.19

10.1.7 底层类型约束

在 Go 语言中，可以在其他类型的基础上创建新的类型。例如，在清单 10.18 中，我们可以创建一个基于 int 类型的新类型 MyInt。

清单 10.18 一个基于 int 类型的新类型

```
type MyInt int
```

然而，在清单 10.19 中，当我们试图用一个键类型为 MyInt 的 map 来调用 Keys 函数时，我们得到了编译错误。

清单 10.19 MyInt 类型不符合 int 约束

```
func Test_Keys(t *testing.T) {
    t.Parallel()

    // 创建一个有一些值的 map
    m := map[MyInt]string{
        1: "one",
        2: "two",
        3: "three",
    }

    // 获取键的切片
    act := Keys(m)

    // 将返回的键进行排序以便比较
    sort.Slice(act, func(i, j int) bool {
        return act[i] < act[j]
    })

    // 设置预期值
    exp := []MyInt{1, 2, 3}

    // 断言实际返回的键的切片长度和预期的一致
    if len(exp) != len(act) {
        t.Fatalf("expected len(%d), but got len(%d)", len(exp), len(act))
```

```
    }

    // 断言实际返回的切片类型和预期的一致
        at := fmt.Sprintf("%T", act)
        et := fmt.Sprintf("%T", exp)
        if at != et {
            t.Fatalf("expected type %s, but got type %s", et, at)
        }

    // 遍历预期的值并且断言它们和实际的值相同
        for i, v := range exp {
            if v != act[i] {
                t.Fatalf("expected %d, but got %d", v, act[i])
            }
        }

}
```

```
$ go test -v

FAIL demo [build failed]
# demo [demo.test]
./keys_test.go:21:13: MyInt does not implement MapKey (possibly missing ~ for
➥int in constraint MapKey)

Go Version: go1.19
```

　　清单 10.19 中出现编译错误的原因是基于 int 定义的 MyInt 类型不符合 MapKey 约束的要求，因为它本身不是 int 类型。编写约束时，我们通常感兴趣的是底层类型，而不是基于它们定义的包装类型。如果想要让包装类型也可用，可以使用～运算符，如清单 10.20 所示。

清单 10.20　使用～运算符来兼容包装类型

```
// MapKey 是能被用作 map 中键的类型的一组约束
type MapKey interface {
    ~int
}
```

　　通过使用～运算符更新约束，Keys 函数可以接受任何基于 int 定义的类型。因为 MyInt 是基于 int 定义的，所以我们现在可以将键为 MyInt 的 map 传入 Keys 函数了。如清单 10.21 所示，现在测试通过了。

清单 10.21　使用～运算符后测试通过

```
$ go test -v

=== RUN   Test_Keys
=== PAUSE Test_Keys
=== CONT  Test_Keys
```

```
--- PASS: Test_Keys (0.00s)
PASS
ok      demo        0.174s
```
Go Version: go1.19

10.1.8   constraints 包

当泛型在 Go 1.18 中发布时，Go 团队决定谨慎行事，不立即在标准库中使用泛型。该团队希望在更新标准库之前，先看看泛型被使用的情况。因此，Go 团队在 golang.org/x/exp 命名空间中创建了一系列包来试验泛型，其中一个便是 golang.org/x/exp/constraints 包。golang.org/x/exp/constraints 包为 Go 语言中所有的数值和可比较类型定义了一组约束，如清单 10.22 所示。

清单 10.22   golang.org/x/exp/constraints 包

```
$ go doc golang.org/x/exp/constraints

package constraints // import "golang.org/x/exp/constraints"

Package constraints defines a set of useful constraints to be used with type parameters.

type Complex interface{ ... }
type Float interface{ ... }
type Integer interface{ ... }
type Ordered interface{ ... }
type Signed interface{ ... }
type Unsigned interface{ ... }
```
Go Version: go1.19

以清单 10.23 中的 constraints.Signed 约束为例，这个约束要求类型是 Go 语言中定义的任何有符号整数类型，如 int 和 int64，以及基于这些类型的任何类型。

清单 10.23   constraints.Signed 约束

```
$ go doc golang.org/x/exp/constraints.Signed

package constraints // import "golang.org/x/exp/constraints"

type Signed interface {
        ~int | ~int8 | ~int16 | ~int32 | ~int64
}
    Signed is a constraint that permits any signed integer type. If future
    releases of Go add new predeclared signed integer types, this constraint
    will be modified to include them.
```
Go Version: go1.19

constraints.Integer 约束要求类型必须基于任何整数类型，包括有符号的或无符号的，如 int、

int64、uint、uint64 等，如清单 10.24 所示。

清单 10.24　constraints.Integer 约束

```
$ go doc golang.org/x/exp/constraints.Integer

package constraints // import "golang.org/x/exp/constraints"

type Integer interface {
        Signed | Unsigned
}


    Integer is a constraint that permits any integer type. If future releases
➥of Go add new predeclared integer types, this constraint will be
➥modified to include them.
```
Go Version: go1.19

Ordered 约束

在 golang.org/x/exp/constraints 包中定义的最有用的约束之一是 constraints.Ordered 约束，如清单 10.25 所示。这个约束列出了 Go 语言中所有可比较的类型以及所有基于这些类型定义的类型。constraints.Ordered 约束覆盖了所有数值类型和字符串。

清单 10.25　constraints.Ordered 约束

```
$ go doc golang.org/x/exp/constraints.Ordered

package constraints // import "golang.org/x/exp/constraints"

type Ordered interface {
        Integer | Float | ~string
}
    Ordered is a constraint that permits any ordered type: any type that
➥supports the operators < <= >= >. If future releases of Go add new
➥ordered types, this constraint will be modified to include them.
```
Go Version: go1.19

constraints.Ordered 约束非常适合作为 map 键的类型约束，因为所有在此约束中定义的类型都是可比较的。在清单 10.26 中，Keys 函数已经被更新为使用 constraints.Ordered 约束。现在，我们可以将键类型为 string 或任何其他可比较类型的 map 用于 Keys 函数。

清单 10.26　Keys 函数的定义

```
func Keys[K constraints.Ordered, V any](m map[K]V) []K {

    // 创建一个用来保存键的切片 keys
    keys := make([]K, 0, len(m))
```

```
    // 遍历 map
    for k := range m {

        // 将键添加到切片中
        keys = append(keys, k)
    }

    // 返回 keys
    return keys
}
```

10.1.9　类型断言

当使用的约束基于类型而不是基于方法（如接口）时，类型断言是不允许的。例如，在清单 10.27 中，Keys 函数试图将每个实现了 fmt.Stringer 接口的 map 键打印到控制台。

清单 10.27　使用类型断言的 Keys 函数

```
func Keys[K constraints.Ordered, V any](m map[K]V) []K {

    // 创建一个用来保存键的切片 keys
    keys := make([]K, 0, len(m))

    // 遍历 map
    for k := range m {

        // 如果 k 实现了 fmt.Stringer 接口，那么以字符串形式打印
        if st, ok := k.(fmt.Stringer); ok {
            fmt.Println(st.String())
        }

        // 将键添加到切片中
        keys = append(keys, k)
    }

    // 返回 keys
    return keys
}
```

对于基于方法的接口来说，采用上述断言是可以的，但对于约束，我们不能做这种断言，如清单 10.28 所示。

清单 10.28 当对约束做断言时，编译失败

```
$ go test -v

FAIL demo [build failed]

# demo [demo.test]
./keys.go:19:16: invalid operation: cannot use type assertion on type
➡parameter value k (variable of type K constrained by constraints.Ordered)
```
Go Version: go1.19

如前所述，在编译时，泛型函数的调用会被替换为具体类型的调用。编译结果是一个 Keys 函数，该函数接收一个键为 string、值为 int 的 map，并返回一个[]string，如清单 10.29 所示。

清单 10.29 一个泛型函数的编译结果

```
func Keys(m map[string]int) []string {

    // 创建一个用来保存键的切片 keys
    keys := make([]string, 0, len(m))

    // 遍历 map
    for k := range m {

        // 如果 k 实现了 fmt.Stringer 接口，那么以字符串形式打印
        if st, ok := k.(fmt.Stringer); ok {
            fmt.Println(st.String())
        }

        // 将键添加到切片中
        keys = append(keys, k)
    }

    // 返回 keys
    return keys
}
```

查看清单 10.30 中的编译错误时，如果看到 Keys 函数中有关具体类型的表达，那么产生这个错误的原因就比较清晰了。

清单 10.30 针对具体类型进行类型断言会出现编译错误

```
$ go test -v

FAIL demo [build failed]

# demo [demo.test]
./keys.go:17:16: invalid operation: k (variable of type string)
```

```
➥is not an interface
```

Go Version: go1.19

在 Go 语言中，针对具体类型进行类型断言是不允许的，如清单 10.29 中的类型断言。没有理由去断言 string 或 User 或其他类型是否实现了该接口，因为编译器会自动执行这个断言。

10.1.10　混合使用方法约束和类型约束

在定义约束时，我们必须选择是基于类型的约束还是基于方法的约束。例如，在清单 10.31 中，我们不能将一个约束定义为 constraints.Ordered 或 fmt.Stringer 接口。

清单 10.31　混合使用方法约束和类型约束导致编译错误

```go
type MapKey interface {
    constraints.Ordered | fmt.Stringer
}
```

```go
func Keys[K MapKey, V any](m map[K]V) []K {

    // 创建一个用来保存键的切片 keys
    keys := make([]K, 0, len(m))

    // 遍历 map
    for k := range m {

        // 将键添加到切片中
        keys = append(keys, k)
    }

    // 返回 keys
    return keys
}
```

```
$ go test -v

FAIL demo [build failed]

# demo [demo.test]
./keys.go:10:24: cannot use fmt.Stringer in union (fmt.Stringer contains
➥methods)
./keys.go:13:34: invalid map key type K (missing comparable constraint)
```

Go Version: go1.19

10.1.11　泛型类型

像函数一样，类型也支持泛型。如果你考虑建立一个数据存储，你可能会定义一个泛型类型来表示模型。在清单 10.32 中，我们定义了一个 Model 接口，该接口定义了一个 Model 接口的所有实现都必须满足的约束。Model 接口有一个类型约束，即[T constraints.Ordered]。这个约束现在可以在该接口的方法上使用。

清单 10.32　使用泛型的 Model 接口

```
type Model[T constraints.Ordered] interface {
    ID() T
}
```

现在，为了实现清单 10.32 中的 Model 接口，具体类型需要一个能返回 constraints.Ordered 约束中列出的类型的 ID()方法。在清单 10.33 中，User 类型拥有一个返回 string 的 ID 方法，因而实现了 Model 接口，因为 string 是 constraints.Ordered 约束的一部分。

清单 10.33　实现了清单 10.32 中 Model 接口的 User 类型

```
type User struct {
    Email string
}

func (u User) ID() string
```

在清单 10.34 中，我们定义了一个具有两个类型约束的 Store 结构体，这两个约束分别为[K constraints.Ordered]和[M Model[K]]。在这个例子中，我们使用在 Store 类型上定义的 K 约束来定义 Model 类型上的约束。

清单 10.34　拥有泛型的 Store 类型

```
// Store 是一个模型 map，map 的键可以是任何可比较的类型，值可以是任何实现了
// Model 约束的类型
type Store[K constraints.Ordered, M Model[K]] struct {
    data map[K]M
}

func (s Store[K, M]) Find(id K) (M, error)
func (s *Store[K, M]) Insert(m M) error
```

当在泛型类型上定义方法时，方法的接收者需要被实例化为适当的具体类型。请看清单 10.35 中 Store 类型上的 Find 方法。

清单 10.35　Store 类型上的 Find 方法

```
func (s Store[K, M]) Find(id K) (M, error) {
    m, ok := s.data[id]
    if !ok {
        return m, fmt.Errorf("key not found %v", id)
    }
```

```
        return m, nil
}
```

接收者 s Store[K, M]是使用 Store 类型实例化时指定的具体类型。这些类型也可以用来定义这些方法的参数和返回值。在清单 10.36 中，我们用满足约束的 string 和 User 类型初始化了一个新的 Store 类型。在测试中，我们能够使用原来的具体类型，而不是以未知类型为基础的接口。

清单 10.36　测试有约束的 Store 类型

```
func Test_Store_Insert(t *testing.T) {
    t.Parallel()

    // 创建一个存储
    s := &Store[string, User]{
        data: map[string]User{},
    }

    // 创建一个用户
    exp := User{Email: "kurt@exampl.com"}

    // 插入用户
    err := s.Insert(exp)
    if err != nil {
        t.Fatal(err)
    }

    // 获取用户
    act, err := s.Find(exp.Email)
    if err != nil {
        t.Fatal(err)
    }

    // 断言返回的用户和插入的用户是相同的
    if exp.Email != act.Email {
        t.Fatalf("expected %v, got %v", exp, act)
    }

}
```

```
$ go test -v

=== RUN Test_Store_Insert
=== PAUSE Test_Store_Insert
=== CONT Test_Store_Insert
--- PASS: Test_Store_Insert (0.00s)
PASS
ok      demo     0.174s

Go Version: go1.19
```

10.2　本章小结

　　本章介绍了 Go 语言中泛型的基础知识，展示了如何定义约束，如何在类型上和方法上使用约束。泛型在 Go 语言中还是个新事物，但它是一个强大的工具，可以使你的代码表达能力更强且更好维护。

第 11 章

通道

本章开始探讨 Go 语言中的并发。我们首先讨论并发和并行之间的区别，然后介绍 goroutine 是什么以及它们如何运作。最后讨论通道，以及如何使用通道在 goroutine 之间进行通信和控制。

在我们深入探讨并发和通道之前，这里有一些关于它们的引述，可能会有助于指导你使用通道。

"我无法告诉你我有多少次从通道开始，但当我完成代码的开发时，我已经将它们完全优化掉了。"

——Cory LaNou（科里·拉努）

"当我第一次学习通道的时候，我想在任何地方都使用它们。现在，我很少使用它们。"

——Mat Ryer（马特·赖尔）

前面的引述并非在阻止你使用通道，而是要鼓励你思考你是否真的需要一个通道。对于新接触 Go 语言的开发者来说，过度使用通道很常见，这会导致不必要的代码复杂度，而且对程序性能没有任何好处。

11.1　并发和并行

根据 Rob Pike（罗布·派克）的说法，"并发是独立执行计算的组合，并发不等于并行。并发是指同时处理很多事情，但并行是指同时执行很多事情。并发关乎结构，而并行关乎执行，并发提供了一种结构化的解决方案，用于解决一个可能（但不一定）可以并行化的问题"。

11.1.1　并发不等于并行

并发不是并行，尽管它可以实现并行。以下陈述解释了并发和并行的区别。

- 并发是同时处理很多事情。
- 并行是同时执行很多任务。

如果你只有一个处理器，你的程序仍然可以是并发的，但不能是并行的。

如果你只有单一的资源但有多个任务，则可以在这些任务之间分配执行时间，从而同时处理所有的任务。然而，如果要并行处理所有的任务，则需要不止一个资源。

11.1.2　理解并发

考虑一个给狗喂食的任务，如图 11.1 所示。狗很饿需要被喂食，零食在盒子里。为了喂狗，你需要打开盒子，从中取出一块零食，在手中拿着这块零食，然后将其喂给狗。

图 11.1　用一只手喂一只狗一块零食

11.1.2.1　添加狗

在图 11.2 中，另一只狗也需要被喂一块零食。然而，这里有一个资源限制，就是只有一只手。用一只手，你一次只能拿一块零食，也就是说一次只能喂一只狗。

图 11.2　用一只手喂两只狗，每只狗一块零食

要喂两只狗，你必须先给一只狗喂一块零食，然后用你的手从盒子里拿另一块零食喂给另一只狗。需要注意的是，因为你一次只能喂一只狗，所以另一只狗在等待。

这是一个并发操作。

并发利用了处于等待状态的任务。我们不必等第一只狗吃完零食后再去给第二只狗喂零食，而是在第一只狗忙着吃的时候就让第二只狗开始吃零食。

11.1.2.2　更多的手

使用另一只手可以解除单手资源限制，如图 11.3 所示。有了两只手，你可以一次拿两块零食，从而同时喂养两只狗。但是，每次只能将一只手放入盒子中取出一块零食。这是一个串行操作，一次仅能使用一只手来获取食物。

图 11.3　用两只手喂两只狗两块零食

喂狗是并发而不是并行操作。即使有足够的双手来喂两条狗，但每次也仅能用一只手去取出一块零食。

11.1.2.3　更多场景

如果增加更多的零食盒和狗，仍然只有两只手，如图 11.4 所示。虽然这可能会让并发操作更快（因为调度的争用少了，所以拿零食的等待时间也少了），但总是有至少一只狗在等待零食。这是软件工程师在创建并发解决方案时需要面对的常见设计挑战之一。

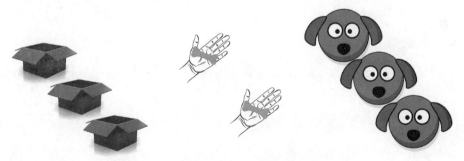

图 11.4　用两只手从多个盒子里拿零食喂多只狗

11.2　Go 语言中的并发模型

在很多语言中，并发是通过创建重量级的系统进程、内核线程、第三方库或其他方式来实现的，并且它们提供了用于连接线程、管理线程和实现线程接口等的机制。

在 Go 语言中，并发是直接内置在语言中的，不需要第三方库、系统进程或内核线程。

11.2.1 goroutine

Go 语言使用协程模型来实现并发。在 Go 语言中，协程函数被称为 goroutine。

简单地说，goroutine 是由 go 语句启动的独立函数，能够与其他 goroutine 并发运行。参见清单 11.1 中启动 goroutine 的示例。

清单 11.1 启动 goroutine 的示例

```
go someFunction()

go func() {
    //做一些事情
}()
```

goroutine 不是系统线程或进程。它是由 Go 运行时调度器管理的轻量级执行线程。

如果你把 goroutine 想象成一个开销很低的线程，那也不算错。

11.2.2 goroutine 的内存

goroutine 有自己的内存调用栈，该栈从少量内存开始且可以按需增长。基于 Go 运行时、垃圾回收器和语言的变化，每个 goroutine 开始时的内存量也会随之发生变化。

> Go 不允许开发者控制分配给 goroutine 的内存量。

goroutine 是轻量级的且易于使用，一次性运行数百、数千甚至数百万个 goroutine 并不罕见。

11.2.3 Go 调度器

Go 调度器负责将可运行的 goroutine 分配到在一个或多个处理器上运行的多个操作系统线程上。

> Go 不允许开发者控制 goroutine 的调度。

goroutine 是在代码中创建的，其由 Go 运行时调度器（见图 11.5）进行调度。调度器负责在多个操作系统线程上管理这些 goroutine。

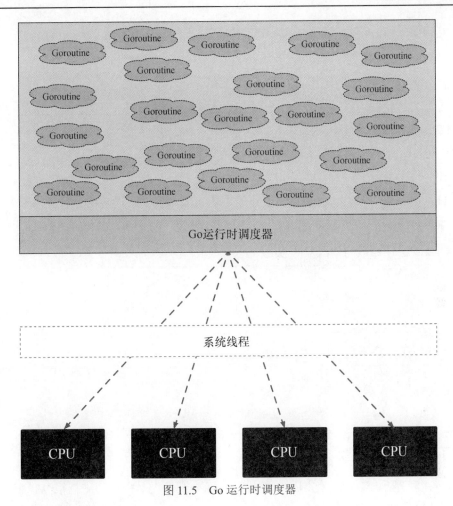

图 11.5　Go 运行时调度器

11.2.4　工作共享和窃取

Go 使用工作共享和工作窃取双重模型来管理 goroutine。

11.2.4.1　工作共享

通过工作共享，调度器会尝试将工作分配给可用的进程，这样可以更好地利用可用的 CPU。

清单 11.2 展示了 goroutine 在 CPU 之间的不均匀分布情况。工作共享可确保 goroutine 在可用的 CPU 之间均匀分布，如清单 11.3 所示。

清单 11.2　工作共享前的 CPU 负载

```
CPU1: A B C D E F G
CPU2: H I
CPU3: J K
CPU4:
```

清单 11.3 工作共享后的 CPU 负载

```
CPU1: A B C
CPU2: D E F
CPU3: G H I
CPU4: J K
```

11.2.4.2 工作窃取

与工作共享不同，工作窃取是调度器的另一功能。调度器中未充分利用的进程会尝试从另一个进程中窃取工作。

清单 11.4 展示了 goroutine 在 CPU 之间的不均匀分布情况。清单 11.5 中的工作窃取会从其他 CPU 中偷走工作以使分配更加均衡。

清单 11.4 工作窃取前的 CPU 负载

```
CPU1: A B C D E F G
CPU2: H I
CPU3: J K
CPU4:
```

清单 11.5 工作窃取后的 CPU 负载

```
CPU1: A C D E F G
CPU2: H I
CPU3: J K
CPU4: B
```

11.2.5 不要担心调度器

Go 语言在管理、控制或优化调度器的途径方面为开发人员提供的支持很少。每个 Go 语言版本都会对调度器和垃圾回收器做一些微妙的、有时很大有时不明显的改变。因此，在日常工作中担心调度器内部的运行没有多大意义。

runtime 包提供了许多函数，可将其用于查询操作和对 Go 运行时进行微小的更改。其中一个最有用的函数是 runtime.GOMAXPROCS（见清单 11.6），它允许你设置 Go 运行时将使用的操作系统逻辑处理器数量[①]。

清单 11.6 runtime.GOMAXPROCS 函数

```
$ go doc runtime.GOMAXPROCS

package runtime // import "runtime"
func GOMAXPROCS(n int) int
```

---

① 逻辑处理器是一种类似 CPU 核心的抽象，它决定了最多有多少个线程（Machine）可以同时执行 Go 代码。每个系统线程必须绑定一个 Processor 才能运行 Goroutine（Go 语言中的协程），因此 Processor 的数量会影响 Go 程序的并发性能和效率。——译者注

```
GOMAXPROCS sets the maximum number of CPUs that can be executing
➥simultaneously and returns the previous setting. It defaults to the
➥value of runtime.NumCPU. If n < 1, it does not change the current
➥setting. This call will go away when the scheduler improves.
```

Go Version: go1.19

11.2.6　goroutine 示例

看一下清单 11.7 中的程序。这个程序你应该很熟悉，它是一个基本的 Hello, World 程序。与其他 Hello, World 程序不同之处在于它使用 goroutine 来打印消息。

清单 11.7　使用 goroutine 打印 Hello, World!

```
package main

import "fmt"

func main() {
    go fmt.Println("Hello, World!")
}
```

当运行上述代码时，没有任何消息被打印出来，如清单 11.8 所示。原因是在调度程序有机会运行 goroutine 之前，应用程序已经退出。稍后在第 13 章中将解释如何防止应用程序在调度程序有机会运行其 goroutine 之前过早地退出，我们还将讨论如何让正在运行的 goroutine 知道该在何时停止。

清单 11.8　goroutine 从未运行

```
$ go run .
```

Go Version: go1.19

11.3　使用通道通信

在 Go 语言中，通道被用作 goroutine 之间的通信渠道。本节将介绍通道的基本用法以及使用模式。我们将解释带缓冲的通道和无缓冲的通道之间的区别以及何时使用它们。我们还将讨论如何使用通道进行信号传递，以实现优雅地关闭应用程序。最后，我们将介绍如何发现常见的并发陷阱，以及如何正确构造并发代码以避免这些陷阱。

11.3.1　什么是通道

通道是一种具有类型属性的管道，通过它可以发送和接收值。所有的通道都具有以下特征。
- 具有类型属性。你只能发送和接收相同类型的值。例如，不能在同一个通道上既发送字符串，又发送整数。
- 值以同步方式传输/接收。发送方和接收方必须等待对方操作完以后才能进行操作。

- 值以先进先出（FIFO）的方式传输/接收。第一个发送的值将第一个被接收。
- 通道可以是无缓冲的或带缓冲的。带缓冲的通道仅容纳有限数量的值。当通道满了时，发送方将阻塞，直到某个值被接收为止；当通道空了的时候，接收方将阻塞，直到某个值被发送到通道中为止。
- 它们具有方向性。通道可以是双向或单向的，你可以使用双向通道来发送和接收值，也可以只使用单向通道来发送或接收值。

11.3.2 了解通道阻塞/解除阻塞

要了解通道，你需要了解它们何时阻塞以及何时解除阻塞。考虑打电话的场景。当你给某人打电话时，在他们接听电话之前，你是被阻塞的。一旦连接成功，你就会被解除阻塞，并且可以开始双向通信——这时，你可以和你要通话的人双向交换音频。该通道类型为 audio，因此无法通过电话线互相传递其他的类型，比如 fruit。

图 11.6 显示，呼叫方在接收方接听电话之前被阻塞。一旦接收方拿起电话，通话就不再被阻塞，并且可以开始双向通信。在这种情况下，电话呼叫是一个双向的、无缓冲的通道。呼叫方和接收方都会被阻塞直到对方解除阻塞。该通道为 audio 类型。重申一下，电话呼叫具有以下特点。

- 一个双向通道。
- 一个无缓冲的通道。
- audio 类型。

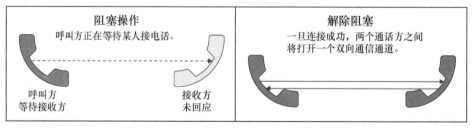

图 11.6　电话呼叫的阻塞和解除阻塞

11.3.3 创建通道

通道由 chan 关键字表示，后跟通道类型。例如，chan string 表示字符串类型的通道，chan int 表示整数类型的通道等。

新通道使用内置的 make 函数创建，如清单 11.9 所示。例如，make(chan string) 函数可以创建一个字符串类型的通道。

清单 11.9　make 函数

```
$ go doc builtin.make

package builtin // import "builtin"
```

```
func make(t Type, size ...IntegerType) Type
    The make built-in function allocates and initializes an object of type
➥slice, map, or chan (only). Like new, the first argument is a type,
➥not a value. Unlike new, make's return type is the same as the type of
➥its argument, not a pointer to it. The specification of the result
➥depends on the type:

    Slice: The size specifies the length. The capacity of the slice is
➥equal to its length. A second integer argument may be provided to
➥specify a different capacity; it must be no smaller than the
➥length. For example, make([]int, 0, 10) allocates an underlying
➥array of size 10 and returns a slice of length 0 and capacity 10
➥that is backed by this underlying array.
    Map: An empty map is allocated with enough space to hold the
➥specified number of elements. The size may be omitted, in which case
➥a small starting size is allocated.
    Channel: The channel's buffer is initialized with the specified
➥buffer capacity. If zero, or the size is omitted, the channel is
➥unbuffered.
```

Go Version: go1.19

11.3.4 发送和接收值

在 Go 语言中，<-运算符用于表示在通道上发送或接收信息。

起初，你可能很难记住箭头放置的位置以及箭头表示什么。

当使用通道时，箭头（如清单 11.10 所示）指向数据相对于通道的行进方向。

清单 11.10 箭头表示发送和接收数据

```
ch <- // 数据要进入通道
<- ch // 数据要从通道中读出
```

如清单 11.11 所示，其中第一行代码 phone <- "Hello, Janis!"尝试将 Hello, Janis!发送到 phone 通道。这一行代码将被阻塞，只有当其他人准备好接收消息时，这一行才会解除阻塞。一旦消息被发送和接收，就会解除阻塞并且可以继续运行应用程序。

第二行代码 msg:=<-phone 尝试从 phone 通道接收消息。这一行也将被阻塞，只有当其他人准备好发送消息时，此行才会解除阻塞。一旦消息被发送和接收，就会解除阻塞并可以继续运行应用程序。

清单 11.11 阻塞和解除阻塞的简单示例

```
// 这一行会被阻塞，直到有代码准备好从通道中读取消息
phone <- "Hello, Janis!"

// 这一行会被阻塞，直到有代码准备好向通道中发送消息
msg := <-phone
```

11.3.5　一个简单的通道示例

考虑清单 11.12 中的示例。在这个示例中，Janis 函数作为 goroutine 运行，因为它是在一个 goroutine 中运行的，所以它可以以阻塞的方式等待在通道中发送/接收的消息，而不影响主函数的后续执行。

清单 11.12　一个通道的简单示例

```
package main

import "fmt"

func Janis(ch chan string) {
    //这一行会被阻塞，直到有消息被发送到该通道中
    msg := <-ch
    fmt.Println("Jimi said:", msg)

    // 这一行会被阻塞，直到通道中的消息被读取
    ch <- "Hello, Jimi!"
}

func main() {

    // 创建一个字符串类型的新通道
    // 并将其赋给 phone 变量
    phone := make(chan string)

    // 关闭通道以表示不再发送/接收任何消息
    defer close(phone)

    // 将 Janis 函数作为 goroutine 启动
    // 这将与主函数并发运行
    go Janis(phone)

    // 这一行会被阻塞，直到有代码准备好从通道中读取消息
    phone <- "Hello, Janis!"

    // 这一行会被阻塞，直到有代码准备好向通道中发送消息
    msg := <-phone

    fmt.Println("Janis said:", msg)
}
```

```
$ go run .

Jimi said: Hello, Janis!
Janis said: Hello, Jimi!
```

```
Go Version: go1.19
```

如果在清单 11.12 中我们没有使用 goroutine 来运行 Janis 函数，而是像清单 11.13 中一样在主函数中串行运行该函数，则应用程序将出现死锁并崩溃。这是因为 Amy 函数正在阻塞以等待 phone 通道中的消息，但 main 无法在 phone 通道中发送消息，因为被 Amy 函数阻塞了。

清单 11.13　无法解除阻塞的通道导致死锁

```
func main() {

    // 创建一个字符串类型的新通道
    // 并将其赋给 phone 变量
    phone := make(chan string)

    // 关闭通道以表示不再发送/接收任何消息
    defer close(phone)

    // 串行运行 Amy 函数而不是用 goroutine 来并发地运行它
    Amy(phone)

    // 这一行会被阻塞，直到 Amy 函数准备好从通道中读取消息
    phone <- "Hello, Amy!"

    // 这一行会被阻塞，直到 Amy 函数通过通道发送回一条消息
    msg := <-phone

    fmt.Println("Amy said:", msg)

}
```

```
$ go run .

fatal error: all goroutines are asleep - deadlock!

goroutine 1 [chan receive]:
main.Amy(0x14000084f28?)
        ./main.go:7 +0x2c
main.main()
        ./main.go:28 +0x60
exit status 2
```

Go Version: go1.19

11.3.6　在通道上使用 range

你有可能经常会在通道上持续监听消息，直到该通道关闭。可以使用无限循环来实现这一功能，但惯用的方法是使用 for range 循环（见清单 11.14）。当通道关闭时，range 循环会停止迭代，并且 listener 函数会返回。我们稍后将详细讨论如何关闭通道。

清单 11.14 一个 range 循环的简单示例

```
func listener(ch chan int) {
    for i := range ch {
        fmt.Println(i)
    }

    fmt.Println("listener exit")
}
```

11.3.7 使用 select 语句监听通道

在编写并发应用程序时，同时监听多个通道非常有用。例如，一名员工可能需要同时获取多个通道的信息，比如从他们的老板那里接收工作或被告知该停下工作了。select 语句允许 goroutine 监听多个通道，并响应第一个准备好的通道。

考虑使用老式电话的场景，如图 11.7 所示的那种。电话接线员在总机处等待呼入电话。当有一个呼叫进来时，接线员接听电话并将电话转接到适当的目的地。然后，接线员回到等待下一个呼入电话的状态，并且如此循环进行。

图 11.7 电话总机（照片由 Everett（埃弗里特）收集，Shutterstock 网站提供）

11.3.8 使用 select 语句

select 语句允许一个 goroutine 监听多个通道并响应第一个准备好的通道。该 select 语句会被阻塞，直到其中一个通道准备就绪。一旦它准备就绪，select 语句就会执行相应的 case，并退出。由于 select 语句只能运行一次，因此经常将其包裹在一个无限的 for 循环中，在每个 case 被执行后会重新运行 select 语句。

如清单 11.15 所示，operator 函数接收三个不同的通道作为参数。select 语句监听每个通道并响应第一个准备好的通道。

清单 11.15 select 语句的示例

```
func operator(line1 chan string, line2 chan string, quit chan struct{}) {
```

```
// 使用无限循环来持续监听新消息，以便在处理完前一个消息后继续监听
for {

    // select 被阻塞，直到其中一个 case 可以被执行
    select {
    case msg := <-line1:
        // 监听 line1 上的传入消息并将该消息赋给 msg 变量
        fmt.Printf("Line 1: %s\n", msg)
    case msg := <-line2:
        // 监听 line2 上传入的消息并将该消息赋给 msg 变量
        fmt.Printf("Line 2: %s\n", msg)
    case <-quit:
        // 监听要关闭的 quit 通道并退出函数
        fmt.Println("Quit")
        return
    }

}
}
```

11.3.9　通道不是消息队列

只有一个 goroutine 能接收发送到通道中的消息。如果有多个 goroutine 监听一个通道，只有一个 goroutine 能接收到那个消息。

也很有可能，一个 goroutine 接收到的消息比另一个 goroutine 多。例如，在清单 11.16 中，ID 为 0 的 goroutine 接收的消息是发送消息总量的一半。

清单 11.16　消息被第一个从通道中读取的 goroutine 取出

```
func main() {
    const N = 5

    // 创建一个 int 类型的新通道
    ch := make(chan int)

    for i := 0; i < N; i++ {

        // 创建一个 goroutine 来监听通道
        go func(i int) {

            // 监听新消息
            for m := range ch {
                fmt.Printf("routine %d received %d\n", i, m)
            }

        }(i)
```

```
    }

    // 将消息发送到通道中
    for i := 0; i < N*2; i++ {
        ch <- i
    }

    // 关闭通道
    // 这将使 goroutine 中的 range 语句结束
    close(ch)

    // 等待 goroutine 完成
    time.Sleep(50 *time.Millisecond)
}
```

```
$ go run .

routine 0 received 0
routine 0 received 5
routine 4 received 1
routine 0 received 6
routine 0 received 8
routine 3 received 4
routine 4 received 7
routine 2 received 3
routine 1 received 2
routine 0 received 9

Go Version: go1.19
```

11.4 单向通道

默认情况下，通道是双向的，这意味着你可以向一个通道发送数据，也可以从该通道接收数据。

单向通道的常见用途是作为参数传递或作为返回值返回。在这种用途下，允许函数/方法控制通道，并且会防止外部调用者污染通道。

标准库的 time 包中的 time.Ticker 等方法就是这样使用单向通道的，如清单 11.17 所示。

清单 11.17 time.Ticker 函数

```
$ go doc time.Ticker

package time // import "time"

type Ticker struct {
```

```
    C <-chan Time // The channel on which the ticks are delivered.
    // Has unexported fields.
}

    A Ticker holds a channel that delivers "ticks" of a clock at intervals.

func NewTicker(d Duration) * Ticker
func (t * Ticker) Reset(d Duration)
func (t * Ticker) Stop()
```

Go Version: go1.19

了解单向通道

如清单 11.18 所示，Newspaper 类型包含一个双向通道字段：headlines chan string。它还公开了两个方法：TopHeadlines 和 ReportStory。

清单 11.18　Newspaper 类型

```
type Newspaper struct {
    headlines chan string
    quit      chan struct{}
}

//TopHeadlines 方法返回一个只读字符串通道，该字符串表示报纸的头条新闻。这个通道被报纸的读者使用
func (n Newspaper) TopHeadlines() <-chan string {
    return n.headlines
}

// ReportStory 方法返回一个只写字符串通道，记者可以使用它来报告新闻故事
func (n Newspaper) ReportStory() chan<- string {
    return n.headlines
}
```

TopHeadlines 方法返回只读版本的 handlines 通道，可供报纸的读者使用。

ReportStory 方法返回可写版本的 handlines 通道，可供报纸记者为报纸编写新闻故事时使用。

在这两种情况下，Go 程序将双向通道 headlines 转换为相应的单向通道，该单向通道由相应的方法返回。

11.5　关闭通道

正如我们之前提到的，当一个消息被发送到一个通道中时，只有一个接收者可以从通道中取出该消息。通道不提供广播类型的功能，即不提供多个接收者从同一个通道中取出相同消息的功能。

这条规则有一个例外，即当一个通道被关闭时，所有的接收者都会收到通道已关闭的通知。这

可以用来向多个监听者（goroutine）发出信号，告诉它们是时候停止它们正在做的事情了。

如清单 11.19 所示，listener 函数将<-chan struct {}作为最后一个参数 quit 的类型。该函数在 quit 通道上监听信号，当 quit 通道关闭时，listener 函数退出，这是一个阻塞操作。

清单 11.19 listener 函数

```
func listener(i int, quit <-chan struct{}) {
    fmt.Printf("listener %d is waiting\n", i)

    // 阻塞直到通道关闭
    <-quit

    fmt.Printf("listener %d is exiting\n", i)
}
```

在清单 11.20 中，我们创建了一个名为 quit 的 chan struct{}类型变量。然后创建了一些 goroutine 来执行 listener 函数，并将循环的索引和 quit 通道传递给它。

清单 11.20 main 函数

```
func main() {
    // 创建一个通道来通知监听器退出
    quit := make(chan struct{})

    // 创建 5 个监听器
    for i := 0; i < 5; i++ {
        // 在 goroutine 中启动监听器
        go listener(i, quit)
    }

    // 允许监听器开始
    time.Sleep(10 *time.Millisecond)

    fmt.Println("closing the quit channel")

    // 关闭通道以向监听器发出退出信号
    close(quit)

    // 允许监听器退出
    time.Sleep(50 *time.Millisecond)
}
```

```
$ go run .

listener 0 is waiting
listener 2 is waiting
listener 3 is waiting
```

```
listener 1 is waiting
listener 4 is waiting
closing the quit channel
listener 0 is exiting
listener 4 is exiting
listener 1 is exiting
listener 3 is exiting
listener 2 is exiting
```
Go Version: go1.19

我们使用短暂的睡眠来让 listener goroutine 开始运行并监听 quit 通道。然后我们通过 close(quit)关闭 quit 通道。最后，我们再次睡眠以允许 listener goroutine 退出。

11.5.1 在读取消息时检测关闭的通道

监听通道时，了解通道是否已关闭通常很有用。就像我们在类型断言和 map 键断言中看到的那样，我们可以使用神奇的 ok 值来检查通道是否已关闭。

在清单 11.21 中，我们不仅从通道接收消息，还使用了第二个布尔参数 ok。如果该通道处于打开状态，ok 值为 true；如果通道处于关闭状态，ok 值则为 false。

清单 11.21　从关闭的通道中读取

```go
func listener(ch <-chan int) {

    // 无限循环以保持在通道中监听消息
    for {

        // 将来自通道的消息存储到变量 i 中，将通道是否关闭的信息存储到变量 ok 中
        i, ok := <-ch

        // 如果通道已关闭，则从函数返回
        if !ok {
            fmt.Println("closed channel")
            return
        }

        // 打印消息
        fmt.Printf("read %d from channel\n", i)
    }

}
```
```
$ go run .

read 0 from channel
read 1 from channel
read 2 from channel
```

```
read 3 from channel
read 4 from channel
closed channel
```

Go Version: go1.19

11.5.2　从已关闭的通道中读取数据时返回零值

当从已关闭的通道中读取数据时，我们会得到该通道类型的零值，如清单 11.22 所示。这类似于请求不存在的 map 键时，我们会收到 map 值类型的零值。

清单 11.22　从关闭的通道中读取数据时返回零值

```
func main() {
    // 创建一个 User 类型的通道
    ch := make(chan User)

    // 启动一个 goroutine 来将 User 实例发送到通道中
    go func() {

        //将 User 实例发送到通道中
        ch <- User{ID: 1, Name: "Amy"}
    }()

    //从通道中读取 User 实例
    user := <-ch
    fmt.Printf("read successful: %+v\n", user)

    //关闭通道
    close(ch)

    // 再次尝试从通道中读取
    user = <-ch
    fmt.Println("attempted read of closed channel")
    fmt.Printf("received zero value %s\n", user)

}
```

```
$ go run .

read successful: <User: id:"1" name:"Amy">
attempted read of closed channel
received zero value <User: id:"0" name:"">
```

Go Version: go1.19

在清单 11.23 中，通过检查通道是否关闭，我们可以避免零值干扰并采取适当的措施。

清单 11.23　从已关闭的通道读取数据时不返回零值

```go
func main() {

    // 创建一个 User 类型的通道
    ch := make(chan User)

    // 启动一个 goroutine 来将 User 实例发送到通道中
    go func() {

        //将 User 实例发送到通道中
        ch <- User{ID: 1, Name: "Amy"}
}()

    //从通道中读取 User 实例
    user := <-ch
    fmt.Printf("read successful: %+v\n", user)

    //关闭通道
    close(ch)

    // 再次尝试从通道中读取
    user, ok := <-ch

    //检查通道是否关闭
    if !ok {
        fmt.Println("attempted read of closed channel")
        fmt.Printf("received zero value %s\n", user)
        return
    }

    //通道仍然是打开状态，因此打印 User 实例
    fmt.Printf("read successful: %+v\n", user)
}
```

```
$ go run .

read successful: <User: id:"1" name:"Amy">
attempted read of closed channel
received zero value <User: id:"0" name:"">
```

```
Go Version: go1.19
```

11.5.3　关闭一个已经关闭的通道

　　在关闭通道时必须小心。如果该通道已经被关闭，则会引发 panic 并导致应用程序崩溃，如清单 11.24 所示。

清单 11.24   关闭一个已关闭的通道时发生 panic

```
func main() {

    //创建一个通道
    ch := make(chan struct{})

    //关闭这个通道
    close(ch)

    //再次关闭这个通道将会引发 panic
    close(ch)
}
```

```
$ go run .


panic: close of closed channel

goroutine 1 [running]:
main.main()
        ./main.go:14 +0x3c
exit status 2
```

Go Version: go1.19

在第 13 章中，我们将讨论不同的同步原语，以帮助防止这种情况发生。

11.5.4   向已关闭通道中写入数据

如果你尝试向已关闭的通道写入数据，会引发 panic 并导致应用程序崩溃，如清单 11.25 所示。然而，没有办法在写入之前检查通道是否关闭。不过，可以通过适当的同步、良好的架构和可靠的测试来避免这种情况发生。

清单 11.25   向已关闭的通道写入数据时发生 panic

```
func main() {

    //创建一个通道
    ch := make(chan int)

    //关闭这个通道
    close(ch)

    //尝试向这个已关闭的通道写入数据将会引发 panic
    ch <- 1

}
```

```
$ go run .
```

```
panic: send on closed channel

goroutine 1 [running]:
main.main()
        ./main.go:14 +0x44
exit status 2
```

Go Version: go1.19

11.6　带缓冲的通道

默认情况下，通道是无缓冲的。试图向通道中发送消息将会被阻塞，直到有其他代码准备好从通道接收该消息才会解除阻塞。然而，带缓冲的通道可以在写通道被阻塞之前保存 N 条消息。

参考一个带语音邮件的电话呼叫，如图 11.8 所示。这是一个带有缓冲操作的过程。呼叫方不会被阻塞来等待接收方拿起电话。呼叫方可以留下语音邮件，并且接收方稍后可以获取该消息。缓冲区的大小取决于内存中可容纳的消息数量。

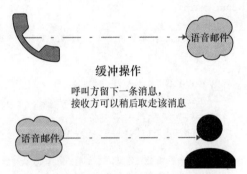

图 11.8　留语音邮件是一个带缓冲的操作

11.6.1　简单的带缓冲的通道示例

你已经知道可以使用 make 函数创建特定长度的切片。比如，使用 make([]int, 10) 可以创建一个包含 10 个整数的切片。

要创建带缓冲的通道，你需要像创建切片一样在 make 函数中提供第二个参数。在清单 11.26 中，我们创建了一个字符串类型的带缓冲的通道：make(chan string, 2)。

清单 11.26　带缓冲的通道示例

```
func main() {

    // 给 make 函数添加第二个参数，以创建一个带缓冲的通道
    messages := make(chan string, 2)

    // 程序不再在写入通道时被阻塞
    // 因为它有能力在阻塞之前向通道中写入 2 个消息
    messages <- "hello!"
    messages <- "hello again!"

    // 由于已经有可读的内容，因此读取不再被阻塞
    fmt.Println(<-messages)
```

```
    fmt.Println(<-messages)
}
```

```
$ go run .
```

```
hello!
hello again!
```

Go Version: go1.19

如果我们在通道还没有被读取的情况下尝试写入第三条消息，程序将会阻塞。在清单 11.26 中，由于没有人读取消息，因此应用程序会像清单 11.27 中一样产生死锁并崩溃。

清单 11.27　尝试向无人读取的通道写入数据导致产生死锁

```
func main() {

    // 给 make 函数添加第二个参数，以创建一个带缓冲的通道
    messages := make(chan string, 2)

    // 程序不再在写入通道时被阻塞
    // 因为它有能力在阻塞之前向通道写入 2 条消息
    messages <- "hello!"
    messages <- "hello again!"

    // 这一行将会被阻塞，直到有人准备好从通道中读取消息为止
    // 应用程序在此处会产生死锁并崩溃
    messages <- "hello once more"

    // 由于已经有可读内容，因此读取不再被阻塞
    fmt.Println(<-messages)
    fmt.Println(<-messages)
}
```

```
$ go run .
```

```
fatal error: all goroutines are asleep - deadlock!

goroutine 1 [chan send]:
main.main()
        ./main.go:19 +0x5c
exit status 2
```

Go Version: go1.19

带缓冲的通道和消息传递

谨慎使用带缓冲的通道，它们不能保证消息的传递。在退出 goroutine 之前，你有责任确保通道已被排空。

如清单 11.28 所示，在阻塞之前，goroutine 能够将两条消息写入队列中。main 函数会阻塞并等待通道中的第一条消息，然后退出。第二条消息永远不会被读取。实际上，在程序退出之

前，goroutine 有机会再向通道中写入一条消息。

清单 11.28　未能排空带缓冲的通道

```
func main() {

    // 创建一个类型为字符串、缓冲区大小为 2 的带缓冲的通道
    messages := make(chan string, 2)

    // 启动一个 goroutine 来向通道发送消息
    go func() {

        // 向通道发送 10 条消息
        for i := 0; i < 10; i++ {
            msg := fmt.Sprintf("message %d", i+1)

            // 将消息发送到通道中
            // 如果通道已满，将阻塞
            // 如果通道未满，消息将被缓冲在通道中
            messages <- msg

            // 记录消息已通过通道发送
            fmt.Printf("sent: %s\n", msg)
        }

    }()

    // 监听通道中的第一条消息
    m := <-messages

    // 记录收到的消息
    fmt.Printf("received: %s\n", m)

    // 退出程序
}
```

```
$ go run .

sent: message 1
sent: message 2
sent: message 3
received: message 1
```

```
Go Version: go1.19
```

11.6.2　从关闭的带缓冲的通道中读取消息

如果一个带缓冲的通道被关闭但其中仍有消息，那么这些消息可以从通道中读取出来，直

到它为空为止，就像清单 11.29 所示。然而，你不能继续向已关闭的通道写入数据。

清单 11.29　从已关闭的带缓冲的通道中读取消息

```
func main() {
    // 创建一个缓冲区大小为 5 的带缓冲的整数通道，在阻塞之前该通道可以容纳 5 个值
    ch := make(chan int, 5)

    // 将消息写入通道
    for i := 0; i < 5; i++ {
        ch <- i
    }

    //关闭通道
    close(ch)

    // 我们可以继续从关闭的通道中读取消息，直到它为空
    // 当它为空时，for 循环退出
    for i := range ch {
        fmt.Println(i)
    }

    // 尝试向已关闭的通道写入数据
    // 会出现 panic 并导致程序崩溃
    ch <- 42
}
```

```
$ go run .

0
1
2
3
4

panic: send on closed channel

goroutine 1 [running]:
main.main()
        ./main.go:30 +0xd0
exit status 2
```

Go Version: go1.19

11.7　使用通道捕获系统信号

所有程序都应该尝试优雅地关闭。这意味着，应用程序不应在释放资源之前崩溃或退出，

而是应等待资源被释放。以下是优雅的关闭规则。

- 检测程序被请求关闭。
- 关闭所有的内部进程，包括长时间运行的 goroutine。
- 在内部进程关闭时间过长或者出现死锁的情况下，设置一个合理的超时时间。
- 响应用户立即强制关闭的请求。
- 记录关闭结果（成功、超时、用户干预）。

11.7.1　os/signal 包

你可以使用通道和 os/signal 包来捕获系统信号并做出相应的响应。清单 11.30 中的 signal.Notify 函数支持注册通道以接收 os.Signal 类型的通知，如清单 11.31 所示。

清单 11.30　signal.Notify 函数

```
$ go doc os/signal.Notify

package signal // import "os/signal"

func Notify(c chan<- os.Signal, sig ...os.Signal)
    Notify causes package signal to relay incoming signals to c. If no
    ⮩signals are provided, all incoming signals will be relayed to c.
    ⮩Otherwise, just the provided signals will.

    Package signal will not block sending to c: the caller must ensure that
    ⮩c has sufficient buffer space to keep up with the expected signal rate.
    ⮩For a channel used for notification of just one signal value, a buffer
    ⮩of size 1 is sufficient.

    It is allowed to call Notify multiple times with the same channel: each
    ⮩call expands the set of signals sent to that channel. The only way to
    ⮩remove signals from the set is to call Stop.

    It is allowed to call Notify multiple times with different channels
    ⮩and the same signals: each channel receives copies of incoming signals
    ⮩independently.
```

Go Version: go1.19

清单 11.31　os.Signal 类型

```
$ go doc os.Signal

package os // import "os"

type Signal interface {
        String() string
```

```
        Signal() // to distinguish from other Stringers
}
    A Signal represents an operating system signal. The usual underlying
    ➥implementation is operating system-dependent: on Unix it is
    ➥syscall.Signal.

var Interrupt Signal = syscall.SIGINT ...
```
Go Version: go1.19

在清单 11.32 中，我们使用 signal.Notify 函数注册了一个名为 ch 的通道来监听 os.Interrupt 信号。

清单 11.32　监听 os.Interrupt 信号

```
func main() {

    // 设置用于发送信号通知的通道
    // 我们必须使用带缓冲的通道，如果我们在信号发送时还没有准备好接收，则有可能会错过该信号
    ch := make(chan os.Signal, 1)

    // 将通道连接到 os.Signal 类型上
    // 这是告诉 signal 包将指定的信号发送到我们的通道中
    // 这不是一个阻塞操作
    signal.Notify(ch, os.Interrupt)

    fmt.Println("awaiting signal...")

    // 阻塞，直到接收到信号
    s := <-ch

    fmt.Println("Got signal:", s)

    //执行最终的关闭操作，然后退出程序
}
```

11.7.2　实现优雅地关闭

清单 11.33 中的示例代码创建了一个新的 Monitor 实例，并在 goroutine 中启动了它。该代码提供了一个 quit 通道来监听关闭。应用程序运行一段时间后会关闭 quit 通道。

清单 11.33　没有优雅关闭的应用程序

```
func main() {
    // 创建一个新的 quit 通道
    quit := make(chan struct{})

    //创建一个新的 Monitor 实例 mon
    mon := Monitor{}
```

```
// 在 goroutine 中启动 Monitor
go mon.Start(quit)

// 睡眠一段时间以让 mon 实例运行
time.Sleep(50 *time.Millisecond)

// 关闭 quit 通道以停止 mon 实例并退出程序
close(quit)
}
```

在清单 11.34 中，Monitor 同时监听 quit 通道和 ticker 通道，并按照设定的时间间隔，将时间发送到 ticker 通道。如果收到了一个 tick，程序则会打印一条消息，并且 for 循环和 select 语句会再次监听这两个通道。如果关闭了 quit 通道，则函数返回。

清单 11.34　使用 select 语句监听多个通道

```
type Monitor struct{}

func (m Monitor) Start(quit chan struct{}) {

    // 创建一个要监听的 ticker 通道
    tick := time.NewTicker(10 *time.Millisecond)
    defer tick.Stop()

    // 使用无限循环在 select 语句执行后继续监听新消息
    for {

        select {
        case <-quit: // 如果收到 quit 通道的消息，则关闭 start 函数
            fmt.Println("shutting down monitor")
            return
        case <-tick.C:   //监听 ticker 通道
            fmt.Println("monitor check")
        }

    }

}
```

如果我们中断了 11.33 清单中的程序，那么在 11.35 清单中，你会发现 Monitor 从未被正确关闭。

清单 11.35　中断清单 11.34 中程序的输出结果

```
monitor check
monitor check
monitor check
monitor check
```

```
monitor check
monitor check
^Csignal: interrupt
```

11.7.3　监听系统信号

实现优雅关闭的第一步是监听系统信号。在清单 11.36 中，我们更新了 main 函数以监听 sig 通道上的 Interrupt 信号。最后，我们在 sig 通道上监听 Interrupt 信号并做出相应的响应，而不是让应用程序睡眠一段时间。

　　　清单 11.36　监听 os.Interrupt 信号

```
func main() {

    // 创建一个新的通道来监听系统信号
    sig := make(chan os.Signal, 1)

    // 注册要由 os.Interrupt 信号通知的通道
    signal.Notify(sig, os.Interrupt)

    // 创建一个新的 quit 通道
    quit := make(chan struct{})

    // 创建一个新的 Monitor 实例 mon
    mon := Monitor{}

    // 在 goroutine 中启动 mon 实例
    go mon.Start(quit)

    // 阻塞直到接收到 os.Interrupt 信号（ctrl-c）
    <-sig

    // 关闭 quit 通道以停止 mon 实例并退出程序
    close(quit)
}
```

从清单 11.37 的输出中可以看出，Monitor 仍未正确关闭。

　　　清单 11.37　中断清单 11.36 中程序的输出

```
monitor check
monitor check
monitor check
monitor check
^Cmonitor check
```

Monitor 没有正确关闭的原因是我们没有给 Monitor 的协程足够的时间来优雅地关闭。

11.7.4　监听关闭确认消息

为确保 Monitor 正确关闭，Monitor 必须为 main 函数提供一种方法来接收确认已关闭的消息。

可以为 Monitor 添加一个内部使用的字段 done chan struct{}，如清单 11.38 所示。Monitor 还公开了一个 Done 方法，该方法返回一个只读通道，此通道在 Monitor 正确关闭时关闭。

清单 11.38　带有 done 通道的 Monitor

```
type Monitor struct {
    done chan struct{}
}

func (m Monitor) Done() <-chan struct{} {
    return m.done
}
```

在清单 11.39 的 main 函数中，执行 close(quit)命令关闭了 quit 通道之后，我们可以阻塞并等待<-mon.Done()通道被关闭。当 Monitor 正确关闭时会发生这种情况。

清单 11.39　监听关闭确认信息

```
func main() {

    // 创建一个新的通道来监听系统信号
    sig := make(chan os.Signal, 1)

    // 注册要由 os.Interrupt 信号通知的通道
    signal.Notify(sig, os.Interrupt)

    // 创建一个新的 quit 通道
    quit := make(chan struct{})

    // 创建一个新的 Monitor 实例 mon
    mon := Monitor{
        done: make(chan struct{}),
    }

    // 在 goroutine 中启动 mon 实例
    go mon.Start(quit)

    // 阻塞直到接收到 os.Interrupt 信号（ctrl-c）
    <-sig

    // 关闭 quit 通道以停止 mon 实例并退出程序
    close(quit)
```

```
// 等待 mon 实例关闭
<-mon.Done()
}
```

现在，当你查看清单 11.40 的输出时，可以看到 Monitor 已经正确关闭，并且应用程序已经优雅地关闭。

清单 11.40   中断清单 11.39 中程序的输出结果

```
monitor check
monitor check
monitor check
monitor check
^Cshutting down monitor
```

11.7.5   超时无响应关闭

有时候，你在等待正确关闭的资源时没有响应，导致应用程序无限期挂起。这时需要用户手动强制停止该应用程序。为了防止这种情况发生，你可以使用超时关闭机制。

在清单 11.41 中，我们更新了 main 函数，以便退出前不再等待<-mon.Done()通道关闭。现在，main 函数使用 select 语句来监听<-mon.Done()和<-time.After(timeout)通道。如果在超时之前<-mon.Done()通道关闭了，则应用程序会优雅地关闭。

清单 11.41   监听关闭确认信息

```
func main() {

    // 创建一个通道来监听系统信号
    sig := make(chan os.Signal, 1)

    // 注册要由 os.Interrupt 信号通知的通道
    signal.Notify(sig, os.Interrupt)

    // 创建一个新的 quit 通道
    quit := make(chan struct{})

    // 创建一个新的 Monitor 实例 mon
    mon := Monitor{
        done: make(chan struct{}),
    }

    // 在 goroutine 中启动 mon 实例
    go mon.Start(quit)
```

```
    // 阻塞直到接收到 os.Interrupt 信号（ctrl-c）
    <-sig

    // 关闭 quit 通道以停止 mon 实例并退出程序
    close(quit)

    select {
    case <-mon.Done(): // 等待 mon 实例关闭
        // 成功关闭
        os.Exit(0)
    case <-time.After(500 *time.Millisecond)://  500 毫秒后超时
        fmt.Println("timed out while trying to shut down the monitor")

        // 非正常关闭
        os.Exit(1)
    }
}
```

从清单 11.42 的输出中可以看出，如果 Monitor 在指定的超时时间内没有关闭，则应用程序会以错误形式退出。

清单 11.42　中断清单 11.41 中程序的输出结果

```
monitor check
monitor check
monitor check
monitor check
monitor check
^Cshutting down monitor
timed out while trying to shut down the monitor
exit status 1
```

11.8　本章小结

在本章中，我们开始使用通道来探索 Go 语言中的并发。本章首先解释了并行和并发之间的区别，以及如何使用 goroutine 和通道实现并发，然后讨论了通道以及如何使用它在 goroutine 之间进行通信和控制，并指出了带缓冲的通道和无缓冲的通道之间的差异，以及它们何时会阻塞和解除阻塞。最后展示了如何使用通道来监听系统信号，以便优雅地关闭应用程序。

第 12 章

Context

context 包是在 Go 1.7 中引入的，它提供了一种比使用通道更简洁的方式来管理跨 goroutine 的取消和超时行为。

虽然 context 包涉及的范围有限，API 个数也不多，但它在被引入 Go 语言时仍然受到了欢迎。

清单 12.1 中的 context 包定义了 context.Context 类型。该类型可以在 API 边界和进程之间携带截止时间、取消信号和其他请求范围内的值。

清单 12.1　context 包

```
$ go doc -short context

var Canceled = errors.New("context canceled")
var DeadlineExceeded error = deadlineExceededError{}
func WithCancel(parent Context) (ctx Context, cancel CancelFunc)
func WithDeadline(parent Context, d time.Time) (Context, CancelFunc)
func WithTimeout(parent Context, timeout time.Duration) (Context, CancelFunc)
type CancelFunc func()
type Context interface{ ... }
    func Background() Context
    func TODO() Context
    func WithValue(parent Context, key, val any) Context
```
Go Version: go1.19

Context 主要用于控制应用程序中的并发子系统。在本章中，我们将介绍 Context 的各种不同的行为，包括取消、超时和值传递。此外，我们还会解释如何通过使用 Context 来优化大量涉及通道的代码。

12.1 context.Context 接口

如清单 12.2 所示，context.Context 接口由四个方法组成。这些方法提供了监听取消事件和超时事件的能力，并能从 Context 层级中获取值。它们还提供了一种途径来检查是什么错误（如果有的话）导致 Context 被取消。

清单 12.2 context.Context 接口

```
type Context interface {
  Deadline() (deadline time.Time, ok bool)
  Done() <-chan struct{}
  Err() error
  Value(key interface{}) interface{}
}
```

在清单 12.2 中，你可以看到 context.Context 接口实现了我们在第 11 章中谈到的几个通道模式。例如，有一个可以用于监听取消事件的 Done 通道。

我们将在后面更详细地介绍接口中的每个方法。现在，我们先来简要地对其浏览一遍。

12.1.1 Context 的 Deadline 方法

你可以使用清单 12.3 中 context.Context.Deadline 方法来检查 Context 是否设置了取消截止时间，如果设置了，还可以查看该截止时间是什么。

清单 12.3 context.Context.Deadline 方法

```
$ go doc context.Context.Deadline

package context // import "context"

type Context interface {
    // Deadline returns the time when work done on behalf of this context
    // should be canceled. Deadline returns ok==false when no deadline is
    // set. Successive calls to Deadline return the same results.
    Deadline() (deadline time.Time, ok bool)
}
```

Go Version: go1.19

12.1.2 Context 的 Done 方法

你可以使用清单 12.4 中的 context.Context.Done 方法来监听取消事件。这与监听通道关闭的方式相似，但这种方式更灵活。

清单 12.4   context.Context.Done 方法

```
$ go doc context.Context.Done

package context // import "context"

type Context interface {

    // Done returns a channel that's closed when work done on behalf of this
    // context should be canceled. Done may return nil if this context can
    // never be canceled. Successive calls to Done return the same value.
    // The close of the Done channel may happen asynchronously,
    // after the cancel function returns.
    //
    // WithCancel arranges for Done to be closed when cancel is called;
    // WithDeadline arranges for Done to be closed when the deadline
    // expires; WithTimeout arranges for Done to be closed when the timeout
    // elapses.
    //
    // Done is provided for use in select statements:
    //
    // // Stream generates values with DoSomething and sends them to out
    // // until DoSomething returns an error or ctx.Done is closed.
    // func Stream(ctx context.Context, out chan<- Value) error {
    //     for {
    //            v, err := DoSomething(ctx)
    //            if err != nil {
    //                    return err
    //            }
    //            select {
    //            case <-ctx.Done():
    //                    return ctx.Err()
    //            case out <- v:
    //            }
    //        }
    // }
    //
    // See https://blog.golang.org/pipelines for more examples of how to use
    // a Done channel for cancellation.
    Done() <-chan struct{}
}
```
Go Version: go1.19

12.1.3 Context 的 Err 方法

你可以使用清单 12.5 中的 context.Context.Err 方法来检查一个 Context 是否已经被取消。

清单 12.5　context.Context.Err 方法

```
$ go doc context.Context.Err

package context // import "context"

type Context interface {

    // If Done is not yet closed, Err returns nil.
    // If Done is closed, Err returns a non-nil error explaining why:
    // Canceled if the context was canceled
    // or DeadlineExceeded if the context's deadline passed.
    // After Err returns a non-nil error, successive calls to Err return the
    ➥ same error.
    Err() error

}
```
Go Version: go1.19

12.1.4　Context 的 Value 方法

你可以使用清单 12.6 中的 context.Context.Value 方法从 Context 层级中获取值。

清单 12.6　context.Context.Value 方法

```
$ go doc context.Context.Value

package context // import "context"

type Context interface {

    // Value returns the value associated with this context for key, or nil
    // if no value is associated with key. Successive calls to Value with
    // the same key returns the same result.
    //
    // Use context values only for request-scoped data that transits
    // processes and API boundaries, not for passing optional parameters to
    // functions.
    //
    // A key identifies a specific value in a Context. Functions that wish
    // to store values in Context typically allocate a key in a global
    // variable then use that key as the argument to context.WithValue and
    // Context.Value. A key can be any type that supports equality;
    // packages should define keys as an unexported type to avoid
    // collisions.
    //
    // Packages that define a Context key should provide type-safe accessors
```

```
   // for the values stored using that key:
   //
   //      // Package user defines a User type that's stored in Contexts.
   //      package user
   //
   //      import "context"
   //
   //      // User is the type of value stored in the Contexts.
   //      type User struct {...}
   //
   //      // key is an unexported type for keys defined in this package.
   //      // This prevents collisions with keys defined in other packages.
   //      type key int
   //
   //      // userKey is the key for user.User values in Contexts. It is
   //      // unexported; clients use user.NewContext and user.FromContext
   //      // instead of using this key directly.
   //      var userKey key
   //
   //      // NewContext returns a new Context that carries value u.
   //      func NewContext(ctx context.Context, u * User) context.Context {
   //           return context.WithValue(ctx, userKey, u)
   //      }
   //
   //      // FromContext returns the User value stored in ctx, if any.
   //      func FromContext(ctx context.Context) (* User, bool) {
   //      u, ok := ctx.Value(userKey).(* // User)
   //      return u, ok
   //      }
   Value(key any) any
}
```

Go Version: go1.19

12.1.5　辅助函数

如清单 12.7 所示，context 包提供了许多有用的辅助函数来包装 context.Context 接口，从而使我们很少需要自己实现 context.Context 接口。

清单 12.7　context 包

```
$ go doc -short context

var Canceled = errors.New("context canceled")
var DeadlineExceeded error = deadlineExceededError{}
func WithCancel(parent Context) (ctx Context, cancel CancelFunc)
func WithDeadline(parent Context, d time.Time) (Context, CancelFunc)
func WithTimeout(parent Context, timeout time.Duration) (Context, CancelFunc)
```

```
type CancelFunc func()
type Context interface{ ... }
    func Background() Context
    func TODO() Context
    func WithValue(parent Context, key, val any) Context
```

Go Version: go1.19

12.1.6 初始 Context

尽管你可能经常接收一个 context.Context 作为参数，但你有时也需要自己创建一个 context.Context。最常见的快速、简便的创建方式是使用 context.Background 函数，如清单 12.8 所示。

清单 12.8 使用 context.Background 函数

```
$ go doc context.Background

package context // import "context"

func Background() Context
    Background returns a non-nil, empty Context. It is never canceled, has no
    ➥values, and has no deadline. It is typically used by the main function,
    ➥initialization, and tests, and as the top-level Context for incoming
    ➥requests.
```

Go Version: go1.19

在清单 12.9 中，我们打印了由 context.Background 函数返回的 context.Context。从输出中可以看出，该接口实现是空的。

清单 12.9 context.Background 函数

```
func main() {
    ctx := context.Background()

    // 打印 Context 实例当前的值
    fmt.Printf("%v\n", ctx)

    // 以 Go 语法格式打印该值
    fmt.Printf("\t%#v\n", ctx)
}
```

```
$ go run main.go

context.Background
        (* context.emptyCtx)(0x14000122000)
```

Go Version: go1.19

12.1.7 默认实现

尽管 context.Background 函数返回的接口实现是一个没有内容的空实现，但它确实提供了 context.Context 接口的默认实现，如清单 12.10 所示。正因如此，由 context.Background 函数返回的 Context 总是被用作一个新的 context.Context 层级的基础。

清单 12.10 context.Backgroud 函数提供了 context.Context 接口的默认实现

```
func main() {
    ctx := context.Background()
    // 打印 Context 实例当前的值
    fmt.Printf("%v\n", ctx)

    // 以 Go 语法格式打印该值
    fmt.Printf("\t%#v\n", ctx)

    // 打印 Done 通道不会发生阻塞，因为我们没有尝试去读写该通道
    fmt.Printf("\tDone:\t%#v\n", ctx.Done())

    // 打印 Err 返回的值
    fmt.Printf("\tErr:\t%#v\n", ctx.Err())

    // 打印"KEY"键对应的值
    fmt.Printf("\tValue:\t%#v\n", ctx.Value("KEY"))

    // 打印截止时间
    // 并且根据是否有截止时间打印 true 或 false
    deadline, ok := ctx.Deadline()
    fmt.Printf("\tDeadline:\t%s (%t)\n", deadline, ok)
}
```

```
$ go run main.go

context.Background
        (*context.emptyCtx)(0x1400018e000)
        Done: (<-chan struct {})(nil)
        Err: <nil>
        Value: <nil>
        Deadline: 0001-01-01 00:00:00 +0000 UTC (false)
```

```
Go Version: go1.19
```

12.2 Context 规则

根据 context 文档可知，使用 context 包时必须遵守以下规则。

- 保持不同包之间的接口一致，并使静态分析工具能够检查 Context 的传播情况。
- 不要将 Context 存储在一个结构体中。正确的做法是将 Context 明确地传递给每个需要它的函数。Context 应该是第一个参数，通常命名为 ctx。
- 即使函数允许传入 nil Context，也不要那样做。如果你不确定要使用哪种 Context，就传递 context.TODO。
- Context 值仅用于在进程和 API 之间传递请求作用域内的数据，而不用于传递函数的可选参数。
- 同一个 Context 可以被传递给在不同的 goroutine 中运行的函数。Context 可以安全地被多个 goroutine 同时使用。

12.3　Context 节点层级

如 context 包文档所述，context.Context 不应该被保存起来，而是应该在运行时传递。

以一个 HTTP 请求为例。一个 HTTP 请求是一个运行时的值，它在应用程序中被传递，直到最终返回响应。你不会想保存一个请求以备将来使用，因为一旦响应返回，它就没有任何用处了。

在代码中使用 context.Context 的方式和使用 HTTP 请求的方式一样。在运行时，你可以通过应用程序传递 context.Context，在程序内可以监听它以取消当前 goroutine 的执行或将其用于其他目的。

当 context.Context 在应用程序中传递时，接收 Context 的方法要么为其增加取消功能，要么使用 context.WithValue 向其中增加值，如请求 ID，然后再将 context.Context 传递给它可能调用的任何函数或方法。

这样做的结果是，我们得到了 Context.Context 值的节点层级。该层级从请求或者应用程序启动开始，并且会延伸至整个应用程序中。

12.3.1　理解节点层级

在清单 12.11 中，我们用 context.Background 函数创建了一个 Context，并将它传递给了函数 A 和 B。每个函数都会将传入的 context.Context 包装起来，并打印包装后的新 context.Context，然后把它传递给下一个函数或者返回。

清单 12.11　包装 Context 以创建新的层次

```
func main() {
    // 创建一个初始 Context 实例
    bg := context.Background()

    // 将初始 Context 实例传入 A 函数
```

```
    A(bg)

    // 将初始 Context 实例传入 B 函数
    B(bg)
}
```

12.3.2　用 Context 值包装

要想包装一个新的 context.Context，我们可以使用 context.WithValue 函数。context.WithValue 函数接受一个 context.Context 以及一对键值，并返回一个将原 context.Context 包装后、带有传入的键值对的新 context.Context。本章后面会讨论更多关于 context.WithValue 函数的内容。

12.3.3　接续 Context 节点

在清单 12.12 中，我们定义了清单 12.11 中用到的函数。这些函数都需要以一个 context.Context 作为参数。它们使用 context.WithValue 函数将 context.Context 包装成一个新的 context.Context 并打印，然后把它传递给下一个函数。

清单 12.12　示例应用

```
func A(ctx context.Context) {
    // 用一个新的 Context 实例包装变量 ctx，并将 ID 设置为"A"
    A := context.WithValue(ctx, ID, "A")
    print("A", A)

    // 将 A Context 实例传入 A1 函数
    A1(A)
}

func A1(ctx context.Context) {
    A1 := context.WithValue(ctx, ID, "A1")
    print("A1", A1)
}

func B(ctx context.Context) {
    // 用一个新的 Context 实例包装变量 ctx，并将 ID 设置为"B"
    B := context.WithValue(ctx, ID, "B")
    print("B", B)

    // 将 B Context 实例传入 B1 函数
    B1(B)
}

func B1(ctx context.Context) {
```

```
    // 用一个新的 Context 实例包装变量 ctx，并将 ID 设置为"B1"
    B1 := context.WithValue(ctx, ID, "B1")
    print("B1", B1)

    // 将 B1 Context 实例传入 B1a 函数
    B1a(B1)
}

func B1a(ctx context.Context) {
    // 用一个新的 Context 实例包装变量 ctx，并将 ID 设置为"B1a"
    B1a := context.WithValue(ctx, ID, "B1a")
    print("B1a", B1a)
}
```

请看清单 12.13 中程序的输出，当我们打印任何给定的 context.Context 时，我们可以看到它位于节点树的底部，而 context.Background context 则在节点树的顶端。

清单 12.13　打印节点树

```
$ go run main.go

A.WithValue(key: ctx_id, value: A)
        --> Background
A1.WithValue(key: ctx_id, value: A1)
        --> WithValue(key: ctx_id, value: A)
                --> Background


B.WithValue(key: ctx_id, value: B)
        --> Background


B1.WithValue(key: ctx_id, value: B1)
        --> WithValue(key: ctx_id, value: B)
                --> Background


B1a.WithValue(key: ctx_id, value: B1a)
        --> WithValue(key: ctx_id, value: B1)
                --> WithValue(key: ctx_id, value: B)
                        --> Background

Go Version: go1.19
```

在图 12.1 中，可以看到 B1a context.Context 是 B1 context.Context 的一个子节点，B1 context.Context 是 B context.Context 的一个子节点。而 B context.Context 则是初始的 Background context.Context 的一个子节点。

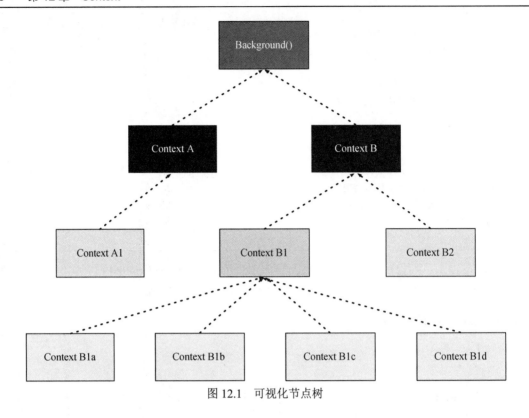

图 12.1　可视化节点树

12.4　Context 传值

正如我们之前所见到的，context 包有一个功能，即允许你将请求中的特定值传递给调用链中的下一个函数。

这个功能有很多用处，比如给调用链中的下一个函数传递请求或会话中的特定值，如请求 ID、用户 ID 等。

然而，使用 WithValue 函数也有其缺点，我们很快就会看到。

12.4.1　理解 Context 传值

你可以使用 context.WithValue 函数将一个给定的 context.Context 包装成一个新的 context.Context，此新的 context.Context 包含给定的键值对，如清单 12.14 所示。

清单 12.14　context.WithValue 函数

```
$ go doc context.WithValue

package context // import "context"
```

```
func WithValue(parent Context, key, val any) Context
    WithValue returns a copy of parent in which the value associated with
    ➥key is val.

    Use context Values only for request-scoped data that transits processes
    ➥and APIs, not for passing optional parameters to functions.

    The provided key must be comparable and should not be of type string or
    ➥any other built-in type to avoid collisions between packages using
    ➥context. Users of WithValue should define their own types for keys.
    ➥To avoid allocating when assigning to an interface{}, context keys often
    ➥have concrete type struct{}. Alternatively, exported context key
    ➥variables' static type should be a pointer or interface.
```

Go Version: go1.19

　　context.WithValue 函数将 context.Context 作为其第一个参数，将键和值作为第二个和第三个参数。键和值都可以是任何值。虽然这看起来像是可以使用任何类型作为键，但事实并非如此。如 map 一样，键必须是可比较的，所以不允许将复杂的类型（如 map 或函数）用作键。在清单 12.15 中，当试图使用一个 map 作为 Context 的键时，应用程序会因引发 panic 而崩溃。

清单 12.15　因在 map 中使用不可比较的键而引发编译时 panic

```
ctx := context.Background()

// 字符串不应该作为键使用，因为它们很容易和在其他函数或者库中设置的相同字符串键发生冲突
// 相反，字符串应该被封装在自定义的类型中，我们再将自定义类型作为键使用
ctx = context.WithValue(ctx, "key", "value")

// 键必须是可比较的
// 而 map 和其他复杂类型不是可比较的
// 所以不能将其用作键
ctx = context.WithValue(ctx, map[string]int{}, "another value")
```

```
$ go run main.go

panic: key is not comparable

goroutine 1 [running]:
context.WithValue({0x1004968c0, 0x1400007c060}, {0x10048e980?, 0x1400007c090},
➥{0x10048d040?, 0x100496718})
        /usr/local/go/src/context/context.go:531 +0x140
main.main()
        ./main.go:24 +0x84
exit status 2
```

Go Version: go1.19

12.4.2　键解析

当你通过 context.Context.Value 函数查询一个键时，context.Context 会首先检查该键是否存在于当前的 context.Context 中。如果该键存在，则返回其对应的值。如果该键不存在，context.Context 则会继续检查该键是否存在于父级 context.Context 中。如果键存在，则返回其对应的值。如果键不存在，context.Context 就会检查该键是否存在于其父级的父级中，以此类推。

在清单 12.16 中，我们多次用不同的键值包装一个 context.Context。

清单 12.16　嵌套并打印不同的 Context 节点

```go
func main() {

    // 创建一个新的初始 Context 实例
    ctx := context.Background()

    // 用一个新的 Context 包装初始 Context 实例，并将键"A"的值设置为"a"
    ctx = context.WithValue(ctx, CtxKey("A"), "a")

    // 用一个新的 Context 实例包装 ctx Context，并将键"B"的值设置为"b"
    ctx = context.WithValue(ctx, CtxKey("B"), "b")

    // 用一个新的 Context 实例包装 ctx Context，并将键"C"的值设置为"c"
    ctx = context.WithValue(ctx, CtxKey("C"), "c")

    // 打印最终的 Context 实例
    print("ctx", ctx)

    // 获取并打印键"A"的值
    a := ctx.Value(CtxKey("A"))
    fmt.Println("A:", a)

    // 获取并打印键"B"的值
    b := ctx.Value(CtxKey("B"))
    fmt.Println("B:", b)

    // 获取并打印键"C"的值
    c := ctx.Value(CtxKey("C"))
    fmt.Println("C:", c)

}
```

从清单 12.17 的输出中，你可以看到最终的 context.Context 有一个层次结构，此结构中包括用 context.WithValue 函数添加的所有值。你还可以看到，我们能够找到所有添加的键，包括我们设置的第一个。

清单 12.17　输出中展示了 Context 的节点层级

```
$ go run main.go

ctx.WithValue(key: C, value: c)
        --> WithValue(key: B, value: b)
            --> WithValue(key: A, value: a)
                --> Background
A: a
B: b
C: c
```

Go Version: go1.19

12.5　字符串作为键存在的问题

清单 12.18 中的 context 文档提到，用字符串作为键是不推荐的。正如之前提到的，当 context.Context.Value 函数解析一个键时，如果键存在，它会找到第一个包含该键的 context.Context 并返回该值。

清单 12.18　按照文档规定，使用字符串作为 Context 的键是不推荐的

```
$ go doc context.WithValue

package context // import "context"

func WithValue(parent Context, key, val any) Context
    WithValue returns a copy of parent in which the value associated with key
    ↪is val.

    Use context Values only for request-scoped data that transits processes
    ↪and APIs, not for passing optional parameters to functions.

    The provided key must be comparable and should not be of type string or
    ↪any other built-in type to avoid collisions between packages using
    ↪context. Users of WithValue should define their own types for keys.
    ↪To avoid allocating when assigning to an interface{}, context keys
    ↪often have concrete type struct{}. Alternatively, exported context
    ↪key variables' static type should be a pointer or interface.
```

Go Version: go1.19

当你使用 context.Context.Value 函数时，会得到为特定键设置的最后一个值。每次你使用 context.WithValue 函数将一个 context.Context 包装成一个新的 context.Context 时，新 context.Context 中特定键之前的值就会被替换。例如，在图 12.2 中，Context B 将 request_id 的

值设置为 B-123。Context B1 也为键 request_id 设置了一个值 B1-abc。现在，在 Context B1 的任何子节点（如 Contex B1a）中 request_id 的值将与 Context B1 的其他直接后代节点的值相同[①]。

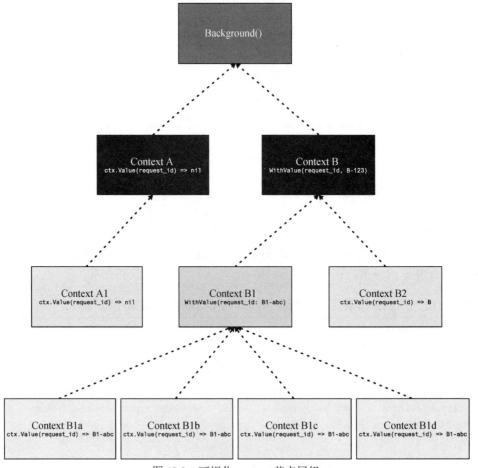

图 12.2　可视化 context 节点层级

12.5.1　键冲突

在清单 12.19 中，我们多次使用相同的键 request_id（字符串类型）包装一个 context.Context，且每次都用的是不同的值。

清单 12.19　使用相同的键覆盖 Context 中的值

```
func main() {
    // 创建一个初始 Context 实例
    ctx := context.Background()
```

---

① 原文为不同，应为相同，已改。——译者注

```
    // 调用 A 函数，传入初始 Context 实例
    A(ctx)
}

func A(ctx context.Context) {
    // 用 request_id 包装 Context 实例来表示 A 函数中设置的值
    ctx = context.WithValue(ctx, "request_id", "123")

    // 调用 B 函数，传入包装过的 Context 实例
    B(ctx)
}

func B(ctx context.Context) {
    // 用 request_id 包装 Context 实例来表示 B 函数中设置的值
    ctx = context.WithValue(ctx, "request_id", "456")
    Logger(ctx)
}

// 在日志中输出 A 函数和 B 函数中设置的 request_id
func Logger(ctx context.Context) {
    a := ctx.Value("request_id")
    fmt.Println("A\t", "request_id:", a)

    b := ctx.Value("request_id")
    fmt.Println("B\t", "request_id:", b)
}
```

当我们输出 A 和 B 的 request_id 时，可以看到它们都被设置为了相同的值，如清单 12.20 所示。

清单 12.20　在 A 函数中设置的值被在 B 函数中设置的值覆盖了

```
$ go run main.go

A    request_id: 456
B    request_id: 456

Go Version: go1.19
```

解决这个问题的一个方法是给字符串键添加一个命名空间，如 myapp.request_id。不过，这样操作后，虽然你可能永远不会遇到产生冲突的情况，但其他人使用相同键的可能性依然是存在的。

12.5.2　自定义字符串键类型

Go 是一种静态类型语言，你可以利用类型系统来解决键冲突的问题。可以在字符串的基础上创建一个新的类型，将其作为键使用，如清单 12.21 所示。

清单 12.21 使用不同类型的键可以避免冲突

```
// CtxKeyA 用来包装在 A 函数中使用的键
//      CtxKeyA("request_id")
//      CtxKeyA("user_id")
type CtxKeyA string
// CtxKeyB 用来包装在 B 函数使用的键
//      CtxKeyB("request_id")
//      CtxKeyB("user_id")
type CtxKeyB string
```

```
func A(ctx context.Context) {
    // 用 request_id 包装 Context 实例，以此来表示特定的 A 函数中设置的值
    key := CtxKeyA("request_id")
    ctx = context.WithValue(ctx, key, "123")

    // 用包装过的 Context 实例调用 B 函数
    B(ctx)
}


func B(ctx context.Context) {
    // 用 request_id 包装 Context 实例来表示特定的 B 函数中设置的值
    key := CtxKeyB("request_id")
    ctx = context.WithValue(ctx, key, "456")

    Logger(ctx)
}
```

```
// 在日志中输出在 A 函数和 B 函数中设置的 request_id
func Logger(ctx context.Context) {
    // 获取 A 函数中设置的 request_id
    aKey := CtxKeyA("request_id")
    aVal := ctx.Value(aKey)

    // 打印 A 函数中设置的 request_id
    print("A", aKey, aVal)

    // 获取 B 函数中设置的 request_id
    bKey := CtxKeyB("request_id")
    bVal := ctx.Value(bKey)

    // 打印 B 函数中设置的 request_id
    print("B", bKey, bVal)
}
```

Logger 现在能够正确地获取两个不同的 request_id 的值，因为它们不再是同一类型，如清单 12.22 所示。

清单 12.22　函数 A 中设置的值不会再被函数 B 中设置的值覆盖了

```
$ go run main.go

A: main.CtxKeyA(request_id): 123
B: main.CtxKeyB(request_id): 456

Go Version: go1.19
```

　　我们的包或者应用程序可以通过将键定义为常量来进一步重构代码，这样可以使代码更简洁，也更容易为可能出现在 Context 中的潜在键编写文档。例如，清单 12.23 定义了新的常量（如 A_RequestID）并由包来对这些常量进行导出，同时提供了这些常量的使用文档。这些常量现在可以被安全地用来设置和检索 Context 值了。

清单 12.23　使用常量来简化 Context 值的使用

```
const (
    // 可以用 A_RequestID 获取 A 函数中设置的 request_id
    A_RequestID CtxKeyA = "request_id"
    // A_SESSION_ID  CtxKeyA = "session_id"
    // A_SERVER_ID  CtxKeyA = "server_id"
    // 其他键……

    // 可以用 B_RequestID 获取 B 函数中设置的 request_id
    B_RequestID CtxKeyB = "request_id"
)
```

```
// 在日志中输出 A 函数和 B 函数中设置的 request_id
func Logger(ctx context.Context) {
    // 获取 A 函数中设置的 request_id
    aKey := A_RequestID
    aVal := ctx.Value(aKey)

    // 打印 A 函数中设置的 request_id
    print("A", aKey, aVal)
    // 获取 B 函数中设置的 request_id
    bKey := B_RequestID
    bVal := ctx.Value(bKey)

    // 打印 B 函数中设置的 request_id
    print("B", bKey, bVal)
}
```

12.6　保护 Context 中的键和值

　　如果我们导出包或应用程序使用的是 context.Context 键的类型和名称，那么我们的值就有可能被恶意窃取或修改。例如，在一个 Web 请求中，我们可能会在请求的开始设置一个 request_id

键的值，但处理链路后段的中间件可能会把这个值修改成其他值。在清单 12.24 中，WithBar 函数使用导出的 foo.RequestID 键替换了在 WithFoo 函数中设置的值。

清单 12.24　导出 Context 的键可能导致被恶意使用

```
type CtxKey string

const (
    RequestID CtxKey = "request_id"
)
```

```
func WithBar(ctx context.Context) context.Context {
    // 用 request_id 包装 Context 实例来表示在这个特定的 WithBar 函数中设置的值
    ctx = context.WithValue(ctx, RequestID, "456")

    // 恶意替换在 foo 函数中设置的 request_id
    ctx = context.WithValue(ctx, foo.RequestID, "???")

    // 返回包装后的 Context 实例
    return ctx
}
```

```
func main() {
    // 创建一个初始 Context 实例
    ctx := context.Background()

    // 用 foo 包装此 Context 实例
    ctx = foo.WithFoo(ctx)

    // 用 bar 包装此 Context 实例
    ctx = bar.WithBar(ctx)

    // 从 Context 实例中获取 foo.RequestID 的值
    id := ctx.Value(foo.RequestID)

    // 打印取出的值
    fmt.Println("foo.RequestID: ", id)
}
```

```
func WithFoo(ctx context.Context) context.Context {
    // 用 request_id 包装 Context 实例来表示在这个特定的 WithFoo 函数中设置的值
    ctx = context.WithValue(ctx, RequestID, "123")

    // 返回包装后的 Context 实例
    return ctx
}
```

```
$ go run main.go

foo.RequestID: ???
```

Go Version: go1.19

不导出以确保安全

确保键值对不被恶意覆盖或访问的最好方法是不导出键的类型和任意用作键的常量。在清单 12.25 中，常量 requestID 没有被导出，只能在其定义的包中使用。

清单 12.25　未导出的自定义类型的 Context 键能提供最好的安全性

```go
type ctxKey string

const (
    requestID ctxKey = "request_id"
)
```

现在你可以控制公开 Context 中的那些值了。例如，你可以添加一个辅助函数来允许其他人访问 request_id 的值。

因为 context.Context.Value 函数的返回值是一个空接口，即 interface{}，你使用这些辅助函数不仅可以获取到值，还可以对值进行类型断言。如果值的类型不是你想要的，则返回一个错误。在清单 12.26 中，RequestIDFrom 函数接受了一个给定的 context.Context，并使用非导出的自定义类型的 Context 键来提取一个值。这种方式除了隐藏键的细节，还隐藏了值的存储细节。将来，如果值不再以字符串的形式存储，而是以结构体的形式存储，这个函数可以确保对外的 API 无须改变。

清单 12.26　向后兼容的辅助函数的实现细节

```go
func RequestIDFrom(ctx context.Context) (string, error) {
    // 从 Context 实例中获取 request_id
    s, ok := ctx.Value(requestID).(string)
    if !ok {
        return "", fmt.Errorf("request_id not found in context")
    }
    return s, nil
}
```

如清单 12.27 所示，我们的应用程序可以使用新的辅助函数来打印 request_id，或者在获取该值的过程中出现问题时退出。

清单 12.27　使用 RequestIDFrom 函数来正确获取 Context 里的值

```go
func main() {
    // 创建初始 Context 实例
    ctx := context.Background()

    // 用 foo 函数包装 Context 实例
    ctx = foo.WithFoo(ctx)
```

```
    // 用 bar 函数包装 Context 实例
    ctx = bar.WithBar(ctx)

    // 从 Context 实例中获取 foo.RequestID 的值
    id, err := foo.RequestIDFrom(ctx)
    if err != nil {
        log.Fatal(err)
    }
    // 打印获取到的值
    fmt.Println("foo.RequestID: ", id)
}
```

bar 包不能再恶意设置或获取由 foo 包设置的 request_id 的值了，如清单 12.28 所示。在 bar 包中不能创建一个 foo.ctxKey 类型的值，因为该类型是未导出的，不能在 foo 包之外被访问。

清单 12.28　不能再恶意设置或获取由 foo 包设置的 request_id 的值了

```
func WithBar(ctx context.Context) context.Context {
    // 用 request_id 包装 Context 实例来表示特定的 WithBar 函数中设置的值
    ctx = context.WithValue(ctx, requestID, "456")

    // 不能再设置由 foo 包设置的 request_id 的值了，因为 bar 包访问不到 foo.ctxKey 类型
    // 因为该类型没有导出，所以 bar 包不能创建此类型的新键
    // ctx = context.WithValue(ctx, foo.ctxKey("request_id"), "???")

    // 返回包装后的 Context 实例
    return ctx
}
```

确保 context.Context 中的值安全的同时，应用程序现在也可以正确地获取由 foo 包设置的 request_id 的值，如清单 12.29 所示。

清单 12.29　WithFoo 函数设置的 RequestID 现在是安全的

```
$ go run main.go

foo.RequestID: 123
```

```
Go Version: go1.19
```

12.7　用 Context 传播取消事件

尽管通过 context.Context 传递 Context 信息很有用，但设计 context 包的真正用途是将取消事件传播给那些监听该 Context 的对象。当父 context.Context 被取消时，它的所有子节点都会被取消。

12.7.1 创建可取消的 Context

要取消一个 context.Context，你必须有一种取消它的方法。清单 12.30 中 context.WithCancel 函数将给定的 context.Context 包装成一个可取消的 context.Context。

清单 12.30 context.WithCancel 函数

```
$ go doc context.WithCancel

package context // import "context"

func WithCancel(parent Context) (ctx Context, cancel CancelFunc)
    WithCancel returns a copy of parent with a new Done channel. The returned
    ➥context's Done channel is closed when the returned cancel function is
    ➥called or when the parent context's Done channel is closed, whichever
    ➥happens first.

    Canceling this context releases resources associated with it, so code
    ➥should call cancel as soon as the operations running in this Context
    ➥complete.
```

Go Version: go1.19

context.WithCancel 函数返回的第二个参数，即 context.CancelFunc 函数，可以用来取消 context.Context。

12.7.1.1 取消函数

关于 context,CancelFunc 函数，有几个注意事项，如清单 12.31 所示。我们来逐个深入探究。

清单 12.31 context.CancelFunc 函数

```
$ go doc context.CancelFunc

package context // import "context"

type CancelFunc func()
    A CancelFunc tells an operation to abandon its work. A CancelFunc does
    ➥not wait for the work to stop. A CancelFunc may be called by multiple
    ➥goroutines simultaneously. After the first call, subsequent calls to a
    ➥CancelFunc do nothing.
```

Go Version: go1.19

12.7.1.2 幂等行为

"在第一次调用后，对 CancelFunc 的后续调用将不起作用。"

——context.CancelFunc 文档

根据 context.CancelFunc 文档可知，context.CancelFunc 函数是幂等的，如清单 12.32 所示。也就是说，多次调用它时，除了第一次，后续调用不会起到任何作用。

清单 12.32　context.CancelFunc 函数的幂等行为

```
ctx, cancel := context.WithCancel(context.Background())
cancel() // 取消 Context
cancel() // 没有任何效果
cancel() // 没有任何效果
```

12.7.1.3　资源泄露

"取消 Context 会释放与之相关的资源，所以代码应该在 Context 中运行的操作完成后立即调用 cancel 函数。"

——context.WithCancel 文档

通常情况下，你希望延迟执行 context.CancelFunc 函数，就像在清单 12.33 中一样，在该函数或应用程序退出时再执行。这样可以确保 context.Context 正确关闭并防止其资源泄露。

清单 12.33　调用 context.CancelFunc 来防止 Goroutine 泄露

```
ctx, cancel := context.WithCancel(context.Background())
// 确保至少调用一次函数来防止资源泄露
defer cancel()
```

> 当你不再需要 context.Context 时，就应该调用 context.CancelFunc 函数。如果不这样做，可能会导致你的程序泄露资源。

12.7.2　取消 Context

在清单 12.34 中，listener 函数接收一个 context.Context 作为它的第一个参数，第二个参数的类型为 int，代表 goroutine id。

listener 函数会被阻塞，直到 context.Context 被取消，取消时会关闭 context.Context.Done 方法底层的通道。这样就解除了 listener 函数的阻塞，它就能退出了。

清单 12.34　在 context.Context.Done 方法上阻塞

```
func listener(ctx context.Context, i int) {
    fmt.Printf("listener %d is waiting\n", i)
    // 这里会阻塞，直到给定的 Context 被取消
    <-ctx.Done()

    fmt.Printf("listener %d is exiting\n", i)
}
```

应用程序使用 context.Background 函数创建一个 Context，然后用一个可取消的 context.Context 来包装它。紧接着返回的 context.CancelFunc 函数被立即设置为延迟调用，以确保应用程序不会

泄露任何资源。

在清单 12.35 中，我们创建了几个 goroutine 来监听 context.Context 的取消。

清单 12.35　使用 Context 取消功能

```go
func main() {

    // 创建一个初始 Context 实例
    ctx := context.Background()

    // 用可取消的 Context 实例包装它
    ctx, cancel := context.WithCancel(ctx)

    // 设置延迟取消 Context 实例，确保在退出时，任何资源都能被清理
    defer cancel()

    // 创建 5 个监听器
    for i := 0; i < 5; i++ {

        // 在 goroutine 中启动监听器
        go listener(ctx, i)
    }

    // 等待监听器启动
    time.Sleep(time.Millisecond * 500)

    fmt.Println("canceling the context")
    // 取消 Context 实例并通知监听器退出
    cancel()

    // 等待监听器退出
    time.Sleep(time.Millisecond * 500)
}
```

正如在清单 12.36 的输出中所看到的，当 context.CancelFunc（cancel()）被调用时，listener 函数被解除阻塞并退出。

清单 12.36　应用程序输出

```
$ go run main.go

listener 0 is waiting
listener 1 is waiting
listener 2 is waiting
listener 4 is waiting
listener 3 is waiting
canceling the context
```

```
listener 0 is exiting
listener 2 is exiting
listener 1 is exiting
listener 3 is exiting
listener 4 is exiting
```

```
Go Version: go1.19
```

只有 Context 的子节点被取消

如图 12.3 所示，取消层级中的一个节点，那么它的所有子节点都会被取消。层级中的其他节点，如父节点和同级节点，则不受影响。

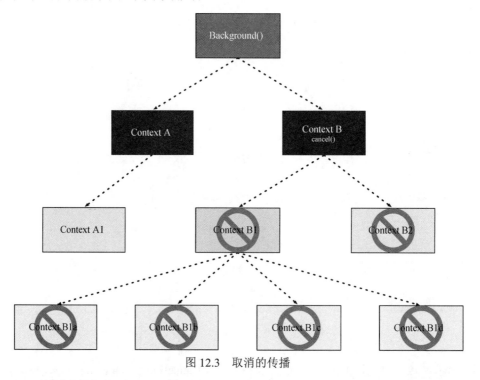

图 12.3　取消的传播

12.7.3　监听取消确认

之前，我们用 time.Sleep 来阻塞程序的执行。这并不是一个好的做法，因为它可能会导致产生死锁和其他问题。正确的做法应该是，应用程序接收 context.Context 的取消确认。

12.7.3.1　启用并发 Monitor

参考清单 12.37，要启动一个 Monitor，我们必须使用 Start 方法，并传入一个 context.Context。Start 方法返回一个 context.Context。这个 context.Context 可以被应用程序监听，以便稍后确认 Monitor 是否关闭。

清单 12.37　接收一个 context.Context 并返回一个新的 context.Context

```
type Monitor struct {
    cancel context.CancelFunc
}

func (m *Monitor) Start(ctx context.Context) context.Context {

    // 用给定的 Context 实例启动 Monitor 实例
    go m.listen(ctx)

    // 创建一个新的 Context 实例，当 Monitor 实例关闭的时候，此 Context 实例就会被取消
    ctx, cancel := context.WithCancel(context.Background())

    // Monitor 实例持有这个取消函数
    // 当启动 Monitor 实例时，外部传入的 Context 实例被取消了
    // 这个取消函数会被 Monitor 实例调用
    m.cancel = cancel

    // 返回新的可取消的 Context 实例
    // 客户端可以监听它的取消事件，以确认 Monitor 实例已经被正确地关闭了
    return ctx
}
```

为了防止应用程序阻塞，我们在一个 goroutine 中使用给定的 context.Context 来启动 listen 方法。除非这个 context.Context 被取消，否则 listen 方法永远不会停止执行，并且它会继续泄露资源，直到应用程序退出。

context.CancelFunc 函数由 Monitor 持有，所以当上游调用方客户端要求 Monitor 执行取消操作时，Monitor 会取消由它创建的 Context 实例。这是在告诉下游监听方客户端 Monitor 已经被关闭，从而确认了 Monitor 的取消操作。

12.7.3.2　Monitor 检查

listen 方法会一直被阻塞，直到应用程序提供的 context.Context 被取消，如清单 12.38 所示。我们首先要确保在 Monitor 中设置了延迟执行 context.CancelFunc，以确保无论 listen 方法因何种原因退出，客户端都会收到 Monitor 的关闭事件。

清单 12.38　如果外部 context.Context 被取消，Monitor 将调用它自己的 Context 的 context.CancelFunc 函数

```
func (m *Monitor) listen(ctx context.Context) {
    defer m.cancel()

    // 创建一个用于监听的计时器通道
    tick := time.NewTicker(time.Millisecond * 10)
    defer tick.Stop()
```

```
    // 无限循环执行 select 语句，以监听新消息
    for {
        select {
        case <-ctx.Done(): // 监听 Context 实例的取消
            // 如果 Context 实例取消了就关闭
            fmt.Println("shutting down monitor")

            // 如果 Monitor 实例被通知关闭，它会调用它的 cancel 函数
            // 那么客户端就会知道 Monitor 实例已经被正确关闭
            m.cancel()

            // 函数返回
            return
        case <-tick.C: // 监听这个计时器通道
            // 计时器每走一步就打印一条消息
            fmt.Println("monitor check")
        }
    }

}
```

12.7.3.3　使用取消确认

在清单 12.39 中，应用程序使用 context.Background 函数创建了一个 Context，然后用可取消的 context.Context 来包装它。返回的 context.CancelFunc 函数立即被设置为延迟执行，以确保应用程序不会泄露任何资源。经过一小段时间后，在一个 goroutine 中，cancel 函数被调用，这时 context.Context 就被取消了。

接下来，我们用可取消的 context.Context 启动 Monitor。由 Start 方法返回的 context.Context 被应用程序监听。当 Monitor 被取消时，应用程序解除阻塞并退出。如果应用程序在几秒钟后仍在运行，它将被强行终止。

清单 12.39　使用取消确认

```
func main() {

    // 创建一个新的初始 Context 实例
    ctx := context.Background()

    // 用一个可取消的 Context 实例包装初始 Context 实例
    // 这个 Context 实例可以被任何使用它的对象监听，以获取应用程序退出/取消的通知
    ctx, cancel := context.WithCancel(ctx)

    // 当程序退出时，确保 cancel 函数被调用来关闭 Monitor 实例
    defer cancel()
```

```
    // 启动一个 goroutine，在一小段时间后取消应用程序 Context 实例
    go func() {
        time.Sleep(time.Millisecond * 50)

        // 取消应用程序 Context 实例
        // 这会使 Monitor 实例关闭
        cancel()
    }()

    // 创建一个新的 Monitor 实例
    mon := Monitor{}

    // 使用应用程序 Context 实例启动 monitor 实例
    // 这会返回一个新的 Context 实例，此 Context 实例可以被监听，以获取 Monitor 实例的取消信号
    ctx = mon.Start(ctx)

    // 应用程序被阻塞，直到 Context 实例被取消或者应用程序自身超时
    select {
    case <-ctx.Done(): // 监听 Context 实例取消
        // 成功关闭
        os.Exit(0)
    case <-time.After(time.Second * 2): // 2 秒后超时
        fmt.Println("timed out while trying to shut down the monitor")

        // 检查 Monitor 实例的 Context 实例中是否有错误
        if err := ctx.Err(); err != nil {
            fmt.Printf("error: %s\n", err)
        }

        // 异常关闭
        os.Exit(1)
    }
}
```

从清单 12.40 的输出中看到，应用程序等待 Monitor 正确关闭后才退出。我们还可以去掉 time.Sleep，让 Monitor 立即退出。

清单 12.40　应用程序的输出

```
$ go run main.go

monitor check
monitor check
monitor check
monitor check
monitor check
shutting down monitor
```

Go Version: go1.19

12.8 超时和截止时间

除了让你能够手动取消一个 context.Context，context 包还提供了一个另外的机制，使你能够创建一个在指定时间点或给定的时间段后自动取消的 context.Context。使用此机制可以控制在何时放弃某个操作并假设该操作已失败，从而控制操作的运行时间。

12.8.1 在指定时间点取消

Context 包 提 供 了 两 个 函 数 来 创 建 基 于 时 间 点 自 动 取 消 的 context.Context。它 们 是 context.WithTimeout 和 context.WithDeadline 函数。

如清单 12.41 所示，当使用 context.WithDeadline 函数时，我们需要提供想要让 context.Context 取消的绝对时间。这意味着需要一个我们希望这个 context.Context 取消的确切时间，例如，2029 年 3 月 14 日下午 3:45。

清单 12.41 context.WithDeadline 函数

```
$ go doc context.WithDeadline

package context // import "context"

func WithDeadline(parent Context, d time.Time) (Context, CancelFunc)
    ➥WithDeadline returns a copy of the parent context with the deadline
    ➥adjusted to be no later than d. If the parent's deadline is already
    ➥earlier than d, WithDeadline(parent, d) is semantically equivalent to
    ➥parent. The returned context's Done channel is closed when the deadline
    ➥expires, when the returned cancel function is called, or when the parent
    ➥context's Done channel is closed, whichever happens first.

    Canceling this context releases resources associated with it, so code
    ➥should call cancel as soon as the operations running in this Context
    ➥complete.
```

Go Version: go1.19

在清单 12.42 中，我们创建了一个 time.Time，其时间为 2030 年 1 月 1 日 00:00:00，并使用它来创建一个在该时间点自动取消的 context.Context。

清单 12.42 使用 context.WithDeadline 函数

```
func main() {

    // 创建一个初始 Context 实例
```

```
    ctx := context.Background()

    // 创建一个绝对时间（2023 年 1 月 1 日 00:00:00）
    deadline := time.Date(2030, 1, 1, 0, 0, 0, 0, time.UTC)
    fmt.Println("deadline:", deadline.Format(time.RFC3339))

    // 创建一个新的有截止时间的 Context 实例，它会在 2030 年 1 月 1 日 00:00:00 自动取消
    ctx, cancel := context.WithDeadline(ctx, deadline)
    defer cancel()

    print(ctx)
}
```

```
$ go run .

deadline: 2030-01-01T00:00:00Z
WithTimeout(deadline: {wall:0 ext:64029052800 loc:<nil>})
        --> Background
```

Go Version: go1.19

12.8.2 一段时间后取消

尽管能够在特定时间点取消一个 context.Context 很有用，但更多的时候，你希望在一段时间过后取消一个 context.Context。

如清单 12.43 所示，当使用 context.WithTimeout 函数时，我们需要提供一个相对的 time.Duration，在这个时间段过后，context.Context 应该被取消。

清单 12.43 context.WithTimeout 函数

```
$ go doc context.WithTimeout

package context // import "context"

func WithTimeout(parent Context, timeout time.Duration) (Context, CancelFunc)
    WithTimeout returns WithDeadline(parent, time.Now().Add(timeout)).

    Canceling this context releases resources associated with it, so code
    ➥should call cancel as soon as the operations running in this
    ➥Context complete:

        func slowOperationWithTimeout(ctx context.Context) (Result, error) {
            ➥ctx, cancel := context.WithTimeout(ctx, 100* time.
            ➥Millisecond) defer cancel() // releases resources if
            ➥slowOperation completes before timeout elapses return
            ➥slowOperation(ctx)
        }
```

Go Version: go1.19

参考清单 12.44 中的代码，我们用 context.WithTimeout 创建了一个新的能自动取消的 context.Context，它会在 10 毫秒后自动取消。

清单 12.44　使用 context.WithTimeout 函数

```
func main() {

    // 创建一个初始 Context 实例
    ctx := context.Background()

    // 创建一个在 10 毫秒后自动取消的 Context 实例
    // 等同于以下代码
    //        context.WithDeadline(ctx,
    //        time.Now().Add(10 * time.Millisecond))
    ctx, cancel := context.WithTimeout(ctx, 10*time.Millisecond)
    defer cancel()

    print(ctx)
}
```
```
$ go run .

WithTimeout(deadline: {13882047106188520224 ext:10199834 loc:0x100ea06a0})
        --> Background
```
```
Go Version: go1.19
```

在功能上，我们也可以用 context.WithDeadline 函数来满足上述需求，但是当我们想在一段时间后取消一个 context.Context 时，使用 context.WithTimeout 函数会更方便。

12.9　Context 错误

在一个复杂的系统，甚至一个小的系统中，当一个 context.Context 被取消时，你需要通过某个方法来知道是什么导致它被取消了。有可能是成功地被 context.CancelFunc 函数取消了，也有可能是因为超时或其他原因被取消。

清单 12.45 中的 context.Context.Err 方法返回导致 Context 被取消的错误。

清单 12.45　context.Context.Err 方法

```
$ go doc context.Context.Err

package context // import "context"

type Context interface {

        // If Done is not yet closed, Err returns nil.
```

```
    // If Done is closed, Err returns a non-nil error explaining why:
    // Canceled if the context was canceled
    // or DeadlineExceeded if the context's deadline passed.
    // After Err returns a non-nil error, successive calls to Err return
    // the same error.
    Err() error
}
```
Go Version: go1.19

12.9.1 Context 取消错误

context 包定义了两个不同的 error 变量，可以用来检查从 Context.Err 方法返回的错误。

第一个是 context.Canceled，它在 Context 被取消时返回，如清单 12.46 所示。这个错误表示一个成功的取消。

清单 12.46　context.Canceled 错误

```
$ go doc context.Canceled

package context // import "context"

var Canceled = errors.New("context canceled")
    Canceled is the error returned by Context.Err when the context is canceled.
```
Go Version: go1.19

在清单 12.47 中，当我们第一次调用 context.Context.Err 方法时，它返回 nil。在调用 context.WithCancel 函数返回的 context.CancelFunc 函数后，context.Context.Err 方法返回一个 context.Canceled 错误。

清单 12.47　检查取消错误

```
func main() {

    // 创建一个初始 Context 实例
    ctx := context.Background()

    // 以一个可取消的 Context 实例包装初始 Context 实例
    ctx, cancel := context.WithCancel(ctx)

    // 检查错误
    fmt.Println("ctx.Err()", ctx.Err())

    // 取消 Context 实例
    cancel()

    // 检查错误：context.Canceled
```

```
    fmt.Println("ctx.Err()", ctx.Err())
    // 再次检查错误: context.Canceled
    fmt.Println("ctx.Err()", ctx.Err())
}
```

```
$ go run .
```

```
ctx.Err() <nil>
ctx.Err() context canceled
ctx.Err() context canceled
```

Go Version: go1.19

12.9.2 超出截止时间错误

当一个 context.Context 由于超过了截止时间或超时而被取消时，context.Context.Err 方法返回一个 context.DeadlineExceeded 错误，如清单 12.48 所示。

清单 12.48　context.DeadlineExceeded 错误

```
$ go doc context.DeadlineExceeded

package context // import "context"

var DeadlineExceeded error = deadlineExceededError{}
    DeadlineExceeded is the error returned by Context.Err when the context's
    ↪deadline passes.
```

Go Version: go1.19

如清单 12.49 所示，我们创建了一个 context.Context，它会在 1 秒后自动取消。当我们在 context.Context 超时之前调用 context.Err 方法时，该方法返回 nil。

清单 12.49　检查超出截止时间错误

```
func main() {

    // 创建一个初始 Context 实例
    ctx := context.Background()

    // 包装此 Context 实例使其在 10 毫秒后自动取消
    ctx, cancel := context.WithTimeout(ctx, 10* time.Millisecond)
    defer cancel()

    // 检查错误: nil
    fmt.Println("ctx.Err()", ctx.Err())

    // 等待 Context 实例自动取消
    <-ctx.Done()
```

```
    // 检查错误: context.DeadlineExceeded
    fmt.Println("ctx.Err()", ctx.Err())

    // 再次检查错误: context.DeadlineExceeded
    fmt.Println("ctx.Err()", ctx.Err())
}
```

```
$ go run .

ctx.Err() <nil>
ctx.Err() context deadline exceeded
ctx.Err() context deadline exceeded
```

```
Go Version: go1.19
```

从输出中可以看到，在运行指定的一段时间后，context.Context 超时了，并且 context.Context.Err 方法返回了一个 context.DeadlineExceeded 错误。

12.10   使用 Context 监听系统信号

之前在第 11 章讨论通道时，展示了如何使用 signal.Notify 来捕捉系统信号，比如 ctrl-c。如清单 12.50 所示，signal.NotifyContext 函数是 signal.Notify 函数的一个变种，它接受一个 context.Context 作为参数，并返回一个 context.Context。返回的 context.Context 将在收到系统信号时被取消。

清单 12.50   signal.NotifyContext 函数

```
$ go doc os/signal.NotifyContext

package signal // import "os/signal"

func NotifyContext(parent context.Context, signals ...os.Signal)
    ➥(ctx context.Context, stop context.CancelFunc) NotifyContext returns a
    ➥copy of the parent context that is marked done (its Done channel is
    ➥closed) when one of the listed signals arrives, when the returned stop
    ➥function is called, or when the parent context's Done channel is closed,
    ➥whichever happens first.

    The stop function unregisters the signal behavior, which, like
    ➥signal.Reset, may restore the default behavior for a given signal.
    ➥For example, the default behavior of a Go program receiving os.Interrupt
    ➥is to exit. Calling NotifyContext(parent, os.Interrupt) will change the
    ➥behavior to cancel the returned context. Future interrupts received will
    ➥not trigger the default (exit) behavior until the returned stop function
    ➥is called.
```

```
The stop function releases resources associated with it, so code should
↪call stop as soon as the operations running in this Context complete
↪and signals no longer need to be diverted to the context.
```

Go Version: go1.19

参考清单 12.51，我们使用 signal.NotifyContext 函数来监听 ctrl-c。这个函数返回一个包装的 context.Context，这个包装的 context.Context 将在收到信号时被取消。该函数还返回一个 context.CancelFunc，在需要时可以用它来取消返回的 context.Context。

清单 12.51   监听系统信号

```go
func main() {

    // 创建一个初始 Context 实例
    ctx := context.Background()

    // 将初始 Context 实例包装为 50 毫秒后自动取消的 Context 实例，确保应用程序最终能退出
    ctx, cancel := context.WithTimeout(ctx, 50* time.Millisecond)
    defer cancel()

    // 将 Context 实例包装为一个能在收到中断信号（ctrl-c）时自动取消的 Context 实例
    ctx, cancel = signal.NotifyContext(ctx, os.Interrupt)
    defer cancel()

    // 启动一个 goroutine，它会在 10 毫秒后触发一个中断信号
    go func() {
        time.Sleep(10 * time.Millisecond)

        fmt.Println("sending ctrl-c")

        // 将中断信号发送到当前进程
        syscall.Kill(syscall.Getpid(), syscall.SIGINT)
    }()

    fmt.Println("waiting for context to finish")

    // 等待 Context 实例完成
    <-ctx.Done()

    fmt.Printf("context finished: %v\n", ctx.Err())

}
```

测试信号

测试系统信号是很棘手的，你必须注意不要意外地退出运行的测试。然而，syscall 包并没

有提供测试信号或实现测试信号的方法。

　　你可以在测试中使用 syscall.SIGUSR1 或 syscall.SIGUSR2，因为这些信号是专门供开发者按需使用的。

　　当你测试信号时，测试的是全局信号，这个信号会被任何其他正在监听该信号的对象捕捉到。我们要确保在测试信号时，不会并行地运行测试，并且不要让其他测试也监听同一信号。

　　请看清单 12.52 中的代码。该如何测试 Listener 函数能否正确地响应一个信号呢？我们不想让这个责任由 Listener 函数来承担。Listener 函数已经有了一个 context.Context，可以用来监听取消事件。Listener 函数并不关心它为什么被通知停止监听，它只需停止监听即可。停止监听可能是因为截止时间到了，我们收到了一个中断信号，或者因为应用程序不再需要 Listener 函数继续运行。

清单 12.52　Listener 函数

```
func Listener(ctx context.Context, t testing.TB) {
    t.Log("waiting for context to finish")

    // 等待 Context 实例完成
    <-ctx.Done()

}
```

　　如清单 12.53 所示，在调用 Listener 函数之前，我们首先创建一个 context.Context。如果没有其他事情发生，该 Context 将在 5 秒后自动取消。然后我们用 signal.NotifyContext 函数包装此 Context 来获得一个新的 Context，当系统收到一个 TEST_SIGNAL 信号时，这个新的 Context 就会自动取消。

　　在测试中，我们用 select 语句来等待其中一个 context.Context 被取消，然后做出相应的反应。

清单 12.53　测试 Listener 函数

```
// 使用 syscall.SIGUSR 来测试
const TEST_SIGNAL = syscall.SIGUSR2

func Test_Signals(t *testing.T) {

    // 创建一个初始 Context
    ctx := context.Background()

    // 将此 Context 实例包装成新的 Context 实例，如果这个新的 Context 实例在 5 秒内没有执行完，则它自动取消
    ctx, cancel := context.WithTimeout(ctx, 5* time.Second)
    defer cancel()

    // 将此 Context 实例包装成新的 Context 实例，当收到 TEST_SIGNAL 时，包装后的 Context 会自动取消
    sigCtx, cancel := signal.NotifyContext(ctx, TEST_SIGNAL)
    defer cancel()
    print(t, sigCtx)
```

```
    // 启动一个 goroutine 来等待 Context 实例执行完
    go Listener(sigCtx, t)

    // 启动一个 goroutine 在 1 秒后向系统内发送 TEST_SIGNAL 信号
    go func() {
        time.Sleep(time.Second)

        t.Log("sending test signal")

        // 向系统内发送 TEST_SIGNAL 信号
        syscall.Kill(syscall.Getpid(), TEST_SIGNAL)
    }()

    // 等待 Context 实例执行完
    select {
    case <-ctx.Done():
        t.Log("context finished")
    case <-sigCtx.Done():
        t.Log("signal received")
        t.Log("successfully completed")
        return
    }

    err := ctx.Err()
    if err == nil {
        return
    }

    // 如果我们收到了一个 DeadlineExceeded 错误，那么 Context 实例执行超时
    // 且没有收到信号
    if err == context.DeadlineExceeded {
        t.Fatal("unexpected error", err)
    }

}
```

如清单 12.54 所示，在一个 goroutine 里，我们可以使用 syscall.Kill 函数将 TEST_SIGNAL 信号发送给当前进程，进程号使用 syscall.Getpid 函数获取。最后，测试在 1 秒后成功退出。

清单 12.54　发送一个 TEST_SIGNAL 信号

```
// 启动一个 goroutine 在 1 秒后向系统内发送 TEST_SIGNAL 信号
go func() {
    time.Sleep(time.Second)

    t.Log("sending test signal")
```

```
    // 向系统内发送 TEST_SIGNAL 信号
    syscall.Kill(syscall.Getpid(), TEST_SIGNAL)
}()
```

```
$ go test -v

=== RUN Test_Signals
    signals_test.go:46: SignalCtx([]os.Signal{31})
                --> WithCancel
                    --> WithTimeout(deadline:{wall:13882047112088836168
              ext:5001109709 loc:0x104dde700})
                    --> Background
    signals_test.go:15: waiting for context to finish
    signals_test.go:58: sending test signal
    signals_test.go:70: signal received
    signals_test.go:71: successfully completed
--- PASS: Test_Signals (1.00s)
PASS
ok    demo    1.674s
Go Version: go1.19
```

12.11　本章小结

　　本章探讨了 Go 语言中 Context 的概念，首先解释了 Context 是一种用来管理取消、超时和其他请求范围内值的方式，并且 Context 可以在 API 边界和进程之间传递。然后讨论了如何使用 Context 来重构大量涉及通道的代码，例如监听系统信号。接着讨论了 Context 的节点层次结构，即如何在父 Context 的基础上包装一个新的 context.Context，最后解释了取消 context.Context 的几种方式的区别以及如何使用多个 context.Context 来确认关闭行为。context 包虽然小，但却是管理应用程序并发的一个非常强大的工具。

第 13 章

同步

在第 11 章中，我们解释了如何使用通道在 goroutine 之间传递数据。然后，在第 12 章中，我们讨论了如何使用 context 包来管理 goroutine 的取消操作。本章将介绍并发编程的最后一部分：同步。

我们将向你展示如何等待多个 goroutine 执行完，同时解释什么是竞争条件，如何使用 Go 语言的 -race 命令行标志来发现代码中的竞争条件，以及如何使用 sync.Mutex 和 sync.RWMutex 类型来对其进行修复。

最后，我们将讨论如何使用 sync.Once 类型来确保函数仅被执行一次。

13.1　使用 WaitGroup 等待 goroutine

通常情况下，你可能希望在继续执行程序之前等待多个 goroutine 执行完。例如，你可能想要生成一些 goroutine 来创建一些不同尺寸的缩略图，并等待这些 goroutine 全部执行完以后再继续执行程序。

13.1.1　问题

如清单 13.1 所示，我们启动了 5 个新的 goroutine，每个 goroutine 负责创建一个大小不同的缩略图，然后等待它们全部执行完。

清单 13.1　启动多个 goroutine 来完成同一个任务

```
func Test_ThumbnailGenerator(t *testing.T) {
    t.Parallel()

    // 我们需要生成缩略图的图片
    const image = "foo.png"

    // 启动 5 个 goroutine 来生成缩略图
```

```
        for i := 0; i < 5; i++ {

                // 为每个缩略图启动一个新的 goroutine
                go generateThumbnail(image, i+1)

        }

        fmt.Println("Waiting for thumbnails to be generated")
}
```

清单 13.2 中的 generateThumbnail 函数可以用来生成一个指定大小的缩略图。在这个例子中，我们使用 size 毫秒的睡眠来模拟生成缩略图所需的时间。例如，如果我们调用了 generateThumbnail("foo.png", 200)，则会在返回之前睡眠 200 毫秒。

清单 13.2   在所有 goroutine 执行完之前退出的测试

```
func generateThumbnail(image string, size int) {

        // 生成缩略图
        thumb := fmt.Sprintf("%s@%dx.png", image, size)

        fmt.Println("Generating thumbnail:", thumb)

        // 等待缩略图准备就绪
        time.Sleep(time.Millisecond *time.Duration(size))

        fmt.Println("Finished generating thumbnail:", thumb)
}
```

```
$ go test -v

=== RUN Test_ThumbnailGenerator
=== PAUSE Test_ThumbnailGenerator
=== CONT Test_ThumbnailGenerator
Waiting for thumbnails to be generated
--- PASS: Test_ThumbnailGenerator (0.00s)
PASS
ok      demo    0.408s

Go Version: go1.19
```

从清单 13.2 的测试输出可以看出，测试在缩略图生成之前就退出了。

测试提前退出是因为我们没有提供任何机制来确保在继续执行程序之前等待所有的 goroutine 生成缩略图。

13.1.2   使用 WaitGroup

为了解决这个问题，我们可以使用 sync.WaitGroup 类型（参见清单 13.3）来跟踪还有多少个 goroutine 在执行，并在它们全部执行完时通知我们。

清单 13.3 sync.WaitGroup 类型

```
$ go doc -short sync.WaitGroup

type WaitGroup struct {
        // Has unexported fields.
}
    A WaitGroup waits for a collection of goroutines to finish. The main
    ➥goroutine calls Add to set the number of goroutines to wait for. Then
    ➥each of the goroutines runs and calls Done when finished. At the same
    ➥time, Wait can be used to block until all goroutines have finished.

    A WaitGroup must not be copied after first use.

func (wg * WaitGroup) Add(delta int)
func (wg * WaitGroup) Done()
func (wg * WaitGroup) Wait()
```
Go Version: go1.19

原理很简单：我们创建一个 sync.WaitGroup 类型并使用 sync.WaitGroup.Add 方法将每个要等待的 goroutine 添加到 sync.WaitGroup 类型中。当我们想要等待所有的 goroutine 执行完时，调用 sync.WaitGroup.Wait 方法。当 goroutine 执行完时，调用 sync.WaitGroup.Done 方法来指示该 goroutine 已执行完。

13.1.3 Wait 方法

顾名思义，sync.WaitGroup 类型用于等待一组任务或 goroutine 执行完。为此，我们需要通过一种方式来实现阻塞，直到所有的任务都完成。在清单 13.4 中的 sync.WaitGroup.Wait 方法正是这样做的。

sync.WaitGroup.Wait 方法会被阻塞，直到其内部计数器为零。当计数器为零时，意味着所有任务都已完成，我们可以解除阻塞并继续执行程序。

清单 13.4 sync.WaitGroup.Wait 方法

```
$ go doc sync.WaitGroup.Wait

package sync // import "sync"

func (wg * WaitGroup) Wait()
    Wait blocks until the WaitGroup counter is zero.
```
Go Version: go1.19

13.1.4 Add 方法

为了让 sync.WaitGroup 知道需要等待多少个 goroutine，我们需要使用 sync.WaitGroup.Add 方法将它们添加到 sync.WaitGroup 中，如清单 13.5 所示。

清单 13.5 sync.WaitGroup.Add 方法

```
$ go doc sync.WaitGroup.Add

package sync // import "sync"

func (wg * WaitGroup) Add(delta int)
    Add adds delta, which may be negative, to the WaitGroup counter.
    ➥If the counter becomes zero, all goroutines blocked on Wait are released.
    ➥If the counter goes negative, Add panics.

    Note that calls with a positive delta that occur when the counter is
    ➥zero must happen before a Wait. Calls with a negative delta, or calls
    ➥with a positive delta that start when the counter is greater than zero,
    ➥may happen at any time. Typically this means the calls to Add should
    ➥execute before the statement creating the goroutine or other event to be
    ➥waited for. If a WaitGroup is reused to wait for several independent
    ➥sets of events, new Add calls must happen after all previous Wait calls
    ➥have returned. See the WaitGroup example.
```
Go Version: go1.19

sync.WaitGroup.Add 方法接受一个整数参数，该参数表示要等待的 goroutine 数量。但是，有一些事项需要注意。

13.1.4.1 添加正数

sync.WaitGroup.Add 方法接受一个 int 类型的参数，该参数是要等待的 goroutine 数量。如果我们传递一个正数，则 sync.WaitGroup.Add 方法会将相应数量的 goroutine 添加到 sync.WaitGroup 类型中。

正如你在清单 13.6 的测试输出中所看到的，sync.WaitGroup.Wait 方法会被阻塞，直到 sync.WaitGroup 类型的内部计数器为零为止。

清单 13.6 添加正数个 goroutine

```
func Test_WaitGroup_Add_Positive(t *testing.T) {
    t.Parallel()

    var completed bool

    // 创建一个新的 WaitGroup 实例 wg（计数：0）
    var wg sync.WaitGroup
```

```
    // 将 WaitGroup 加 1（计数：1）
    wg.Add(1)

    // 启动一个 goroutine 来调用 Done() 方法
    go func(wg *sync.WaitGroup) {

        // 短暂睡眠
        time.Sleep(time.Millisecond *10)

        fmt.Println("done with waitgroup")

        completed = true

        // 调用 Done() 方法来减少 WaitGroup 实例计数器的值（当前为 0）
        wg.Done()
    }(&wg)

    fmt.Println("waiting for waitgroup to unblock")

    // 等待 WaitGroup 实例解除阻塞（计数：1）
    wg.Wait()
    //（计数：0）

    fmt.Println("waitgroup is unblocked")

    if !completed {
        t.Fatal("waitgroup is not completed")
    }
}
```

```
$ go test -v -run Positive

=== RUN   Test_WaitGroup_Add_Positive
=== PAUSE Test_WaitGroup_Add_Positive
=== CONT  Test_WaitGroup_Add_Positive
waiting for waitgroup to unblock
done with waitgroup
waitgroup is unblocked
--- PASS: Test_WaitGroup_Add_Positive (0.01s)
PASS
ok      demo    0.351s
```

Go Version: go1.19

13.1.4.2　添加数字 0

调用 sync.WaitGroup.Add 方法时传入数字 0 是合法的，如清单 13.7 所示。
在这种情况下，sync.WaitGroup.Add 方法不会执行任何操作，该调用变成了空操作。

清单 13.7 添加 0 个 goroutine

```
func Test_WaitGroup_Add_Zero(t *testing.T) {
    t.Parallel()

    // 创建一个新的 WaitGroup 实例（计数：0）
    var wg sync.WaitGroup

    // 将 0 添加到 WaitGroup 实例中（计数：0）
    wg.Add(0)
    // （计数：0）

    fmt.Println("waiting for waitgroup to unblock")

    // 等待 WaitGroup 实例解除阻塞（计数：0）
    // 因为计数器已经是 0，所以不会阻塞
    wg.Wait()
    // （计数：0）

    fmt.Println("waitgroup is unblocked")
}
```

```
$ go test -v -run Zero

=== RUN   Test_WaitGroup_Add_Zero
=== PAUSE Test_WaitGroup_Add_Zero
=== CONT  Test_WaitGroup_Add_Zero
waiting for waitgroup to unblock
waitgroup is unblocked
--- PASS: Test_WaitGroup_Add_Zero (0.00s)
PASS
ok      demo    0.166s
```

```
Go Version: go1.19
```

从清单 13.7 中的测试输出可以看出，sync.WaitGroup.Wait 方法立即解除了阻塞，因为其内部计数器已经为零。

13.1.4.3 添加负数

调用 sync.WaitGroup.Add 方法时若传入负数，会导致该方法触发 panic。

从清单 13.8 中的测试输出可以看出，在我们尝试添加负数个 goroutine 时，sync.WaitGroup.Add 方法触发了 panic，因而永远没有执行 sync.WaitGroup.Wait 方法。

清单 13.8 添加负数个 goroutine

```
func Test_WaitGroup_Add_Negative(t *testing.T) {
    t.Parallel()
```

```
    // 创建一个新的 WaitGroup 实例（计数：0）
    var wg sync.WaitGroup

    // 使用匿名函数来捕获 panic
    // 这样我们就可以正确地将测试标记为失败
    func() {

        // 使用延迟函数捕获 panic
        defer func() {
            // 恢复 panic
            if r := recover(); r != nil {
                // 将测试标记为失败
                t.Fatal(r)
            }
        }()

        // 将负数添加到 WaitGroup 实例中
        // 这将导致产生 panic，因为计数器不能为负数
        wg.Add(-1)

        fmt.Println("waiting for waitgroup to unblock")

        // 这段代码永远不会被执行
        wg.Wait()

        fmt.Println("waitgroup is unblocked")
    }()

}
```

```
$ go test -v -run Negative

=== RUN   Test_WaitGroup_Add_Negative
=== PAUSE Test_WaitGroup_Add_Negative
=== CONT  Test_WaitGroup_Add_Negative
    add_test.go:92: sync: negative WaitGroup counter
--- FAIL: Test_WaitGroup_Add_Negative (0.00s)
FAIL
exit status 1
FAIL    demo    0.753s
```

Go Version: go1.19

13.1.5 Done 方法

一旦我们通过调用 sync.WaitGroup.Add 方法增加了计数器功能，sync.WaitGroup.Wait 方法就会被阻塞，直到我们执行完 goroutine 并减少计数器的值为止。

对于我们使用 sync.WaitGroup.Add 方法添加的每一项功能，都需要通过调用 sync.WaitGroup.Done 方法（参见清单 13.9）来表明相应的 goroutine 已经执行完。

清单 13.9　sync.WaitGroup.Done 方法

```
$ go doc sync.WaitGroup.Done

package sync // import "sync"

func (wg * WaitGroup) Done()
    Done decrements the WaitGroup counter by one.
```
Go Version: go1.19

清单 13.10 中的代码创建了 *N* 个 goroutine 并使用 sync.WaitGroup.Add 方法将 *N* 添加到 sync.WaitGroup 类型中。每个 goroutine 在执行完以后会调用 sync.WaitGroup.Done 方法。然后我们使用 sync.WaitGroup.Wait 方法等待所有的 goroutine 执行完。

清单 13.10　测试 sync.WaitGroup.Done 方法

```
func Test_WaitGroup_Done(t *testing.T) {
    t.Parallel()

    const N = 5

    // 创建一个新的 WaitGroup 实例（计数：0）
    var wg sync.WaitGroup

    // 将 WaitGroup 实例加 5（计数：5）
    wg.Add(N)

    for i := 0; i < N; i++ {

        // 启动一个 goroutine，在它执行完时调用 WaitGroup 实例的 Done 方法
        go func(i int) {

            // 短暂睡眠
            time.Sleep(time.Millisecond *time.Duration(i))

            fmt.Println("decrementing waiting by 1")

            // 调用 WaitGroup 实例的 Done 方法
```

```
        //  (计数器的值减 1)
        wg.Done()
    }(i + 1)
}

fmt.Println("waiting for waitgroup to unblock")

wg.Wait()

fmt.Println("waitgroup is unblocked")
}
```

```
$ go test -v -timeout 1s

=== RUN   Test_WaitGroup_Done
=== PAUSE Test_WaitGroup_Done
=== CONT  Test_WaitGroup_Done
waiting for waitgroup to unblock
decremeting waiting by 1
decremeting waiting by 1
decremeting waiting by 1
decremeting waiting by 1
decremeting waiting by 1
waitgroup is unblocked
--- PASS: Test_WaitGroup_Done (0.01s)
PASS
ok      demo    0.384s
```

Go Version: go1.19

从清单 13.10 的测试输出中可以看出，sync.WaitGroup.Wait 方法在所有的 goroutine 执行完以后解除了阻塞。

不当使用

> 对于通过 sync.WaitGroup.Add 方法添加的每一项功能，你必须恰好调用一次 sync.WaitGroup.Done 方法。

如果你没有为使用 sync.WaitGroup.Add 方法添加的每一项功能恰好调用一次 sync.WaitGroup.Done 方法，则会导致 sync.WaitGroup.Wait 方法永久阻塞，从而导致死锁并使程序崩溃，如清单 13.11 所示。

清单 13.11 使用 sync.WaitGroup.Done 方法来减少 sync.WaitGroup 的计数

```
func Test_WaitGroup_Done(t *testing.T) {
    t.Parallel()

    const N = 5
```

```
// 创建一个新的 WaitGroup 实例（计数：0）
var wg sync.WaitGroup

// 将 WaitGroup 实例加 5（计数：5）
wg.Add(N)

for i := 0; i < N; i++ {

    // 启动 goroutine，在它执行完时未调用 WaitGroup 实例的 Done 方法①
    go func(i int) {

        // 短暂睡眠
        time.Sleep(time.Millisecond *time.Duration(i))

        fmt.Println("finished")

            // 未调用 Done 方法退出
    // (计数: count)
    }(i + 1)
}

fmt.Println("waiting for waitgroup to unblock")

// 这将永远不会解除阻塞
// 因为 goroutine 从未调用 Done 方法
// 应用程序将出现死锁并引发 panic
wg.Wait()

fmt.Println("waitgroup is unblocked")
}
```

```
$ go test -v -timeout 1s

=== RUN    Test_WaitGroup_Done
=== PAUSE  Test_WaitGroup_Done
=== CONT   Test_WaitGroup_Done
waiting for waitgroup to unblock
finished
finished
finished
finished
finished
panic: test timed out after 1s

goroutine 19 [running]:
testing.(* M).startAlarm.func1()
```

---

① 这里原文有问题，应该是"未调用"，而不是"调用"，已改。——译者注

```
    /usr/local/go/src/testing/testing.go:2029 +0x8c
created by time.goFunc
    /usr/local/go/src/time/sleep.go:176 +0x3c

goroutine 1 [chan receive]:
testing.tRunner.func1()
    /usr/local/go/src/testing/testing.go:1405 +0x45c
testing.tRunner(0x140001361a0, 0x1400010fcb8)
    /usr/local/go/src/testing/testing.go:1445 +0x14c
testing.runTests(0x1400001e280?, {0x101045ea0, 0x1, 0x1},
➡{0x6e00000000000000?, 0x100e71218?, 0x10104e640?})
    /usr/local/go/src/testing/testing.go:1837 +0x3f0
testing.(* M).Run(0x1400001e280)
    /usr/local/go/src/testing/testing.go:1719 +0x500
main.main()
    _testmain.go:47 +0x1d0

goroutine 4 [semacquire]:
sync.runtime_Semacquire(0x0?)
    /usr/local/go/src/runtime/sema.go:56 +0x2c
sync.(* WaitGroup).Wait(0x14000012140)
    /usr/local/go/src/sync/waitgroup.go:136 +0x88
demo.Test_WaitGroup_Done(0x0?)
    ./done_test.go:43 0xd0
testing.tRunner(0x14000136340, 0x100fa1580)
    /usr/local/go/src/testing/testing.go:1439 +0x110
created by testing.(* T).Run
    /usr/local/go/src/testing/testing.go:1486 +0x300
exit status 2
FAIL demo 1.225s
```

Go Version: go1.19

如果你调用 sync.WaitGroup.Done 方法的次数超过了使用 sync.WaitGroup.Add 方法添加的功能数量，则 sync.WaitGroup.Done 方法会引发 panic，如清单 13.12 所示。清单 13.12 中程序的执行结果与使用负数调用 sync.WaitGroup.Add 方法相同。

清单 13.12　因减少 sync.WaitGroup 的次数过多而引发 panic

```go
func Test_WaitGroup_Done(t *testing.T) {
    t.Parallel()

    func() {
        // 使用延迟函数以捕获 panic
        defer func() {

            // 恢复 panic
            if r := recover(); r != nil {
```

```
            // 将测试标记为失败
            t.Fatal(r)
        }
    }()

    //创建一个新的 WaitGroup 实例（计数：0）
    var wg sync.WaitGroup

    // 调用 done 来创建一个负的 WaitGroup 实例计数器
    wg.Done()

    // 这一行永远不会被执行
    fmt.Println("waitgroup is unblocked")
    }()

}
```

```
$ go test -v -timeout 1s

=== RUN   Test_WaitGroup_Done
=== PAUSE Test_WaitGroup_Done
=== CONT  Test_WaitGroup_Done
    done_test.go:20: sync: negative WaitGroup counter
--- FAIL: Test_WaitGroup_Done (0.00s)
FAIL
exit status 1
FAIL    demo    0.416s

Go Version: go1.19
```

13.1.6 关于 WaitGroup 的小结

使用 sync.WaitGroup 类型可以很好地管理 goroutine 或任何其他需要在程序继续执行之前完成的测试任务的数量。

正如你所看到的，我们可以有效地使用 sync.WaitGroup 类型来管理初始示例中的缩略图生成器 goroutine。

在清单 13.13 中，我们创建了一个新的 sync.WaitGroup 类型。然后，在 for 循环中使用 sync.WaitGroup.Add 方法将 sync.WaitGroup 类型加 1。接着将 generateThumbnail 函数的指针传递给了 sync.WaitGroup 类型。这里需要用到指针是因为 generateThumbnail 函数要通过调用 sync.WaitGroup.Done 方法来修改 sync.WaitGroup 类型。

最后，我们调用 sync.WaitGroup.Wait 方法等待所有的 goroutine 执行完。

清单 13.13   使用 sync.WaitGroup 类型管理缩略图生成器 goroutine

```
func Test_ThumbnailGenerator(t *testing.T) {
    t.Parallel()
```

```
    // 需要生成缩略图的图片
    const image = "foo.png"

    var wg sync.WaitGroup

    // 启动 5 个 goroutine 来生成缩略图
    for i := 0; i < 5; i++ {
        wg.Add(1)

        // 为每个缩略图启动一个新的 goroutine
        go generateThumbnail(&wg, image, i+1)

    }

    fmt.Println("Waiting for thumbnails to be generated")

    // 等待所有的 goroutine 执行完
    wg.Wait()

    fmt.Println("Finished generate all thumbnails")
}
```

generateThumbnail 函数现在接收一个指向 sync.WaitGroup 类型的指针，并延迟调用 sync.WaitGroup.Done 方法来表示当函数退出时 goroutine 已执行完。

最后，正如清单 13.14 中的测试输出所示，应用程序现在成功地生成了缩略图。

清单 13.14 使用 sync.WaitGroup 类型生成缩略图

```
func generateThumbnail(wg *sync.WaitGroup, image string, size int) {
    defer wg.Done()

    // 生成缩略图
    thumb := fmt.Sprintf("%s@%dx.png", image, size)

    fmt.Println("Generating thumbnail:", thumb)

    // 等待缩略图准备就绪
    time.Sleep(time.Millisecond *time.Duration(size))

    fmt.Println("Finished generating thumbnail:", thumb)
}
```

```
$ go test -v

=== RUN   Test_ThumbnailGenerator
=== PAUSE Test_ThumbnailGenerator
=== CONT  Test_ThumbnailGenerator
```

```
Waiting for thumbnails to be generated
Generating thumbnail: foo.png@5x.png
Generating thumbnail: foo.png@3x.png
Generating thumbnail: foo.png@4x.png
Generating thumbnail: foo.png@2x.png
Generating thumbnail: foo.png@1x.png
Finished generating thumbnail: foo.png@1x.png
Finished generating thumbnail: foo.png@2x.png
Finished generating thumbnail: foo.png@3x.png
Finished generating thumbnail: foo.png@4x.png
Finished generating thumbnail: foo.png@5x.png
Finished generate all thumbnails
--- PASS: Test_ThumbnailGenerator (0.01s)
PASS
ok     demo     0.310s
```
Go Version: go1.19

13.2　使用 errgroup.Group 进行错误管理

sync.WaitGroup 类型的一个缺点是它没有内置的错误管理来捕获 goroutine 中发生的错误。此外，它还有一个需要精确实现的 API，否则就会引发 panic。

为了解决这些问题中的一部分，我们引入了 golang.org/x/sync/errgroup 包（见清单 13.15），它提供了更简单的 API 以及内置的错误管理。

清单 13.15　golang.org/x/sync/errgroup 包

```
$ go doc golang.org/x/sync/errgroup

package errgroup // import "golang.org/x/sync/errgroup"

Package errgroup provides synchronization, error propagation, and Context
➥cancelation for groups of goroutines working on subtasks of a common task.

type Group struct{ ... }
    func WithContext(ctx context.Context) (* Group, context.Context)
```
Go Version: go1.19

13.2.1　问题

清单 13.16 中的例子启动了许多 goroutine 来调用 generateThumbnail 函数，并使用 sync.WaitGroup 类型等待所有的 goroutine 执行完。

清单 13.16　使用 sync.WaitGroup 类型管理 goroutine

```
func Test_ThumbnailGenerator(t *testing.T) {
```

```
    t.Parallel()

    // 需要生成缩略图的图片
    const image = "foo.png"

    var wg sync.WaitGroup

    // 启动 5 个 goroutine 来生成缩略图
    for i := 0; i < 5; i++ {
        wg.Add(1)

        // 为每个缩略图启动一个新的 goroutine
        go generateThumbnail(&wg, image, i+1)

    }

    fmt.Println("Waiting for thumbnails to be generated")

    // 等待所有的 goroutine 执行完
    wg.Wait()

    fmt.Println("Finished generate all thumbnails")
}
```

如清单 13.17 所示，在 generateThumbnail 函数内部，我们看到在 size 参数可被 5 整除时会发生错误，这会导致产生 panic 并使应用程序崩溃。

清单 13.17　generateThumbnail 函数

```
func generateThumbnail(wg *sync.WaitGroup, image string, size int) {
    defer wg.Done()

    // 如果 size 可被 5 整除，则出现错误
    if size%5 == 0 {
        // 如何将此错误返回到主 goroutine 中而不会引发 panic
        err := fmt.Errorf("%d is divisible by 5", size)
        panic(err)
    }

    // 生成缩略图
    thumb := fmt.Sprintf("%s@%dx.png", image, size)

    fmt.Println("Generating thumbnail:", thumb)

    // 等待缩略图准备就绪
    time.Sleep(time.Millisecond *time.Duration(size))
```

```
        fmt.Println("Finished generating thumbnail:", thumb)
}
```

```
$ go test -v

=== RUN Test_ThumbnailGenerator
=== PAUSE Test_ThumbnailGenerator
=== CONT Test_ThumbnailGenerator
Waiting for thumbnails to be generated
panic: 5 is divisible by 5
goroutine 9 [running]:
demo.generateThumbnail(0x0?, {0x10268ac77?, 0x0?}, 0x0?)
        ./demo_test.go:47 +0x21c
created by demo.Test_ThumbnailGenerator
        ./demo_test.go:24 +0x4c
exit status 2
FAIL    demo    0.619s
```

Go Version: go1.19

13.2.2　errgroup.Group 类型

与 sync.WaitGroup 类型相比，errgroup.Group 类型提供了更简单的 API。它只有两个方法：errgroup.Group.Go 和 errgroup.Group.Wait 方法。

如清单 13.18 所示，errgroup.Group 类型为你管理计数器，因此不需要像使用 sync.WaitGroup 类型那样进行计数器管理。

清单 13.18　errgroup.Group 类型

```
$ go doc golang.org/x/sync/errgroup.Group

package errgroup // import "golang.org/x/sync/errgroup"

type Group struct {
        // Has unexported fields.
}
    A Group is a collection of goroutines working on subtasks that are part
    ⮞of the same overall task.

    A zero Group is valid and does not cancel on error.

func WithContext(ctx context.Context) (* Group, context.Context)
func (g * Group) Go(f func() error)
func (g * Group) Wait() error
```

Go Version: go1.19

13.2.2.1 Go 方法

如清单 13.19 所示，你可以使用 errgroup.Group.Go 方法为提供的 func() error 函数启动一个 goroutine。func() error 函数将在 goroutine 中执行。如果该函数返回错误，errgroup.Group 类型会捕获该错误、取消其他 goroutine 并从 errgroup.Group.Wait 方法中将错误返回给调用者。

清单 13.19　errgroup.Group.Go 方法

```
$ go doc golang.org/x/sync/errgroup.Group.Go

package errgroup // import "golang.org/x/sync/errgroup"

func (g * Group) Go(f func() error)
    Go calls the given function in a new goroutine.

    The first call to return a non-nil error cancels the group; its error
    ➥will be returned by Wait.
```

Go Version: go1.19

13.2.2.2 wait 方法

如清单 13.20 所示，你可以使用 errgroup.Group.Wait 方法等待所有的 goroutine 执行完。如果任何一个 goroutine 返回错误，则 errgroup.Group 类型会将该错误返回给调用者。

清单 13.20　errgroup.Group.Wait 方法

```
$ go doc golang.org/x/sync/errgroup.Group.Wait

package errgroup // import "golang.org/x/sync/errgroup"

func (g * Group) Wait() error
    Wait blocks until all function calls from the Go method have returned,
    ➥then returns the first non-nil error (if any) from them.
```

Go Version: go1.19

重要的是要理解 errgroup.Group.Wait 方法仅返回发生的第一个错误。任何其他错误都将被忽略。在清单 13.21 中，我们调用了 errorgroup.Group 类型的 Go 方法 10 次。每次我们传递一个函数，该函数就会睡眠一段随机时间，然后打印一条消息并返回一个错误。从测试输出中可以看出，Wait 方法返回的错误来自第四个函数。其他九个错误被丢弃了。

清单 13.21　errgroup.Group.Wait 方法仅返回第一个错误

```
func Test_ErrorGroup_Multiple_Errors(t *testing.T) {
    t.Parallel()

    var wg errgroup.Group
```

```
    for i := 0; i < 10; i++ {
        i := i + 1

        wg.Go(func() error {

            time.Sleep(time.Millisecond *time.Duration(rand.Intn(10)))

            fmt.Printf("about to error from %d\n", i)

            return fmt.Errorf("error %d", i)

        })
    }

    err := wg.Wait()
    if err != nil {
        t.Fatal(err)
    }

}
```

```
$ go test -v

=== RUN   Test_ErrorGroup_Multiple_Errors
=== PAUSE Test_ErrorGroup_Multiple_Errors
=== CONT  Test_ErrorGroup_Multiple_Errors
about to error from 4
about to error from 6
about to error from 3
about to error from 1
about to error from 9
about to error from 10
about to error from 8
about to error from 5
about to error from 2
about to error from 7
    demo_test.go:38: error 4
--- FAIL: Test_ErrorGroup_Multiple_Errors (0.01s)
FAIL
exit status 1
FAIL    demo    0.263s
```
Go Version: go1.19

13.2.3　监听 errgroup.Group 类型的取消

在启动多个 goroutine 时，让其他人知道任务已经全部完成通常是很有用的。如清单 13.22

所示，errgroup.WithContext 函数会返回一个新的 errgroup.Group 和一个可以监听取消的 context.Context。

清单 13.22　errgroup.WithContext 函数

```go
func Test_ErrorGroup_Context(t *testing.T) {
    t.Parallel()

    // 创建一个新的 errgroup.Group 实例和 Context 实例，当 errgroup.Group 实例执行完时，Context 实例
    // 将被取消
    wg, ctx := errgroup.WithContext(context.Background())

    // 为等待 Context 实例被取消的 goroutine 创建一个 quit 通道，可以关闭该通道来通知 goroutine 已经结束
    quit := make(chan struct{})

    // 启动一个 goroutine，等待 errgroup.Group 实例和 Context 实例执行完
    go func() {
        fmt.Println("waiting for context to cancel")

        // 等待 Context 实例被取消
        <-ctx.Done()

        fmt.Println("context canceled")

        // 关闭 quit 通道以便测试可以结束
        close(quit)
    }()

    // 将任务添加到 errgroup.Group 实例中
    wg.Go(func() error {
        time.Sleep(time.Millisecond *5)
        return nil
    })

    // 等待 errgroup.Group 实例执行完
    err := wg.Wait()
    if err != nil {
        t.Fatal(err)
    }

    // 等待 Context 实例的 goroutine 执行完
    <-quit
}
```
```
$ go test -v

=== RUN   Test_ErrorGroup_Context
```

```
=== PAUSE Test_ErrorGroup_Context
=== CONT  Test_ErrorGroup_Context
waiting for context to cancel
context canceled
--- PASS: Test_ErrorGroup_Context (0.01s)
PASS
ok    demo    0.725s
```

Go Version: go1.19

13.2.4　关于 errgroup.Group 类型的小结

errgroup.Group 类型提供了比 sync.WaitGroup 类型更简单的 API。它还提供了内置的错误管理功能。这使得带有错误处理的 goroutine 管理变得更加容易。缺点是它不像 sync.WaitGroup 类型自己管理计数器那样灵活。

选择使用哪种类型因情况而异，在决定使用哪种类型之前了解每种类型的利弊非常重要。使用 errgroup.Group 类型可以显著简化代码，使其更易于理解和管理错误。

从清单 13.23 中可以看出，generateThumbnail 函数不再需要将 sync.WaitGroup 类型作为参数传递。

清单 13.23　更新 generateThumbnail 函数以使用 errgroup.Group 类型

```
func generateThumbnail(image string, size int) error {

    // 如果 size 可被 5 整除，则出现错误
    if size%5 == 0 {
        return fmt.Errorf("%d is divisible by 5", size)
    }

    // 生成缩略图
    thumb := fmt.Sprintf("%s@%dx.png", image, size)

    fmt.Println("Generating thumbnail:", thumb)

    // 等待缩略图准备就绪
    time.Sleep(time.Millisecond *time.Duration(size))

    fmt.Println("Finished generating thumbnail:", thumb)

    return nil
}
```

能够从函数中返回错误意味着该函数不再发生 panic。

从清单 13.24 的输出中可以看出，generateThumbnail 函数不再发生 panic，并且测试现在能够正常退出。

清单 13.24 使用 errgroup.Group 类型

```
func Test_ThumbnailGenerator(t *testing.T) {
    t.Parallel()

    // 需要生成缩略图的图片
    const image = "foo.png"

    // 创建一个新的 errgroup.Group 实例
    var wg errgroup.Group

    // 启动 5 个 goroutine 来生成缩略图
    for i := 0; i < 5; i++ {

        // 将 i 捕获到当前作用域
        i := i

        // 为每个缩略图启动一个新的 goroutine
        wg.Go(func() error {

            // 返回 generateThumbnail 的结果
            return generateThumbnail(image, i)
        })

    }

    fmt.Println("Waiting for thumbnails to be generated")

    // 等待所有的 goroutine 执行完
    err := wg.Wait()

    // 检查是否有任何错误
    if err != nil {
        t.Fatal(err)
    }

    fmt.Println("Finished generate all thumbnails")
}
```

```
$ go test -v

=== RUN   Test_ThumbnailGenerator
=== PAUSE Test_ThumbnailGenerator
=== CONT  Test_ThumbnailGenerator
Waiting for thumbnails to be generated
Generating thumbnail: foo.png@4x.png
Generating thumbnail: foo.png@3x.png
Generating thumbnail: foo.png@1x.png
```

```
Generating thumbnail: foo.png@2x.png
Finished generating thumbnail: foo.png@1x.png
Finished generating thumbnail: foo.png@2x.png
Finished generating thumbnail: foo.png@3x.png
Finished generating thumbnail: foo.png@4x.png
    demo_test.go:43: 0 is divisible by 5
--- FAIL: Test_ThumbnailGenerator (0.00s)
FAIL
exit status 1
FAIL    demo    0.570s
```

```
Go Version: go1.19
```

13.3　数据竞争

在编写并发应用程序时，常见的情况是遇到所谓的竞争条件。当两个不同的 goroutine 尝试访问相同的共享资源时就会出现竞争条件。

清单 13.25 的示例中有两个不同的 goroutine。一个 goroutine 将值插入 map 中，另一个 goroutine 遍历 map 并打印值。

清单 13.25　两个 goroutine 访问共享 map

```go
// 启动一个 goroutine 将数据写入 map
go func() {
    for i := 0; i < 10; i++ {

        // 循环将数据放入 map
        data[i] = true
    }

    // 取消 Context 实例
    cancel()
}()

// 启动一个 goroutine 从 map 中读取数据
go func() {
    // 遍历 map 并打印键/值
    for k, v := range data {
        fmt.Printf("%d: %v\n", k, v)
    }
}()
```

在清单 13.26 中，我们使用两个 goroutine 编写了一个测试来断言 map 被正确地写入和读取。

清单 13.26 在没有竞争检测器的情况下通过测试

```go
func Test_Mutex(t *testing.T) {
    t.Parallel()
    // 创建一个新的可取消 Context 实例，以便在 goroutine 执行完时停止测试
    ctx := context.Background()
    ctx, cancel := context.WithTimeout(ctx, 20*time.Millisecond)
    defer cancel()

    // 创建一个用作共享资源的 map
    data := map[int]bool{}

    // 启动一个 goroutine 将数据写入 map
    go func() {
        for i := 0; i < 10; i++ {

            // 循环将数据放入 map
            data[i] = true
        }

        // 取消 Context 实例
        cancel()
    }()

    // 启动一个 goroutine 从 map 中读取数据
    go func() {
        // 遍历 map 并打印键/值
        for k, v := range data {
            fmt.Printf("%d: %v\n", k, v)
        }
    }()

    // 等待 Context 实例被取消
    <-ctx.Done()

    if len(data) != 10 {
        t.Fatalf("expected 10 items in the map, got %d", len(data))
    }
}
```

```
$ go test -v

=== RUN   Test_Mutex
=== PAUSE Test_Mutex
=== CONT  Test_Mutex
--- PASS: Test_Mutex (0.00s)
PASS
```

```
ok    demo    0.471s
```

Go Version: go1.19

快速查看清单 13.26 的测试输出，结果似乎暗示测试已经成功通过，但事实并非如此。

13.3.1 竞争检测器

一些 Go 命令，例如 test 和 build，支持-race 命令行标志。-race 标志用来告诉 Go 编译器创建一个特殊版本的可执行二进制文件或测试二进制文件，以便检测并报告竞争条件。

如果我们再次运行测试，并加上-race 标志，则会得到完全不同的结果，如清单 13.27 所示。

清单 13.27　在竞争检测器中失败的测试

```
$ go test -v -race

=== RUN    Test_Mutex
=== PAUSE Test_Mutex
=== CONT   Test_Mutex
--- PASS: Test_Mutex (0.00s)
==================
WARNING: DATA RACE
Read at 0x00c00011c3f0 by goroutine 9:
    runtime.mapdelete()
        /usr/local/go/src/runtime/map.go:695 +0x46c
    demo.Test_Mutex.func2()
        ./demo_test.go:46 +0x50

Previous write at 0x00c00011c3f0 by goroutine 8:
    runtime.mapaccess2_fast64()
        /usr/local/go/src/runtime/map_fast64.go:53 +0x1cc
    demo.Test_Mutex.func1()
        ./demo_test.go:32 +0x50

Goroutine 9 (running) created at:
    demo.Test_Mutex()
        ./demo_test.go:43 +0x188
    testing.tRunner()
        /usr/local/go/src/testing/testing.go:1439 +0x18c
    testing.(* T).Run.func1()
        /usr/local/go/src/testing/testing.go:1486 +0x44

Goroutine 8 (finished) created at:
    demo.Test_Mutex()
        ./demo_test.go:28 +0x124
    testing.tRunner()
        /usr/local/go/src/testing/testing.go:1439 +0x18c
```

```
testing.(* T).Run.func1()
    /usr/local/go/src/testing/testing.go:1486 +0x44
===================
FAIL
exit status 1
FAIL    demo    0.962s
```
Go Version: go1.19

从输出结果可以看出，Go 竞争检测器在我们的代码中发现了一个竞争条件。

如果我们查看竞争条件警告中的前两个条目（见清单 13.28），会看到冲突代码行所在的位置。

清单 13.28   阅读竞争检测器的输出

```
Read at 0x00c00018204b by goroutine 9:
  demo.Test_Mutex.func2()
      problem/demo_test.go:46 +0xa5

Previous write at 0x00c00018204b by goroutine 8:
  demo.Test_Mutex.func1()
      problem/demo_test.go:32 +0x5c
```

demo_test.go:46 处正在读取共享资源，而 demo_test.go:32 处正在向共享资源中写入数据。我们需要同步这两个 goroutine 或对它们加锁，以防止它们同时尝试访问共享资源。

13.3.2   大多数，但不是全部

Go 语言的竞争检测器向你（最终用户）提供了一个简单的保证。

> Go 语言的竞争检测器可能无法找到你代码中的所有竞争条件，但它发现的那些是真实存在的，必须修复。

竞争条件会引发 panic 并导致应用程序崩溃。如果竞态检测器发现了竞争条件，你必须修复它。

13.3.3   关于竞争检测器的小结

在开发 Go 应用程序时，竞争检测器是一种非常有价值的工具。当使用-race 标志运行测试时，你会注意到测试性能在下降，这是因为竞争检测器必须做很多工作来跟踪这些竞争条件。

> 始终在你的 CI（例如 GitHub Actions）上启用 -race 标志。

一旦确定代码中存在竞争条件，sync 包（见清单 13.29）提供的多种方法就可以用来解决此问题。

清单 13.29 sync 包

```
$ go doc -short sync

type Cond struct{ ... }
    func NewCond(l Locker) * Cond
type Locker interface{ ... }
type Map struct{ ... }
type Mutex struct{ ... }
type Once struct{ ... }
type Pool struct{ ... }
type RWMutex struct{ ... }
type WaitGroup struct{ ... }
```

Go Version: go1.19

13.4 使用互斥锁同步访问

当你使用-race 标志运行测试时，Go 语言内置的竞争检测器可以帮助你在代码中找到数据竞争。例如，在清单 13.30 中，原本正常情况下可以通过的测试在使用竞态检测器运行时却失败了。失败的消息中列出了发现的数据竞争以及代码中发生读取和写入操作的位置。

清单 13.30 检测测试中的竞争条件

```
$ go test -v -race

=== RUN Test_Mutex
=== PAUSE Test_Mutex
=== CONT Test_Mutex
--- PASS: Test_Mutex (0.00s)
PASS
==================
WARNING: DATA RACE
Read at 0x00c00019e3f0 by goroutine 9:
  runtime.mapdelete()
    /usr/local/go/src/runtime/map.go:695 +0x46c
  demo.Test_Mutex.func2()
    ./demo_test.go:46 +0x50

Previous write at 0x00c00019e3f0 by goroutine 8:
  runtime.mapaccess2_fast64()
    /usr/local/go/src/runtime/map_fast64.go:53 +0x1cc
  demo.Test_Mutex.func1()
    ./demo_test.go:32 +0x50

Goroutine 9 (running) created at:
```

```
demo.Test_Mutex()
   ./demo_test.go:43 +0x188
testing.tRunner()
   /usr/local/go/src/testing/testing.go:1439 +0x18c
testing.(* T).Run.func1()
   /usr/local/go/src/testing/testing.go:1486 +0x44

Goroutine 8 (finished) created at:
demo.Test_Mutex()
   ./demo_test.go:28 +0x124
testing.tRunner()
   /usr/local/go/src/testing/testing.go:1439 +0x18c
testing.(* T).Run.func1()
   /usr/local/go/src/testing/testing.go:1486 +0x44
==================
0: true
2: true
4: true
7: true
9: true
1: true
3: true
5: true
6: true
8: true
Found 1 data race(s)
exit status 66
FAIL    demo    0.862s
```

Go Version: go1.19

清单 13.31 的测试中有两个不同的 goroutine。第一个 goroutine 正在修改共享资源：一个 map。第二个 goroutine 正在遍历该 map 并打印其值。

为了解决这个竞争条件，我们需要同步访问共享资源。

清单 13.31 两个 goroutine 访问共享 map

```
// 启动一个 goroutine 从 map 中读取数据
go func() {
    // 遍历 map 并打印键/值
    for k, v := range data {
        fmt.Printf("%d: %v\n", k, v)
    }
}()

// 启动一个 goroutine 将数据放入 map
go func() {
    for i := 0; i < 10; i++ {
```

```
        // 循环将数据放入 map
        data[i] = true
    }

    // 取消 Context 实例
    cancel()
}()
```

13.4.1　sync.Locker 接口

为了同步对共享资源的访问，我们需要锁定对该资源的访问。通过锁定共享资源，我们可以确保一次只有一个 goroutine 可以访问该资源，并且在锁定的期间不会被另一个 goroutine 修改。

如清单 13.32 所示，sync.Locker 接口定义了一个类型必须实现的方法，以便能够加锁和解锁共享资源。

清单 13.32　sync.Locker 接口

```
$ go doc sync.Locker

package sync // import "sync"

type Locker interface {
        Lock()
        Unlock()
}
    A Locker represents an object that can be locked and unlocked.
```

Go Version: go1.19

Locker 方法

如清单 13.33 所示，你可以使用 sync.Locker.Lock 方法对共享资源进行加锁。一旦资源被加锁，其他 goroutine 就无法访问该资源，直到它被解锁。

清单 13.33　sync.Locker.Lock 方法

```
$ go doc sync.Mutex.Lock

package sync // import "sync"

func (m * Mutex) Lock()
    Lock locks m. If the lock is already in use, the calling goroutine blocks
    ➥until the mutex is available.
```

Go Version: go1.19

如清单 13.34 所示，你可以使用 sync.Locker.Unlock 方法来解锁共享资源。一旦资源被解锁，其他 goroutine 就可以访问该资源。

清单 13.34 sync.Locker.Unlock 方法

```
$ go doc sync.Mutex.Unlock

package sync // import "sync"

func (m * Mutex) Unlock()
    Unlock unlocks m. It is a run-time error if m is not locked on entry to
    ➥Unlock.

    A locked Mutex is not associated with a particular goroutine. It is
    ➥allowed for one goroutine to lock a Mutex and then arrange for another
    ➥goroutine to unlock it.
```
Go Version: go1.19

13.4.2 使用互斥锁

在 Go 语言中可用的最基本的互斥锁是 sync.Mutex 类型，如清单 13.35 所示。sync.Mutex 类型使用基本的二值信号量锁。这意味着一次只有一个 goroutine 可以访问资源。

清单 13.35 sync.Mutex 类型

```
$ go doc sync.Mutex

package sync // import "sync"

type Mutex struct {
        // Has unexported fields.
}
    ➥A Mutex is a mutual exclusion lock. The zero value for a Mutex is an
    ➥unlocked mutex.

    A Mutex must not be copied after first use.

func (m * Mutex) Lock()
func (m * Mutex) TryLock() bool
func (m * Mutex) Unlock()
```
Go Version: go1.19

要使用 sync.Mutex 类型，你需要通过先对它加锁，然后对它解锁来包装要同步访问的代码区域。例如，清单 13.36 中的第二个 goroutine 使用互斥锁来锁定对 map 数据中值的写入操作。

清单 13.36 使用 sync.Mutex 类型对资源进行加锁操作

```
// 启动一个 goroutine 从 map 中读取数据
```

```go
go func() {
    // 锁定互斥锁
    mu.Lock()

    // 遍历 map 并打印键/值
    for k, v := range data {
        fmt.Printf("%d: %v\n", k, v)
    }

    // 解锁互斥锁
    mu.Unlock()
}()

// 启动一个 goroutine 将数据放入 map
go func() {

    for i := 0; i < 10; i++ {
        // 锁定互斥锁
        mu.Lock()

        // 循环将数据放入 map
        data[i] = true

        // 解锁互斥锁
        mu.Unlock()
    }

    // 取消 Context
    cancel()
}()
```

通过锁定对共享资源的访问，你可以确保一次只有一个 goroutine 可以访问该资源。如清单 13.37 所示，我们的测试输出确认了共享资源一次仅被一个 goroutine 访问，并成功退出。

清单 13.37 通过竞争检测器测试

```
$ go test -v -race

=== RUN   Test_Mutex
=== PAUSE Test_Mutex
=== CONT  Test_Mutex
9: true
--- PASS: Test_Mutex (0.00s)
0: true
2: true
5: true
8: true
```

```
7: true
1: true
PASS
3: true
4: true
6: true
ok    demo    0.810s
```

Go Version: go1.19

13.4.3　读写互斥锁

应用程序通常会读取共享资源，而不是写入它们。sync.Mutex 类型是一种重量级的锁机制。对共享资源的访问（无论是读还是写）都会被阻塞，直到该资源被解锁。每次只有一个 goroutine 可以访问共享资源。

如果要同时读取和写入共享资源，你需要使用 sync.RWMutex 类型，如清单 13.38 所示。sync.RWMutex 类型是一种轻量级的加锁机制。sync.RWMutex 类型可以允许多个 goroutine 同时读取资源，但只有一个 goroutine 可以同时在该资源中执行写操作。

清单 13.38　sync.RWMutex 类型

```
$ go doc sync.RWMutex

package sync // import "sync"

type RWMutex struct {
        // Has unexported fields.
}
    A RWMutex is a reader/writer mutual exclusion lock. The lock can be held
➥by an arbitrary number of readers or a single writer. The zero value for
➥a RWMutex is an unlocked mutex.

    A RWMutex must not be copied after first use.

    If a goroutine holds a RWMutex for reading and another goroutine might
➥call Lock, no goroutine should expect to be able to acquire a read lock
➥until the initial read lock is released. In particular, this prohibits
➥recursive read locking. This is to ensure that the lock eventually
➥becomes available; a blocked Lock call excludes new readers from
➥acquiring the lock.

func (rw * RWMutex) Lock()
func (rw * RWMutex) RLock()
func (rw * RWMutex) RLocker() Locker
func (rw * RWMutex) RUnlock()
func (rw * RWMutex) TryLock() bool
```

```
func (rw * RWMutex) TryRLock() bool
func (rw * RWMutex) Unlock()
```

Go Version: go1.19

---

sync.RWMutex 类型在 sync.Locker 接口的方法集合之外提供了两个方法。你可以使用 sync.RWMutex.Rlock 和 sync.RWMutex.RUnlock 方法来对资源加锁以进行读取操作。sync.RWMutex.Lock 和 sync.RWMutex.Unlock 方法被用于锁定资源以进行写入操作，从而防止所有的 goroutine 访问资源。

在清单 13.39 中，我们更新了读取资源的 goroutine，使用 sync.RWMutex.Rlock 方法替代了 sync.Mutex.Lock 方法。这将允许多个 goroutine 同时读取该资源。

清单 13.39　使用 sync.RWMutex 类型

```
// 启动一个 goroutine 从 map 中读取数据
go func() {
    // 锁定互斥锁
    mu.RLock()

    // 遍历 map 并打印键/值
    for k, v := range data {
        fmt.Printf("%d: %v\n", k, v)
    }

    // 解锁互斥锁
    mu.RUnlock()
}()
```

```
$ go test -v -race

=== RUN    Test_RWMutex
=== PAUSE Test_RWMutex
=== CONT   Test_RWMutex
4: true
5: true
6: true
--- PASS: Test_RWMutex (0.00s)
7: true
9: true
0: true
1: true
PASS
8: true
2: true
3: true
ok      demo      0.917s
```

Go Version: go1.19

清单 13.39 中的测试可以继续通过，但是允许多个 goroutine 同时读取共享资源而不是武断地同时锁定所有 goroutine，这改进了程序的性能。

13.4.4　不当使用

在使用 sync.Mutex 或 sync.RWMutex 类型时，你必须注意按正确的顺序加锁和解锁。

如清单 13.40 所示，我们有一个 sync.Mutex 类型，并尝试调用 sync.Mutex.Lock 方法两次。

清单 13.40　尝试给 sync.Mutex 类型加锁两次

```
func Test_Mutex_Locks(t *testing.T) {
    t.Parallel()

    // 创建一个新的互斥锁
    var mu sync.Mutex

    // 互斥锁加锁
    mu.Lock()

    fmt.Println("locked. locking again.")

    // 再次尝试锁定互斥锁
    // 这将会阻塞或出现死锁
    // 因为互斥锁已经被锁定了
    // 而且没有释放该锁
    mu.Lock()

    fmt.Println("unlocked twice")
}
```

结果是程序将会出现死锁并崩溃，如清单 13.41 所示。

原因在于对 sync.Mutex.Lock 方法的调用会被阻塞，直到调用 sync.Mutex.Unlock 方法。由于我们已经对 sync.Mutex 类型进行了加锁操作，第二次对 sync.Mutex.Lock 方法的调用会被无限期地阻塞，因为它永远不会被解锁。

清单 13.41　尝试为已经加锁的 sync.Mutex 类型加锁时发生 panic

```
$ go test -v -timeout 10ms

=== RUN   Test_Mutex_Locks
=== PAUSE Test_Mutex_Locks
=== CONT  Test_Mutex_Locks
locked. locking again.
panic: test timed out after 10ms

goroutine 33 [running]:
```

```
testing.(* M).startAlarm.func1()
        /usr/local/go/src/testing/testing.go:2029 +0x8c
created by time.goFunc
        /usr/local/go/src/time/sleep.go:176 +0x3c
goroutine 1 [chan receive]:
testing.tRunner.func1()
        /usr/local/go/src/testing/testing.go:1405 +0x45c
testing.tRunner(0x140001361a0, 0x1400010fcb8)
        /usr/local/go/src/testing/testing.go:1445 +0x14c
testing.runTests(0x1400001e1e0?, {0x100ec9ea0, 0x1, 0x1},
➥{0xe00000000000000?, 0x100cf5218?, 0x100ed2640?})
        /usr/local/go/src/testing/testing.go:1837 +0x3f0

testing.(* M).Run(0x1400001e1e0)
        /usr/local/go/src/testing/testing.go:1719 +0x500
main.main()
        _testmain.go:47 +0x1d0

goroutine 4 [semacquire]:
sync.runtime_SemacquireMutex(0x1400000e018?, 0x20?, 0x17?)
        /usr/local/go/src/runtime/sema.go:71 +0x28
sync.(* Mutex).lockSlow(0x14000012140)
        /usr/local/go/src/sync/mutex.go:162 +0x180
sync.(* Mutex).Lock(...)
        /usr/local/go/src/sync/mutex.go:81
demo.Test_Mutex_Locks(0x0?)
        ./demo_test.go:25 +0x130
testing.tRunner(0x14000136340, 0x100e25298)
        /usr/local/go/src/testing/testing.go:1439 +0x110
created by testing.(* T).Run
        /usr/local/go/src/testing/testing.go:1486 +0x300
exit status 2
FAIL demo 0.527s
```

Go Version: go1.19

　　比等待永远不会被解的锁导致的死锁更糟糕的是，解一个没有被加锁的锁。

　　在清单 13.42 中，示例的执行结果是出现了导致应用程序崩溃的致命错误。原因是我们尝试解锁一个之前未加锁的 sync.Mutex 类型。

清单 13.42　尝试为已解锁的 sync.Mutex 类型解锁时发生 panic

```
func Test_Mutex_Unlock(t *testing.T) {
    t.Parallel()

    // 创建一个新的互斥锁
    var mu sync.Mutex
```

```
    // 解互斥锁
    mu.Unlock()
}
```

```
$ go test -v

=== RUN    Test_Mutex_Unlock
=== PAUSE Test_Mutex_Unlock
=== CONT   Test_Mutex_Unlock
fatal error: sync: unlock of unlocked mutex

goroutine 18 [running]:
runtime.throw(0x104573b02?, 0x1400005af18?)
        /usr/local/go/src/runtime/panic.go:992 +0x50 fp=0x1400005aee0
        ➥sp=0x1400005aeb0 pc=0x1044ba9a0
sync.throw(0x104573b02?, 0x1045b6260?)
        /usr/local/go/src/runtime/panic.go:978 +0x24 fp=0x1400005af00
        ➥sp=0x1400005aee0 pc=0x1044e5664
sync.(*Mutex).unlockSlow(0x140001280b0, 0xffffffff)
        /usr/local/go/src/sync/mutex.go:220 +0x3c fp=0x1400005af30
        ➥sp=0x1400005af00 pc=0x1044ef44c
sync.(*Mutex).Unlock(...)
        /usr/local/go/src/sync/mutex.go:214
demo.Test_Mutex_Unlock(0x0?)
        ./demo_test.go:16 +0x74 fp=0x1400005af60 sp=0x1400005af30
        ➥pc=0x10456d794
testing.tRunner(0x1400010b380, 0x1045c9298)
        /usr/local/go/src/testing/testing.go:1439 +0x110 fp=0x1400005afb0
        ➥sp=0x1400005af60 pc=0x104537660
testing.(*T).Run.func1()
        /usr/local/go/src/testing/testing.go:1486 +0x30 fp=0x1400005afd0
        ➥sp=0x1400005afb0 pc=0x1045383d0
runtime.goexit()
        /usr/local/go/src/runtime/asm_arm64.s:1263 +0x4 fp=0x1400005afd0
        ➥sp=0x1400005afd0 pc=0x1044ea2a4
created by testing.(*T).Run
        /usr/local/go/src/testing/testing.go:1486 +0x300

goroutine 1 [chan receive]:
testing.tRunner.func1()
        /usr/local/go/src/testing/testing.go:1405 +0x45c
testing.tRunner(0x1400010b1e0, 0x14000131cb8)
        /usr/local/go/src/testing/testing.go:1445 +0x14c
testing.runTests(0x140001421e0?, {0x10466dea0, 0x1, 0x1}, {0xa500000000000000?,
➥0x104499218?, 0x104676640?})
        /usr/local/go/src/testing/testing.go:1837 +0x3f0
testing.(*M).Run(0x140001421e0)
```

```
        /usr/local/go/src/testing/testing.go:1719 +0x500
main.main()
        _testmain.go:47 +0x1d0

exit status 2
FAIL    demo    0.260s
```

Go Version: go1.19

13.4.5　有关读/写互斥锁的小结

虽然使用互斥锁存在死锁和不当使用等问题，但 sync.Mutex 和 sync.RWMutex 类型是保护共享资源的绝佳工具。它们也是 Go 语言中最常用的加锁机制。

13.5　仅执行一次任务

很多时候，你只想执行一次任务。例如，你可能只想创建一次数据库连接，然后使用它来执行多个查询。这时你可以使用 sync.Once 类型来实现该功能。

从清单 13.43 中的文档可以看出，sync.Once 类型的使用非常简单。你只需要创建一个类型为 sync.Once 的变量，然后调用 sync.Once.Do 方法并传入一个你仅想运行一次的函数即可。

清单 13.43　sync.Once 类型

```
$ go doc -all sync.Once

package sync // import "sync"

type Once struct {
        // Has unexported fields.
}
    Once is an object that will perform exactly one action.

    A Once must not be copied after first use.
func (o * Once) Do(f func())
    Do calls the function f if and only if Do is being called for the first
    ➥time for this instance of Once. In other words, given

    var once Once

    if once.Do(f) is called multiple times, only the first call will invoke f,
    ➥even if f has a different value in each invocation. A new instance of
    ➥Once is required for each function to execute.

    Do is intended for initialization that must be run exactly once. Since f
```

➥is niladic, it may be necessary to use a function literal to capture the
➥arguments to a function to be invoked by Do:

    config.once.Do(func() { config.init(filename) })

Because no call to Do returns until the one call to f returns, if f
➥causes Do to be called, it will deadlock.

If f panics, Do considers it to have returned; future calls of Do return
➥without calling f.

Go Version: go1.19

13.5.1　问题

通常我们想使用 sync.Once 类型执行一些仅需执行一次的重型、昂贵的任务。

如清单 13.44 所示，Build 函数可以被调用多次，但我们只希望它运行一次，因为它需要花费一些时间才能完成。

清单 13.44　Build 方法很慢，应该只调用一次

```
type Builder struct {
    Built bool
}

func (b *Builder) Build() error {

    fmt.Print("building...")

    time.Sleep(10 *time.Millisecond)

    fmt.Println("built")

    b.Built = true

    // 验证消息
    if !b.Built {
        return fmt.Errorf("expected builder to be built")
    }

    // 返回 b.msg 和 error 变量
    return nil
}
```

从清单 13.45 的测试输出中可以看出，每次对 Build 函数进行调用都需要很长时间才能完成，并且每次调用都会执行相同的任务。

清单 13.45　确认每次调用 Build 函数时都会执行相同任务的输出

```go
func Test_Once(t *testing.T) {
    t.Parallel()

    b := &Builder{}

    for i := 0; i < 5; i++ {

        err := b.Build()
        if err != nil {
            t.Fatal(err)
        }

        fmt.Println("builder built")

        if !b.Built {
            t.Fatal("expected builder to be built")
        }
    }
}
```

```
$ go test -v

=== RUN    Test_Once
=== PAUSE Test_Once
=== CONT   Test_Once
building...built
builder built

building...built
builder built

building...built
builder built
building...built
builder built
building...built
builder built
--- PASS: Test_Once (0.05s)
PASS
ok      demo      0.265s
```

Go Version: go1.19

13.5.2　实现一次性操作

如清单 13.46 所示，你可以在 Build 函数内使用 sync.Once 类型来确保开销较大的任务仅执行一次。

清单 13.46　使用 sync.Once 类型只运行函数一次

```
type Builder struct {
    Built bool
    once sync.Once
}

func (b *Builder) Build() error {

    var err error

    b.once.Do(func() {

        fmt.Print("building...")

        time.Sleep(10 *time.Millisecond)

        fmt.Println("built")

        b.Built = true

        // 验证消息
        if !b.Built {
            err = fmt.Errorf("expected builder to be built")
        }
    })

    // 返回 b.msg 和 error 变量
    return err
}
```

从清单 13.47 的测试输出中可以看出，Build 函数现在只执行一次开销较大的任务，随后对该函数的调用非常快速。

清单 13.47　确认 Build 函数仅运行了一次的输出

```
$ go test -v

=== RUN    Test_Once
=== PAUSE Test_Once
=== CONT  Test_Once
building...built
builder built
builder built
builder built
builder built
```

```
builder built
--- PASS: Test_Once (0.01s)
PASS
ok     demo     0.248s
```

Go Version: go1.19

13.5.3　使用 Once 关闭通道

使用 sync.Once 类型可以方便地关闭通道。当你想要关闭一个通道时，需要确保该通道仅被关闭一次。如果尝试多次关闭该通道，则会发生 panic 并导致程序崩溃。

如清单 13.48 所示，当不再需要 Manager 时，Manager 的 Quit 方法负责关闭 quit 通道。

清单 13.48　如果重复调用，则 Quit 方法会引发 panic 并关闭已经关闭的通道

```go
type Manager struct {
    quit chan struct{}
}

func (m *Manager) Quit() {
    fmt.Println("closing quit channel")
    close(m.quit)
}
```

然而，如果 Quit 方法被调用多次，则会多次尝试关闭通道。这会引发 panic，并导致程序崩溃。正如你在清单 13.49 中所看到的，由于尝试多次关闭通道而导致测试失败并引发了 panic。

清单 13.49　尝试多次关闭通道时发生了 panic

```go
func Test_Closing_Channels(t *testing.T) {
    t.Parallel()

    func() {
        // 使用延迟函数来捕获 panic
        defer func() {

            // 恢复 panic
            if r := recover(); r != nil {
                // 将测试标记为失败
                t.Fatal(r)
            }
        }()

        m := &Manager{
            quit: make(chan struct{}),
        }

        // 关闭 Manager 实例的退出通道
```

```
        m.Quit()

        // 再次尝试关闭 Manager 实例的 quit 通道，这将导致发生 panic
        m.Quit()
    }()
}
```

```
$ go test -v

=== RUN   Test_Closing_Channels
=== PAUSE Test_Closing_Channels
=== CONT  Test_Closing_Channels
closing quit channel
closing quit channel
    demo_test.go:31: close of closed channel
--- FAIL: Test_Closing_Channels (0.00s)
FAIL
exit status 1
FAIL    demo    0.667s

Go Version: go1.19
```

在清单 13.50 中，我们使用 sync.Once 类型来确保 Quit 方法无论被调用多少次，都仅关闭通道一次。

清单 13.50　使用 sync.Once 类型来确保仅关闭通道一次

```
type Manager struct {
    quit chan struct{}
    once sync.Once
}

func (m *Manager) Quit() {

    // 关闭 Manager 实例的 quit 通道，这将仅关闭通道一次
    m.once.Do(func() {
        fmt.Println("closing quit channel")
        close(m.quit)
    })
}
```

正如你从清单 13.51 的测试输出中所看到的，Quit 方法现在仅关闭通道一次，并且后续对 Quit 方法的调用没有产生任何效果。

清单 13.51　确认 Quit 方法仅关闭通道一次的输出

```
func Test_Closing_Channels(t *testing.T) {
    t.Parallel()
```

```
    m := &Manager{
        quit: make(chan struct{}),
    }

    // 关闭 Manager 实例的 quit 通道
    m.Quit()

    // 再次尝试关闭 Manager 实例的 quit 通道，这将不会产生任何效果
    m.Quit()
}
```

```
$ go test -v

=== RUN   Test_Closing_Channels
=== PAUSE Test_Closing_Channels
=== CONT  Test_Closing_Channels

closing quit channel
--- PASS: Test_Closing_Channels (0.00s)
PASS
ok    demo    0.523s

Go Version: go1.19
```

13.6　本章小结

在这一章中，我们介绍了 Go 语言中的一些同步类型和函数。本章首先探讨了如何使用 sync.WaitGroup 类型来等待一组 goroutine 完成。然后解释了如何使用 sync.ErrGroup 类型来等待一组 goroutine 完成，并在其中任何一个 goroutine 执行失败时返回错误。接着讨论了如何使用 sync.Mutex 和 sync.RWMutex 类型来同步访问共享资源。最后介绍了如何使用 sync.Once 类型来保证一个函数只执行一次。

第14章

使用文件

在计算机编程中，你常常会用到文件。比如，在程序中你会用到日志文件、HTML 文件和其他类型的文件。本章将解释如何读写文件、遍历目录、使用 fs 包，以及将文件嵌入 Go 二进制文件中，从而创建一个真正的自包含应用程序。

14.1 目录项和文件信息

开始在程序中使用文件之前，你首先需要了解 Go 语言中文件的基本工作原理。

下面以清单 14.1 中的文件树为例来帮助你理解 Go 语言中的文件。这棵树包含了.txt 文件以及特殊的目录 testdata、_ignore 和.hidden。后面会介绍这些文件和目录的作用。

清单 14.1 文件树中包含的特殊目录： testdata、_ignore 和.hidden

```
$ tree -a

.
|---- .hidden
|    '---- d.txt
|---- a.txt
|---- b.txt
|---- e
|    |---- f
|    |    |---- _ignore
|    |    |    '---- i.txt
|    |    |---- g.txt
|    |    '---- h.txt
|    '---- j.txt
'---- testdata
```

```
'---- c.txt

5 directories, 8 files
```

14.1.1 读取目录

要知道你可以使用哪些文件，则需要知道目录中有哪些文件。对此，你可以通过 os.ReadDir 函数来了解，如清单 14.2 所示。

清单 14.2 os.ReadDir 函数

```
$ go doc os.ReadDir

package os // import "os"

func ReadDir(name string) ([]DirEntry, error)
    ReadDir reads the named directory, returning all its directory entries
    ➥sorted by filename. If an error occurs reading the directory, ReadDir
    ➥returns the entries it was able to read before the error, along with the
    ➥error.
```

Go Version: go1.19

os.ReadDir 函数接受一个路径作为参数，返回一个 os.DirEntry 值的切片，如清单 14.3 所示。每个 os.DirEntry 值代表目录中的一个文件或目录，并包含有关文件或目录的信息。

清单 14.3 os.DirEntry 函数

```
$ go doc os.DirEntry

package os // import "os"

type DirEntry = fs.DirEntry
    A DirEntry is an entry read from a directory (using the ReadDir function
    ➥or a File's ReadDir method).

func ReadDir(name string) ([]DirEntry, error)
```

Go Version: go1.19

fs 包是 Go 1.16 版本中新增的包，它提供了与文件系统相关的接口。这导致许多类型被定义为 fs 包中类型的别名，这也意味着你可能需要多花点时间来找到它们真正的文档。

例如，在 Go 1.16 中，os.DirEntry 是 fs.DirEntry 类型的别名，如清单 14.4 所示。

清单 14.4 fs.DirEntry 类型

```
$ go doc fs.DirEntry

package fs // import "io/fs"
```

```
type DirEntry interface {
        // Name returns the name of the file (or subdirectory) described by
        ➥the entry.
        // This name is only the final element of the path (the base name),
        ➥not the entire path.
        // For example, Name would return "hello.go" not "home/gopher/
        ➥hello.go". Name() string

        // IsDir reports whether the entry describes a directory.
        ➥IsDir() bool

        // Type returns the type bits for the entry.
        // The type bits are a subset of the usual FileMode bits, those
        ➥returned by the FileMode.Type method.
        ➥Type() FileMode

        // Info returns the FileInfo for the file or subdirectory described
        ➥by the entry.
        // The returned FileInfo may be from the time of the original
        ➥directory read
        // or from the time of the call to Info. If the file has been removed
        ➥or renamed
        // since the directory read, Info may return an error satisfying
        ➥errors. Is(err, ErrNotExist).
        // If the entry denotes a symbolic link, Info reports the information
        ➥about the link itself,
        // not the link's target.
        ➥Info() (FileInfo, error)
}
    A DirEntry is an entry read from a directory (using the ReadDir function
    ➥or a ReadDirFile's ReadDir method).
func FileInfoToDirEntry(info FileInfo) DirEntry
func ReadDir(fsys FS, name string) ([]DirEntry, error)
```

Go Version: go1.19

　　如清单 14.5 所示，我们可以使用 os.ReadDir 函数来读取 data 目录的内容，然后将文件名打印到控制台。如果文件是一个目录，我们就在它前面加上一个->符号。

清单 14.5　使用 os.ReadDir 函数读取目录中的内容

```
func main() {
    files, err := os.ReadDir("data")
    if err != nil {
        log.Fatal(err)
    }

    for _, file := range files {
```

```
        if file.IsDir() {
            fmt.Println("->", file.Name())
            continue
        }
        fmt.Println(file.Name())
    }
}
```

从清单 14.6 中的输出可以看到，示例程序只列出了 data 目录中的文件。os.ReadDir 函数只会读取这个目录的内容，而不会读取其子目录的任何内容。要获取完整的文件列表，包括子目录的内容，我们需要自己遍历目录。本章后面会进一步讨论这个问题。

清单 14.6　清单 14.5 中程序的输出

```
$ go run .

-> .hidden
a.txt
b.txt
-> e
-> testdata
```

Go Version: go1.19

14.1.2　fs.FileInfo 接口

文件元数据的主要来源是 fs.FileInfo 接口，如清单 14.7 所示。在 Go 1.16 中，os.FileInfo 是 fs.FileInfo 接口的别名。从这个接口中，我们不仅可以获取文件的名称、大小、最后修改的时间和模式（或权限），还可以判断文件是目录还是普通文件。

清单 14.7　fs.FileInfo 接口

```
$ go doc fs.FileInfo

package fs // import "io/fs"

type FileInfo interface {
        Name() string       // base name of the file
        Size() int64        // length in bytes for regular files;
                            ➥system-dependent for others
        Mode() FileMode     // file mode bits
        ModTime() time.Time // modification time
        IsDir() bool        // abbreviation for Mode().IsDir()
        Sys() any           // underlying data source (can return nil)
}
    A FileInfo describes a file and is returned by Stat.

func Stat(fsys FS, name string) (FileInfo, error)
```

Go Version: go1.19

在清单 14.8 所示的代码中，我们读取了 data 目录的内容，并打印了每个文件的模式、大小和名称。

清单 14.8 使用 fs.FileInfo 接口打印文件信息

```go
func main() {
    files, err := os.ReadDir("data")
    if err != nil {
        log.Fatal(err)
    }

    fmt.Println("Mode\t\tSize\tName")
        for _, file := range files {
            info, err := file.Info()
        if err != nil {
            log.Fatal(err)
        }

    fmt.Printf("%s\t%d\t\t%s\n", info.Mode(), info.Size(), info.Name())
    }
}
```

```
$ go run .

Mode        Size    Name
drwxr-xr-x  96              .hidden
-rw-r--r--  31              a.txt
-rw-r--r--  9               b.txt
drwxr-xr-x  128             e
drwxr-xr-x  96              testdata
```

Go Version: go1.19

14.1.3 获取文件状态

os.ReadDir 函数返回一个 os.DirEntry 类型值的切片，我们可以从中获取 fs.FileInfo 类型的 os.DirEntry.Info 字段。要获取单个文件或目录的 fs.FileInfo，可以使用 os.Stat 函数，如清单 14.9 所示。

清单 14.9 os.Stat 函数

```
$ go doc os.Stat

package os // import "os"

func Stat(name string) (FileInfo, error)
    Stat returns a FileInfo describing the named file. If there is an error,
    ➥it will be of type *PathError.
```

Go Version: go1.19

在清单 14.10 中，程序打印出了 data/a.txt 文件的模式、大小和名称。

清单 14.10　使用 os.Stat 获取文件的信息

```
func main() {
    info, err := os.Stat("data/a.txt")
    if err != nil {
        log.Fatal(err)
    }

    fmt.Printf("%s\t%d\t%s\n", info.Mode(), info.Size(), info.Name())
}
```

```
$ go run .

-rw-r--r-- 31 a.txt
```

Go Version: go1.19

14.2　遍历目录

os.ReadDir 不会递归进入子目录。要做到这一点，需要使用清单 14.11 中的 filepath.WalkDir 函数来遍历特定目录及其所有子目录中的所有文件。

> filepath.WalkDir 函数是在 Go 1.16 中引入的，它取代了效率较低的 filepath.Walk 函数。以前的资料中可能还在使用 filepath.Walk 函数，但建议使用 filepath.WalkDir 函数代替它。

清单 14.11　filepath.WalkDir 函数

```
$ go doc filepath.WalkDir

package filepath // import "path/filepath"

func WalkDir(root string, fn fs.WalkDirFunc) error
    WalkDir walks the file tree rooted at root, calling fn for each file or
    ↪directory in the tree, including root.

    All errors that arise visiting files and directories are filtered by fn:
    ↪see the fs.WalkDirFunc documentation for details.
    The files are walked in lexical order, which makes the output
    ↪deterministic but requires WalkDir to read an entire directory into
    ↪memory before proceeding to walk that directory.

    WalkDir does not follow symbolic links.
```

Go Version: go1.19

要使用 filepath.WalkDir 函数，首先需要给它一个要遍历的路径以及处理每个文件的函数，函数类型是 fs.WalkDirFunc[①]（见清单 14.12）。

清单 14.12　fs.WalkDirFunc 函数

```
$ go doc fs.WalkDirFunc

package fs // import "io/fs"

type WalkDirFunc func(path string, d DirEntry, err error) error
    WalkDirFunc is the type of the function called by WalkDir to visit each
    ➥file or directory.

    The path argument contains the argument to WalkDir as a prefix. That is,
    ➥if WalkDir is called with root argument "dir" and finds a file named
    ➥"a" in that directory, the walk function will be called with argument
    ➥"dir/a".

    The d argument is the fs.DirEntry for the named path.

    The error result returned by the function controls how WalkDir continues.
    ➥If the function returns the special value SkipDir, WalkDir skips the
    ➥current directory (path if d.IsDir() is true, otherwise path's
    ➥parent directory). Otherwise, if the function returns a non-nil error,
    ➥WalkDir stops entirely and returns that error.

    The err argument reports an error related to path, signaling that WalkDir
    ➥will not walk into that directory. The function can decide how to handle
    ➥that error; as described earlier, returning the error will cause WalkDir
    ➥to stop walking the entire tree.

    WalkDir calls the function with a non-nil err argument in two cases.
    First, if the initial fs.Stat on the root directory fails, WalkDir calls
    ➥the function with path set to root, d set to nil, and err set to the
    ➥error from fs.Stat.

    Second, if a directory's ReadDir method fails, WalkDir calls the function
    ➥with path set to the directory's path, d set to an fs.DirEntry
    ➥describing the directory, and err set to the error from ReadDir. In
    ➥this second case, the function is called twice with the path of the
    ➥directory: the first call is before the directory read is attempted and
    ➥has err set to nil, giving the function a chance to return SkipDir and
    ➥avoid the ReadDir entirely. The second call is after a failed ReadDir
```

---

① 原文为 filepath.WalkFunc，应为 fs.WalkDirFunc，已改。——译者注

```
➥and reports the error from ReadDir. (If ReadDir succeeds, there is no
➥second call.)

The differences between WalkDirFunc compared to filepath.WalkFunc are:

    - The second argument has type fs.DirEntry instead of fs.FileInfo.
    - The function is called before reading a directory, to allow SkipDir
    ➥to bypass the directory read entirely.
    - If a directory read fails, the function is called a second time for
    ➥that directory to report the error.
```

Go Version: go1.19

在清单 14.13 中，我们遍历了 data 目录。对于每个文件和目录，包括根目录，都会调用传入的 fs.WalkDirFunc 类型的匿名函数[①]。

清单 14.13　使用 filepath.WalkDir 函数递归遍历目录

```go
func main() {
    err := filepath.WalkDir("data", func(path string, d fs.DirEntry, err error) error {

        // 如果有错误，则返回该错误。如果发生错误，很可能是因为在尝试读取顶级目录时遇到了问题
        if err != nil {
            return err
        }

        // 如果文件是一个目录，则返回 nil 来告诉 WalkDir 函数继续遍历此目录，但不再继续对此目录本身进行操作
        if d.IsDir() {
            return nil
        }

        // 获取文件信息
        info, err := d.Info()
        if err != nil {
            return err
        }

        // 如果文件不是目录，就打印它的模式、大小以及路径
        fmt.Printf("%s\t%d\t%s\n", info.Mode(), info.Size(), path)

        // 返回 nil 以告诉 WalkDir 函数继续遍历
        return nil
    })

    if err != nil {
        fmt.Println(err)
```

---

① 原文为 filepath.WalkFunc，应为 fs.WalkDirFunc，已改。——译者注

```
        os.Exit(1)
    }
}
```

首先，我们需要检查通过 filepath.WalkDir 函数传入的错误。如果这个错误不是 nil，那么很可能无法读取根目录。在这种情况下，我们可以简单地返回错误，并停止遍历。

如果没有错误，我们就可以检查我们所处理的是一个目录还是一个文件。如果它是一个目录，我们可以简单地返回 nil，表示不想继续处理目录本身，但是目录的遍历将继续。fs.DirEntry.IsDir 方法可以用来对其进行检查。如果是目录则返回 true，如果是文件则返回 false。

最终，我们打印了这个文件的模式、大小以及路径。

从清单 14.14 的代码中可以看到，对于 data 目录中的每个文件和目录，filepath.WalkDir 函数都会以它们的信息为参数来回调传入的处理函数。输出中打印的文件信息是按字典顺序排列的，这也是它们在目录中排列的顺序。

清单 14.14 清单 14.13 中程序的输出

```
$ go run .

-rw-r--r-- 31 data/.hidden/d.txt
-rw-r--r-- 31 data/a.txt
-rw-r--r-- 9 data/b.txt
-rw-r--r-- 31 data/e/f/_ignore/i.json
-rw-r--r-- 31 data/e/f/g.txt
-rw-r--r-- 31 data/e/f/h.txt
-rw-r--r-- 9 data/e/j.txt
-rw-r--r-- 31 data/testdata/c.txt

Go Version: go1.19
```

14.3 跳过目录和文件

当你遍历一个目录树时，你可能想要跳过某些目录和文件。例如，你可能想要跳过像.git 和.vscode 这样的隐藏文件夹，或者像 node_modules 这样的大型文件夹。还有一些其他原因让你想要跳过某些文件和目录，这些原因可能与你的应用程序有关。

为了说明这一点，我们来看一下清单 14.15 中 go help test 命令的输出摘录。

清单 14.15 go help test 命令的输出摘录

```
Files whose names begin with "_" (including "_test.go") or "." are ignored.

The go tool will ignore a directory named "testdata", making it available
➡to hold ancillary data needed by the tests.
```

清单 14.15 中的文档写到，当 Go 程序遍历目录树寻找测试文件时，会忽略某些文件和目录。

- 名称以.开头的文件/目录会被忽略。
- 名称以_开头的文件/目录会被忽略。
- testdata 目录会被忽略。

让我们在自己的代码中实现这些限制。

跳过目录

要让 Go 程序跳过一个目录，我们可以让 fs.WalkDirFunc 函数返回 fs.SkipDir 类型，如清单 14.16 所示。虽然从技术上讲返回的 fs.SkipDir 是一个 error 类型，但 Go 程序使用这个 error 作为一个预定义值来表示该目录应该被跳过。这类似于用 io.EOF 来表示已经到达文件的结尾，没有更多的数据可以读取了。

清单 14.16　fs.SkipDir 错误

```
$ go doc fs.SkipDir

package fs // import "io/fs"

var SkipDir = errors.New("skip this directory")
    SkipDir is used as a return value from WalkDirFuncs to indicate that the
    ➥directory named in the call is to be skipped. It is not returned as
    ➥an error by any function.
```
Go Version: go1.19

在清单 14.17 中，当 fs.DirEntry 是一个目录时，我们不是直接返回一个 nil，而是检查目录的名称，并决定是否忽略该目录。如果我们想要忽略一个目录，比如 testdata，可以让 fs.WalkDirFunc 函数返回 fs.SkipDir 类型，这样 Go 程序就会跳过该目录及其所有的子目录。

清单 14.17　使用 fs.SkipDir 类型来跳过目录

```
package demo

import (
    "io/fs"
    "path/filepath"
    "strings"
)

func Walk() ([]string, error) {
    var entries []string

    err := filepath.WalkDir("data", func(path string, d fs.DirEntry, err error) error {

        // 如果有错误，则返回该错误。如果发生错误，很有可能是因为在尝试读取顶层目录时遇到了错误
```

```
        if err != nil {
            return err
        }

        // 如果此项是个目录，则处理它
        if d.IsDir() {

            // 文件或目录的名字
            name := d.Name()

            // 如果目录名是.或者..，就返回 nil
            // 这可能是根目录
            if name == "." || name == ".." {
                return nil
            }

            // 如果目录名字是 testdata，或者是以“,”或“_”开头的，就返回 filepath.SkipDir
            if name == "testdata" || strings.HasPrefix(name, ".")
            ➥|| strings.HasPrefix(name, "_") {
                return fs.SkipDir
            }

            return nil
        }

        // 将此项添加到列表中
        entries = append(entries, path)

        // 返回 nil 以通知 filepath.WalkDir 类型继续遍历
        return nil
    })

    return entries, err
}
```

接下来，在清单 14.18 中编写一个小测试，断言 testdata 目录和其他特殊的目录被跳过。

清单 14.18 断言特殊目录被跳过

```
func Test_Walk(t *testing.T) {
    t.Parallel()

    exp := []string{
        "data/a.txt",
        "data/b.txt",
        "data/e/f/g.txt",
        "data/e/f/h.txt",
```

```
            "data/e/j.txt",
    }

    act, err := Walk()
    if err != nil {
        t.Fatal(err)
    }

    es := strings.Join(exp, ", ")
    as := strings.Join(act, ", ")

    if es != as {
        t.Fatalf("expected %s, got %s", es, as)
    }
}
```

```
$ go test -v

=== RUN    Test_Walk
=== PAUSE Test_Walk
=== CONT  Test_Walk
--- PASS: Test_Walk (0.00s)
PASS
ok    demo    0.812s

Go Version: go1.19
```

最后，与清单 14.19 中的原始文件列表进行比较时，可以看到 testdata 目录以及其他特殊目录不再包含在文件列表中。

清单 14.19　原始文件列表

```
$ tree -a

.
|---- .hidden
|    '---- d.txt
|---- a.txt
|---- b.txt
|---- e
|    |---- f
|    |    |---- _ignore
|    |    |    '---- i.txt
|    |    |---- g.txt
|    |    '---- h.txt
|    '---- j.txt
'---- testdata
     '---- c.txt
```

```
5 directories, 8 files
```

14.4 创建目录和子目录

现在有了一个能够断言 Walk 函数返回正确结果的测试套件，我们可以删除一直在使用的硬编码的测试数据，并直接在测试中生成测试数据。

要创建单一的目录，可以使用 os.Mkdir 函数，如清单 14.20 所示。os.Mkdir 函数可以在指定的路径下以指定的权限创建单一的目录。

清单 14.20 os.Mkdir 函数

```
$ go doc os.Mkdir

package os // import "os"

func Mkdir(name string, perm FileMode) error
    Mkdir creates a new directory with the specified name and permission bits
    ➡(before umask). If there is an error, it will be of type *PathError.
```

Go Version: go1.19

要创建一个目录，你需要为该目录提供一组权限。权限以 os.FileMode 类型的值的形式指定，如清单 14.21 所示。熟悉 Unix 风格权限的人能够很自然地会使用诸如 0755 之类的权限来指定目录的权限。

清单 14.21 os.FileMode 类型

```
$ go doc os.FileMode

package os // import "os"

type FileMode = fs.FileMode
    A FileMode represents a file's mode and permission bits. The bits have
    ➡the same definition on all systems, so that information about files can
    ➡be moved from one system to another portably. Not all bits apply to
    ➡all systems. The only required bit is ModeDir for directories.
```

Go Version: go1.19

在清单 14.22 中，我们可以创建一个辅助函数来为我们生成所有的文件。在这个辅助函数中，首先使用 os.RemoveAll 函数删除上一次测试运行时可能遗留的任何测试数据。这个函数会删除指定路径下的目录，以及它的所有内容，包括任何子目录。

清单 14.22 使用 os.Mkdir 函数在磁盘上创建目录

```
func createTestData(t testing.TB) {
    t.Helper()

    // 删除之前的测试数据
    if err := os.RemoveAll("data"); err != nil {
        t.Fatal(err)
    }

    // 创建 data 目录
    if err := os.Mkdir("data", 0755); err != nil {
        t.Fatal(err)
    }

    list := []string{
        "data/.hidden/d.txt",
        "data/a.txt",
        "data/b.txt",
        "data/e/f/_ignore/i.txt",
        "data/e/f/g.txt",
        "data/e/f/h.txt",
        "data/e/j.txt",
        "data/testdata/c.txt"
    }

    // 创建测试数据文件
    for _, path := range list {
        fmt.Println("creating:", path)
        if err := os.Mkdir(path, 0755); err != nil {
            t.Fatal(err)
        }

    }

}
```

接下来，我们使用 os.Mkdir 函数创建父 data 目录，并给它赋予 0755 的权限以允许我们读写该目录。

最后，我们遍历一个包含想要创建的文件和目录的列表，并使用 os.Mkdir 函数逐个创建。

从清单 14.23 的测试输出中可以看出，这种方法没有达到预期的效果，在创建必要的文件和目录时遇到了错误。造成上述错误的最大原因是我们试图使用 os.Mkdir 函数来创建文件而不是目录[①]。

———————————

① 清单 14.23 中的错误是因为 data/.hidden 目录不存在，而 OS.Mkdir 又不能创建多级目录所导致的。这个例子并不能很好地体现这句话的含义。——译者注

清单 14.23 使用 os.Mkdir 函数创建文件时发生错误

```
$ go test -v

=== RUN   Test_Walk
=== PAUSE Test_Walk
=== CONT  Test_Walk
creating: data/.hidden/d.txt
    demo_test.go:52: mkdir data/.hidden/d.txt: no such file or directory
--- FAIL: Test_Walk (0.00s)
FAIL
exit status 1
FAIL    demo    0.528s

Go Version: go1.19
```

14.5 文件路径辅助函数

如清单 14.24 所示，filepath 包提供了大量能帮你操作文件路径的函数。

清单 14.24 filepath 包

```
$ go doc -short filepath

const Separator = os.PathSeparator ...
var ErrBadPattern = errors.New("syntax error in pattern")
var SkipDir error = fs.SkipDir
func Abs(path string) (string, error)
func Base(path string) string
func Clean(path string) string
func Dir(path string) string
func EvalSymlinks(path string) (string, error)
func Ext(path string) string
func FromSlash(path string) string
func Glob(pattern string) (matches []string, err error)
func HasPrefix(p, prefix string) bool
func IsAbs(path string) bool
func Join(elem ...string) string
func Match(pattern, name string) (matched bool, err error)
func Rel(basepath, targpath string) (string, error)
func Split(path string) (dir, file string)
func SplitList(path string) []string
func ToSlash(path string) string
func VolumeName(path string) string
func Walk(root string, fn WalkFunc) error
func WalkDir(root string, fn fs.WalkDirFunc) error
```

```
type WalkFunc func(path string, info fs.FileInfo, err error) error
```

Go Version: go1.19

在我们的测试套件中，有三个函数特别有用，它们分别是 filepath.Ext、filepath.Dir 和 filepath.Base。

14.5.1 获取文件的扩展名

当给出一个以字符串形式表示的文件路径如/path/to/file.txt 时，你需要判断这个路径是一个文件还是一个目录。最简单但有可能会出错的方法是检查路径是否有文件扩展名。如果有，那么可以假设这个路径是一个文件；如果没有，那么可以假设这个路径是一个目录。filepath.Ext 函数会返回一个文件路径的文件扩展名，如清单 14.25 所示。如果路径是/path/to/file.txt，那么该函数返回.txt。

清单 14.25　filepath.Ext 函数

```
$ go doc filepath.Ext

package filepath // import "path/filepath"

func Ext(path string) string
    Ext returns the file name extension used by path. The extension is the
    ➡suffix beginning at the final dot in the final element of path; it is
    ➡empty if there is no dot.
```

Go Version: go1.19

14.5.2 获取文件所在的目录

如果 filepath.Ext 函数返回一个扩展名，比如.txt，那么你可以假设这个路径是一个文件。要获取一个文件所在的目录，可以使用 filepath.Dir 函数，如清单 14.26 所示。如果路径是/path/to/file.txt，那么该函数返回/path/to。

清单 14.26　filepath.Dir 函数

```
$ go doc filepath.Dir

package filepath // import "path/filepath"

func Dir(path string) string
    Dir returns all but the last element of path, typically the path's
    ➡directory. After dropping the final element, Dir calls Clean on the
    ➡path and trailing slashes are removed. If the path is empty, Dir returns
    ➡".". If the path consists entirely of separators, Dir returns a single
    ➡separator. The returned path does not end in a separator unless it
    ➡is the root directory.
```

Go Version: go1.19

14.5.3 获取文件或目录的名字

无论你的路径是否有扩展名，它都有一个基本（base）名称。你可以使用 filepath.Base 函数来返回文件路径末尾的文件或目录的名称，如清单 14.27 所示。例如，如果路径是/path/to/file.txt，那么基本名称就是 file.txt。如果路径是/path/to/dir，那么基本名称就是 dir。

清单 14.27　filepath.Base 函数

```
$ go doc filepath.Base

package filepath // import "path/filepath"

func Base(path string) string
    Base returns the last element of path. Trailing path separators are
    ➡removed before extracting the last element. If the path is empty,
    ➡Base returns ".". If the path consists entirely of separators,
    ➡Base returns a single separator.
```

Go Version: go1.19

14.5.4 使用文件路径辅助函数

现在你知道了如何找到文件路径的目录、base 名称和扩展名，你可以使用这些函数来更新辅助函数，让它只创建目录。在清单 14.28 中，使用 filepath.Dir 和 filepath.Ext 函数来解析给定的文件路径，以在磁盘上创建必要的文件夹结构。

清单 14.28　创建测试文件夹和文件结构的辅助函数

```
func createTestData(t testing.TB) {
    t.Helper()

    // 删除之前的测试数据
    if err := os.RemoveAll("data"); err != nil {
        t.Fatal(err)
    }

    // 创建 data 目录
    if err := os.Mkdir("data", 0755); err != nil {
        t.Fatal(err)  }

    list := []string{
        "data/.hidden/d.txt",
        "data/a.txt",
        "data/b.txt",
        "data/e/f/_ignore/i.txt",
```

```
        "data/e/f/g.txt",
        "data/e/f/h.txt",
        "data/e/j.txt",
        "data/testdata/c.txt",
    }

    // 创建测试数据文件
    for _, path := range list {
        if ext := filepath.Ext(path); len(ext) > 0 {
            path = filepath.Dir(path)
        }

        fmt.Println("creating:", path)
        if err := os.Mkdir(path, 0755); err != nil {
            t.Fatal(err)
        }

    }

}
```

从清单 14.29 的测试输出中可以看到，辅助函数仍然没有如预期工作。它试图创建一个已经存在的目录 data。

清单 14.29 测试输出

```
$ go test -v

=== RUN Test_Walk
=== PAUSE Test_Walk
=== CONT Test_Walk
creating: data/.hidden
creating: data
    demo_test.go:57: mkdir data: file exists
--- FAIL: Test_Walk (0.00s)
FAIL
exit status 1
FAIL    demo    0.635s
```
Go Version: go1.19

14.5.5 检查错误

为了修复我们的辅助函数，我们应该正确地检查在清单 14.30 中 os.Mkdir 函数返回的错误。如果错误不是 nil，我们需要检查错误是否是因为目录已经存在。如果是这个原因，那么我们可以忽略错误并继续。如果是别的原因，那么我们需要将错误返回给调用者。

清单 14.30 os.Mkdir 函数返回的错误函数

```go
func createTestData(t testing.TB) {
    t.Helper()

    // 删除之前的测试数据
    if err := os.RemoveAll("data"); err != nil {
        t.Fatal(err)
    }

    // 创建 data 目录
    if err := os.Mkdir("data", 0755); err != nil {
        t.Fatal(err)
    }

    list := []string{
        "data/.hidden/d.txt",
        "data/a.txt",
        "data/b.txt",
        "data/e/f/_ignore/i.txt",
        "data/e/f/g.txt",
        "data/e/f/h.txt",
        "data/e/j.txt",
        "data/testdata/c.txt"
    }

    // 创建测试数据文件
    for _, path := range list {
        if ext := filepath.Ext(path); len(ext) > 0 {
            path = filepath.Dir(path)
        }

        fmt.Println("creating:", path)
        if err := os.Mkdir(path, 0755); err != nil {
            // 如果目录已经存在则忽略这个错误
            if !errors.Is(err, fs.ErrExist) {
                t.Fatal(err)
            }
        }

    }

}
```

从清单 14.31 的测试输出中可以看到，辅助函数仍然没有如预期工作，但这次碰到的是一个新错误。我们试图使用 os.Mkdir 函数创建嵌套的子目录 data/e/f/_ignore，而这个函数一次只能创建一个目录。

清单 14.31　使用 errors.Is 函数来检查是否为 fs.ErrExist[①]错误

```
$ go test -v

=== RUN   Test_Walk
=== PAUSE Test_Walk
=== CONT  Test_Walk
creating: data/.hidden
creating: data
creating: data
creating: data/e/f/_ignore
    demo_test.go:62: mkdir data/e/f/_ignore: no such file or directory
--- FAIL: Test_Walk (0.00s)
FAIL
exit status 1
FAIL    demo    0.761s
```
Go Version: go1.19

14.6　创建多个目录

要一次创建多个目录，可以使用 os.MkdirAll 函数，如清单 14.32 所示。此函数与 os.Mkdir 函数的行为相同，只是它创建了路径中的所有目录。

清单 14.32　os.MkdirAll 函数

```
$ go doc os.MkdirAll

package os // import "os"

func MkdirAll(path string, perm FileMode) error
    MkdirAll creates a directory named path, along with any necessary parents,
    ➥and returns nil, or else returns an error. The permission bits perm
    ➥(before umask) are used for all directories that MkdirAll creates.
    ➥If path is already a directory, MkdirAll does nothing and returns nil.
```
Go Version: go1.19

在清单 14.33 中，我们更新了测试辅助函数，使用 os.MkdirAll 函数而不是 os.Mkdir 函数来创建目录，以确保创建所有的目录而不仅仅是一个。

清单 14.33　创建测试文件夹和文件结构的辅助函数

```
func createTestData(t testing.TB) {
    t.Helper()
```

---

① 原文 fs.ErrExit 应为 fs.ErrExist，已改。——译者注

```
    // 删除之前的测试数据
    if err := os.RemoveAll("data"); err != nil {
        t.Fatal(err)
    }

    // 创建 data 目录
    if err := os.Mkdir("data", 0755); err != nil {
        t.Fatal(err)
    }

    list := []string{
        "data/.hidden/d.txt",
        "data/a.txt",
        "data/b.txt",
        "data/e/f/_ignore/i.txt",
        "data/e/f/g.txt",
        "data/e/f/h.txt",
        "data/e/j.txt",
        "data/testdata/c.txt"
        }

    // 创建测试数据文件
    for _, path := range list {
        if ext := filepath.Ext(path); len(ext) > 0 {
            path = filepath.Dir(path)
        }

        fmt.Println("creating:", path)
        if err := os.MkdirAll(path, 0755); err != nil {
            // 如果错误是 "目录已存在"，则忽略它
            if !errors.Is(err, fs.ErrExist) {
                t.Fatal(err)
            }
        }

    }

}
```

```
$ go test -v

=== RUN   Test_Walk
=== PAUSE Test_Walk
=== CONT  Test_Walk
creating: data/.hidden
creating: data
creating: data
creating: data/e/f/_ignore
creating: data/e/f
```

```
creating: data/e/f
creating: data/e
creating: data/testdata
    demo_test.go:81: expected data/a.txt, data/b.txt, data/e/f/g.txt,
    ➥data/e/f/h.txt, data/e/j.txt, got
    --- FAIL: Test_Walk (0.02s)
FAIL
exit status 1
FAIL    demo    0.638s
```

Go Version: go1.19

从清单 14.33 的输出中可以看出，我们的测试仍然没有通过。这是因为我们还没有创建必要的文件。

查看文件系统本身可以确认目录确实已经创建，如清单 14.34 所示。

清单 14.34　测试辅助函数创建的目录结构

```
$ tree -a


.
|---- data
|    |---- .hidden
|    |---- e
|    |    '---- f
|    |    '---- _ignore
|    '---- testdata
|---- demo.go
|---- demo_test.go
'---- go.mod

6 directories, 3 files
```

14.7　创建文件

在读取文件之前，你需要创建它。要创建一个新文件，你可以使用 os.Create 函数，如清单 14.35 所示。如果要创建的文件不存在，那么 os.Create 函数会在指定的路径创建一个新文件。如果文件已经存在，os.Create 函数会擦除现有文件的内容。

清单 14.35　os.Create 函数

```
$ go doc os.Create

package os // import "os"

func Create(name string) (*File, error)
```

```
Create creates or truncates the named file. If the file already exists,
➥it is truncated. If the file does not exist, it is created with mode
➥0666 (before umask). If successful, methods on the returned File can
➥be used for I/O; the associated file descriptor has mode O_RDWR. If
➥there is an error, it will be of type *PathError.
```

Go Version: go1.19

如清单 14.36 所示，我们有一个 Create 函数，它在指定的路径创建了一个新文件，并将指定的数据写入该文件。

清单 14.36　Create 函数

```go
func Create(name string, body []byte) error {
    // 创建一个新文件，如果文件存在则擦除其内容
    f, err := os.Create(name)
    if err != nil {
        return err
    }
    defer f.Close()

    // 将 body 写入文件
    _, err = f.Write(body)
    return err
}
```

如果成功，os.Create 函数返回一个 os.File 类型的值，表示新文件。这个文件可以被写入和读取。在清单 14.37 的例子中，我们将字符串 Hello, World!写入文件。

我们在清单 14.37 中编写了一个测试，用于确认文件已被创建并且其内容是正确的。

清单 14.37　测试清单 14.36 中的 Create 函数

```go
func Test_Create(t *testing.T) {
    t.Parallel()

    fp := "data/test.txt"

    // 创建测试数据目录
    createTestData(t)

    // 通过尝试获取文件的状态来断言文件不存在，这里应该直接返回错误
    _, err := os.Stat(fp)
    if err != nil {
        if !errors.Is(err, fs.ErrNotExist) {
            t.Fatal(err)
        }
    }
    body := []byte("Hello, World!")
```

```
    // 创建文件
    err = Create(fp, body)
    if err != nil {
        t.Fatal(err)
    }

    // 将文件读入内存
    b, err := os.ReadFile(fp)
    if err != nil {
        t.Fatal(err)
    }

    act := string(b)
    exp := string(body)

    // 断言文件内容是正确的
    if exp != act {
        t.Fatalf("expected %s, got %s", exp, act)
    }

}
```

首先，我们需要确保文件不存在。为此，我们可以使用 os.Stat 函数来检查文件是否存在。

接下来，可以使用 os.ReadFile 函数来读取文件的内容。这个函数会将文件的全部内容读入一个字节切片中。如果文件不存在，os.ReadFile 函数会返回一个错误，如清单 14.38 所示。

清单 14.38　os.ReadFile 函数

```
$ go doc os.ReadFile

package os // import "os"

func ReadFile(name string) ([]byte, error)
    ReadFile reads the named file and returns the contents. A successful call
  ➥returns err == nil, not err == EOF. Because ReadFile reads the whole
  ➥file, it does not treat an EOF from Read as an error to be reported.
```

Go Version: go1.19

> 使用 os.ReadFile 函数时必须小心。如果文件非常大，它可能会耗尽内存。

最后，我们可以将文件的内容与预期的内容进行比较。根据清单 14.39 中的测试输出，可以确认文件已被创建并且其内容是正确的。

清单 14.39　清单 14.37 中测试代码的输出

```
$ go test -v
```

```
=== RUN Test_Create
=== PAUSE Test_Create
=== CONT Test_Create
--- PASS: Test_Create (0.00s)
PASS
ok    demo    0.390s
Go Version: go1.19
```

如果直接查看磁盘上的文件，我们可以看到文件已经被创建，其内容是正确的，如清单 14.40 所示。

清单 14.40 清单 14.39 中运行的测试所创建的文件的内容

```
$ cat data/test.txt
Hello, World!
```

擦除

如果文件已经存在，os.Create 函数会擦除现有文件的内容。这意味着如果文件已经存在并且有内容，那么该文件的内容在写入新内容之前会被擦除，这可能导致预期以外的结果。

请看清单 14.41 中的测试示例。这个测试创建了一个文件并设置了它的内容。然后，再次创建该文件并使用不同的内容。这导致文件的原始内容被擦除并被替换为了新内容。

清单 14.41 使用 os.Create 擦除并且替换磁盘上已存在文件的内容

```go
func Test_Create(t *testing.T) {
    t.Parallel()

    fp := "data/test.txt"

    // 创建文件并且断言该文件的内容现在应该为字符串"Hello World!"
    createTestFile(t, fp, []byte("Hello, World!"))

    // 再次创建文件，并且断言文件内容现在应该为字符串"Hello, Universe!"
    createTestFile(t, fp, []byte("Hello, Universe!"))
}
```

为了保持测试的整洁，可以用清单 14.42 中的辅助函数来创建一个文件，并设置它的内容，然后断言内容是正确的。

清单 14.42 文件辅助函数

```go
func createTestFile(t testing.TB, fp string, body []byte) {
    t.Helper()

    // 创建测试数据目录
    createTestData(t)
```

```
    // 通过获取文件状态来断言文件不存在, 如果存在则直接返回错误
    _, err := os.Stat(fp)
    if err != nil {
        if !errors.Is(err, fs.ErrNotExist) {
            t.Fatal(err)
        }
    }

    // 创建文件
    err = Create(fp, body)
    if err != nil {
        t.Fatal(err)
    }

    // 将文件读入内存
    b, err := ioutil.ReadFile(fp)
    if err != nil {
        t.Fatal(err)
    }
    act := string(b)
    exp := string(body)

    // 断言文件内容是正确的
    if exp != act {
        t.Fatalf("expected %s, got %s", exp, act)
    }

}
```

```
$ go test -v

=== RUN   Test_Create
=== PAUSE Test_Create
=== CONT  Test_Create
--- PASS: Test_Create (0.02s)
PASS
ok    demo    0.552s
```

Go Version: go1.19

从清单 14.42 的测试输出中可以看到文件的原始内容被擦除了, 新的内容被写入了。
根据清单 14.43 中磁盘上文件的内容可以确认新的内容已被写入。

清单 14.43　清单 14.42 中函数创建的文件内容

```
$ cat data/test.txt

Hello, Universe!
```

14.8 修复遍历测试

当我们最后查看 Walk 函数的测试时，会发现测试失败了，如清单 14.44 所示。失败的原因是我们还没有创建必要的文件，只创建了目录。

清单 14.44 测试失败输出

```
$ go test -v

=== RUN Test_Walk
=== PAUSE Test_Walk
=== CONT Test_Walk
creating: data/.hidden
creating: data
creating: data
creating: data/e/f/_ignore
creating: data/e/f
creating: data/e/f
creating: data/e
creating: data/testdata
    demo_test.go:81: expected data/a.txt, data/b.txt, data/e/f/g.txt,
    ➥data/e/f/h.txt, data/e/j.txt, got
--- FAIL: Test_Walk (0.00s)
FAIL
exit status 1
FAIL    demo    0.318s
```
Go Version: go1.19

清单 14.45 中的文件系统证实了目录被创建了，但是文件还没有被创建。

清单 14.45 清单 14.44 中的测试只创建了目录，但没有创建文件

```
$ tree -a

.
|---- data
|    |---- .hidden
|    |---- e
|    |    '---- f
|    |            '---- _ignore
|    '---- testdata
|---- demo.go
|---- demo_test.go
'---- go.mod
```

```
6 directories, 3 files
```

创建文件

了解了如何创建文件，我们现在可以为测试创建必要的文件了，如清单 14.46 所示。

清单 14.46 使用 os.MkdirAll 函数创建目录，使用 os.Create 函数创建文件

```go
// 创建测试数据文件
for _, path := range list {
    dir := path
    if ext := filepath.Ext(path); len(ext) > 0 {
        dir = filepath.Dir(path)
    }

    if err := os.MkdirAll(dir, 0755); err != nil {
        // 如果错误是"目录已存在"，则忽略它
        if !errors.Is(err, fs.ErrExist) {
            t.Fatal(err)
        }
    }

    fmt.Println("creating", path)
    f, err := os.Create(path)
    if err != nil {
        t.Fatal(err)
    }

    fmt.Fprint(f, strings.ToUpper(path))

    if err := f.Close(); err != nil {
        t.Fatal(err)
    }

}
```

```
$ go test -v

=== RUN   Test_Walk
=== PAUSE Test_Walk
=== CONT  Test_Walk
creating data/.hidden/d.txt
creating data/a.txt
creating data/b.txt
creating data/e/f/_ignore/i.txt
creating data/e/f/g.txt
creating data/e/f/h.txt
```

```
creating data/e/j.txt
creating data/testdata/c.txt
--- PASS: Test_Walk (0.00s)
PASS
ok      demo    0.471s
```
Go Version: go1.19

如清单 14.47 所示，现在测试通过了，所有的文件和目录都按预期创建，Walk 函数也按预期执行。

清单 14.47　文件系统

```
$ tree -a

.
|---- data
|    |---- .hidden
|    |    '---- d.txt
|    |---- a.txt
|    |---- b.txt
|    |---- e
|    |    |---- f
|    |    |    |---- _ignore
|    |    |    |    '---- i.txt
|    |    |    |---- g.txt
|    |    |    '---- h.txt
|    |    '---- j.txt
|    '---- testdata
|    '---- c.txt
|---- demo.go
|---- demo_test.go
'---- go.mod

6 directories, 11 files
```

14.9　向文件中追加内容

当你使用 os.Create 函数创建一个文件时，如果该文件已经存在，它的内容将被覆盖。这是创建新文件时的预期行为，因为在新文件中发现以前写入的内容会很奇怪。

很多时候，你想向一个现有的文件追加内容而不是覆盖它。例如，你可能想将新的条目追加到一个日志文件中，而不是覆盖以前的日志条目。在这种情况下，可以使用 os.OpenFile 函数来打开要追加内容的文件，如清单 14.48 所示。

清单 14.48 os.OpenFile 函数

```
$ go doc os.OpenFile

package os // import "os"

func OpenFile(name string, flag int, perm FileMode) (*File, error)
    OpenFile is the generalized open call; most users will use Open or Create
    ➥instead. It opens the named file with specified flag (O_RDONLY etc.).
    ➥If the file does not exist, and the O_CREATE flag is passed, it is
    ➥created with mode perm (before umask). If successful, methods on the
    ➥returned File can be used for I/O. If there is an error, it will be of
    ➥type *PathError.
```
Go Version: go1.19

在清单 14.49 中，我们有一个 Append 函数，它使用 os.OpenFile 函数打开了要追加内容的文件。os.OpenFile 函数通过传入的标志来告诉 Go 程序如何打开文件。在这个例子中，如果文件不存在，我们就创建它；如果存在，就向文件中追加新的内容。

清单 14.49 Append 函数

```
func Append(name string, body []byte) error {
    // 如果文件不存在就创建它，否则向文件中追加内容
    f, err := os.OpenFile(name, os.O_APPEND|os.O_CREATE|os.O_WRONLY, 0644)
    if err != nil {
        return err
    }
    defer f.Close()

    // 将内容写入文件
    _, err = f.Write(body)
    return err
}
```

接下来，我们可以写一个测试来确认文件是否被正确地追加内容，如清单 14.50 所示。可以利用 createTestFile 辅助函数来创建初始文件，并在其中填入一些数据，但我们需要通过一个新的辅助函数来将内容追加到文件中。

清单 14.50 测试 Append 函数

```
func Test_Append(t *testing.T) {
    t.Parallel()

    fp := "data/test.txt"

    // 创建文件并且断言文件内容现在应该为字符串"Hello World!"
```

```
    createTestFile(t, fp, []byte("Hello, World!"))

    // 再次创建文件并且断言文件内容现在应该为字符串"Hello Universe!"
    appendTestFile(t, fp, []byte("Hello, Universe!"))
}
```

appendTestFile 辅助函数会读入文件的原始内容，追加新的数据，然后再读取文件的最新内容。最后，我们可以比较一下，看看新的文件内容是否等于原始内容加上新数据。

清单 14.51 中的测试表明，新数据被正确地追加到了文件中。

清单 14.51　appendTestFile 辅助函数

```
func appendTestFile(t testing.TB, fp string, body []byte) {
    t.Helper()

    // 将已存在文件的内容读入内存
    before, err := os.ReadFile(fp)
    if err != nil {
        t.Fatal(err)
    }

    // 追加新的数据
    if err := Append(fp, body); err != nil {
        t.Fatal(err)
    }

    // 将新文件的内容读入内存
    after, err := os.ReadFile(fp)
    if err != nil {
        t.Fatal(err)
    }

    // 断言新的文件内容包含旧的数据和新的数据，即包含"Hello, World!Hello, Universe!"
    exp := string(append(before, body...))
    act := string(after)

    if exp != act {
        t.Fatalf("expected %s, got %s", exp, act)
    }
}
```

```
$ go test -v

=== RUN   Test_Append
=== PAUSE Test_Append
=== CONT  Test_Append
--- PASS: Test_Append (0.02s)
```

```
PASS
ok demo 0.348s
```

```
Go Version: go1.19
```

最后，看一下文件系统，发现数据被正确地追加到了文件中，如清单 14.52 所示。

清单 14.52　文件内容

```
$ cat data/test.txt

Hello, World!Hello, Universe!
```

14.10　读文件

到目前为止，我们一直在使用 os.ReadFile 函数来将文件直接读入内存。尽管它非常简单，但并不是最有效的读入方法。如果文件非常大，将其全部读入内存可能是不可行的，也可能是没必要的。例如，如果你有一个媒体文件，比如一个视频，你可能只想读取文件头部的元数据，而非实际的视频数据。

使用接口，如 io.Reader 和 io.Writer，可以让你用更有效的方式读写文件。

清单 14.53 中的示例使用 os.Open 函数打开一个文件并返回一个实现了 io.Reader 接口的 os.File 类型的值，然后将 io.Writer 接口作为一个参数传递给 Read 函数。我们可以利用这两个接口来使用 io.Copy 函数将文件的内容复制到 io.Writer 接口中。如果这个 io.Writer 接口是另一个 os.File 类型的值，那么 io.Copy 函数直接将数据从一个文件传输至另一个文件中。

清单 14.53　Read 函数

```
func Read(fp string, w io.Writer) error {
    f, err := os.Open(fp)
    if err != nil {
        return err
    }
    defer f.Close()

    _, err = io.Copy(w, f)
    return err
}
```

在清单 14.54 的测试中，我们将一个 bytes.Buffer 类型的值作为 io.Writer 接口传递给 Read 函数。这样我们就可以判断文件的内容是否被正确读取了。

清单 14.54　测试 Read 函数

```
func Test_Read(t *testing.T) {
    t.Parallel()

    bb := &bytes.Buffer{}

    err := Read("data/test.txt", bb)
    if err != nil {
        t.Fatal(err)
    }

    exp := "Hello, World!"
    act := bb.String()
    if exp != act {
        t.Fatalf("expected %s, got %s", exp, act)
    }
}
```

```
$ go test -v

=== RUN    Test_Read
=== PAUSE Test_Read
=== CONT  Test_Read
--- PASS: Test_Read (0.00s)
PASS
ok    demo    0.643s
```

Go Version: go1.19

14.11　注意 Windows 系统

在讨论文件系统时，必须特别注意 Windows。尽管 Go 语言已经在抽象 Windows 和 Unix 文件系统之间的差异方面做得很好，但仍有可能遇到一些问题。

最大的问题是，Windows 的文件路径系统与 Unix 不同。在 Unix 中，文件路径是一组由斜杠分隔的目录，而在 Windows 中，文件路径是一组用反斜杠分隔的目录。

```
Unix:    /home/user/go/src/github.com/golang/example/
Windows: C:\Users\user\go\src\github.com\golang\example
```

由于存在这种差异，要想在 Go 程序中使用嵌套的文件路径，你需要使用一个函数来将路径转换为正确的格式。清单 14.55 中的 filepath.Join 函数就是为此而生的。

清单 14.55　filepath.Join 函数

```
$ go doc filepath.Join
```

```
package filepath // import "path/filepath"

func Join(elem ...string) string
    Join joins any number of path elements into a single path, separating
    ➥them with an OS specific Separator. Empty elements are ignored. The
    ➥result is Cleaned. However, if the argument list is empty or all its
    ➥elements are empty, Join returns an empty string. On Windows, the result
    ➥will only be a UNC path if the first non-empty element is a UNC path.
```
Go Version: go1.19

filepath.Join 是一个函数，它接受可变数量的路径并用适当的 filepath.Separator 将它们连接在一起。它返回的结果是一个字符串，这个字符串是相应文件系统的有效路径。在清单 14.56 中，我们可以将多个路径连接在一起，以便创建一个 Windows 或 Unix 的文件路径，最终结果取决于底层的操作系统。

清单 14.56 使用 filepath.Join 函数创建与平台相关的文件路径

```
path := filepath.Join("home", "user", "go", "src", "github.com", "golang", y
    ➥"example")
// Unix:    /home/user/go/src/github.com/golang/example/
// Windows: C:\Users\user\go\src\github.com\golang\example
```

当我们使用 fs 包时，可以使用/作为分隔符，文件路径会被转换为适合当前操作系统的正确格式。

14.12 fs 包

在 Go 1.16 中，Go 团队推出了一个期待已久的功能：将文件嵌入 Go 二进制文件中。曾经有很多第三方工具可以做到这一点，但使用起来都比较复杂。

很多这类工具的工作方式都很相似。如果文件在内存中被找到，就会返回该文件。如果存储空间是空的，或者不包含该文件，则假设该文件在文件系统中，这时会从磁盘中读取它。Go 团队喜欢这种方法，因为这对开发者非常友好。例如，使用 go run 命令来启动你的本地网络服务器，就可以从磁盘上读取 HTML 模板，从而实现实时更新。但如果用 go build 命令来构建，二进制文件就包含所有的 HTML 模板，并且在启动时它们会加载到内存中，开发者必须手动重新构建二进制文件才能看到文件的变化。

为了实现这一功能，Go 团队必须引入一套新的接口，以便与文件系统一起使用。为此，他们引入了 fs 包，如清单 14.57 所示。尽管这个包是为了帮助实现新的嵌入功能而引入的，但它提供了一个通用的接口，可与只读文件系统一起工作。这使得开发人员可以模拟用于测试的文件系统，或者创建他们自己的文件系统。例如，你可以实现 fs.FS 接口来创建一个 Amazon S3

文件系统，从而直接替代标准文件系统。

清单 14.57 fs 包

```
$ go doc fs

package fs // import "io/fs"

Package fs defines basic interfaces to a file system. A file system can be
➥provided by the host operating system but also by other packages.

var ErrInvalid = errInvalid() ...
var SkipDir = errors.New("skip this directory")
func Glob(fsys FS, pattern string) (matches []string, err error)
func ReadFile(fsys FS, name string) ([]byte, error)
func ValidPath(name string) bool
func WalkDir(fsys FS, root string, fn WalkDirFunc) error
type DirEntry interface{ ... }
    func FileInfoToDirEntry(info FileInfo) DirEntry
    func ReadDir(fsys FS, name string) ([]DirEntry, error)
type FS interface{ ... }
    func Sub(fsys FS, dir string) (FS, error)
type File interface{ ... }
type FileInfo interface{ ... }
    func Stat(fsys FS, name string) (FileInfo, error)
type FileMode uint32
    const ModeDir FileMode = 1 << (32 - 1 - iota) ...
type GlobFS interface{ ... }
type PathError struct{ ... }
type ReadDirFS interface{ ... }
type ReadDirFile interface{ ... }
type ReadFileFS interface{ ... }
type StatFS interface{ ... }
type SubFS interface{ ... }
type WalkDirFunc func(path string, d DirEntry, err error) error
```
Go Version: go1.19

> fs 包只能搭配只读文件系统使用。它不提供任何向文件系统写入数据的方法。你可以继续使用以前讨论过的方法来创建文件和目录。

14.12.1 fs.FS 接口

fs 包的核心是两个接口：fs.FS 接口和 fs.File 接口。

fs.FS 接口被用来定义一个文件系统，如清单 14.58 所示。要实现这个接口，你必须定义一个名为Open 的方法，该方法接受一个路径并返回一个 fs.File 接口的实现和一个可能出现的错误。

清单 14.58　fs.FS 接口

```
$ go doc fs.FS

package fs // import "io/fs"

type FS interface {
        // Open opens the named file.
        //
        // When Open returns an error, it should be of type *PathError
        // with the Op field set to "open", the Path field set to name,
        // and the Err field describing the problem.
        //
        // Open should reject attempts to open names that do not satisfy
        // ValidPath(name), returning a *PathError with Err set to
        // ErrInvalid or ErrNotExist.
        Open(name string) (File, error)
}
    An FS provides access to a hierarchical file system.

    The FS interface is the minimum implementation required of the file
    ➥system. A file system may implement additional interfaces, such as
    ➥ReadFileFS, to provide additional or optimized functionality.

func Sub(fsys FS, dir string) (FS, error)
```
Go Version: go1.19

在标准库中已经有了 fs.FS 接口实现的例子，例如 os.DirFS、fstest.MapFS 和 embed.FS。

14.12.2　fs.File 接口

fs.File 接口用来定义一个文件，如清单 14.59 所示。fs.FS 接口非常简单，fs.File 接口则有一些复杂。一个文件需要能够被读取、关闭，并能返回它自己的 fs.FileInfo。

清单 14.59　fs.File 接口

```
$ go doc fs.File

package fs // import "io/fs"

type File interface {
        Stat() (FileInfo, error)
        Read([]byte) (int, error)
        Close() error
}
    A File provides access to a single file. The File interface is the minimum
    ➥implementation required of the file. Directory files should also
```

```
➥implement ReadDirFile. A file may implement io.ReaderAt or io.Seeker as
➥optimizations.
```

Go Version: go1.19

标准库中已经有了 fs.File 接口实现的例子，比如 os.File 和 fstest.MapFile 类型，如清单 14.60 所示。

清单 14.60　fastest.MapFile 类型实现了 fs.File 接口

```
$ go doc fstest.MapFile

package fstest // import "testing/fstest"

type MapFile struct {
        Data    []byte        // file content
        Mode    fs.FileMode   // FileInfo.Mode
        ModTime time.Time     // FileInfo.ModTime
        Sys     any           // FileInfo.Sys
}
    A MapFile describes a single file in a MapFS.
```

Go Version: go1.19

14.13　使用 fs.FS 接口

以前，我们一直使用 filepath.WalkDir 函数来遍历目录树，这种方式会直接遍历文件系统。因此，我们必须确保文件系统处于正确的状态才能使用它。正如我们所看到的，这可能导致需要做大量的设置工作。要么我们必须为每个测试场景保留完全不同的文件夹，要么我们必须在测试开始时创建所有的文件和文件夹，然后才能正式开始测试。这导致工作量很大，而且往往容易出错。

filepath.WalkDir 函数直接与底层文件系统交互，而 fs.WalkDir 函数则需要一个 fs.FS 接口的实现。如清单 14.61 所示，通过使用 fs.WalkDir 函数，我们可以很容易地通过创建内存中的 fs.FS 接口的实现来进行测试。

清单 14.61　fs.WalkDir 函数

```
$ go doc fs.WalkDir

package fs // import "io/fs"

func WalkDir(fsys FS, root string, fn WalkDirFunc) error
    WalkDir walks the file tree rooted at root, calling fn for each file or
    ➥directory in the tree, including root.

    All errors that arise visiting files and directories are filtered by fn:
```

```
↪see the fs.WalkDirFunc documentation for details.

The files are walked in lexical order, which makes the output
↪deterministic but requires WalkDir to read an entire directory into
↪memory before proceeding to walk that directory.

WalkDir does not follow symbolic links found in directories, but if root
↪itself is a symbolic link, its target will be walked.
```

Go Version: go1.19

在清单 14.62 中，我们可以继续在 fs.WalkDir[①]函数的内部使用与之前相同的代码，就像之前做的那样。我们的测试代码只需要略作修改就可以了。首先是需要将一个 fs.FS 接口的实现传递给 Walk 函数。这里可以使用清单 14.63 中的 os.DirFS 函数，该函数返回的实现直接基于文件系统。

清单 14.62   使用 fs.Walkdir 函数

```go
func Walk(cab fs.FS) ([]string, error) {
    var entries []string

    err := fs.WalkDir(cab, ".", func(path string, d fs.DirEntry, err error)
        ↪error {

        // 如果有错误，则返回该错误。如果发生错误，很可能是因为在尝试读取顶级目录时遇到了错误
        if err != nil {
            return err
        }

        // 如果此项是个目录，则处理它
        if d.IsDir() {

            // 文件或目录的名字
            name := d.Name()

            // 如果目录名是.或者..，就返回 nil
            if name == "." || name == ".." {
                return nil
            }

            // 如果目录名字是 testdata，或者是以.或_开头的，就返回 filepath.SkipDir
            if name == "testdata" || strings.HasPrefix(name, ".") ||
            ↪strings.HasPrefix(name, "_") {
                return fs.SkipDir
            }

            return nil
```

---

① 原文为 fs.WalkFunc，应为 fs.WalkDirFunc，已改。——译者注

```
    }

    // 将此项添加到列表中
    entries = append(entries, path)
        // 返回 nil 通知 Walk 继续遍历
        return nil
    })

    return entries, err
}
```

清单 14.63　os.DirFS 函数

```
$ go doc os.DirFS

package os // import "os"

func DirFS(dir string) fs.FS
    DirFS returns a file system (an fs.FS) for the tree of files rooted at
    ➥the directory dir.

    Note that DirFS("/prefix") only guarantees that the Open calls
    ➥it makes to the operating system will begin with "/prefix":
    ➥DirFS("/prefix").Open("file") is the same as os.Open("/prefix/file").
    ➥So if /prefix/file is a symbolic link pointing outside the /prefix tree,
    ➥then using DirFS does not stop the access any more than using os.Open
    ➥does. DirFS is therefore not a general substitute for a chroot-style
    ➥security mechanism when the directory tree contains arbitrary content.
```

Go Version: go1.19

文件路径

我们需要做的另一个改变是预期路径。之前，我们期望的路径是诸如/data/a.txt 之类的从 Walk 函数返回的路径。然而，当使用 fs.FS 接口的实现时，返回的路径是相对于实现的根目录的。在这种情况下，我们使用 os.DirFS("data")函数来创建 fs.FS 接口的实现。这需要在文件系统实现的根目录下放置 data，而从 Walk 函数返回的路径将是相对于此根目录的。

> 无论操作系统是什么，路径都应使用/作为分隔符。

我们需要更新测试代码，使其返回相对路径 a.txt，而不是返回/data/a.txt。

从清单 14.64 的测试输出中可以看出，我们已经成功地更新了代码，它使用的是 fs.FS 接口。

清单 14.64　测试 Walk 函数

```
func Test_Walk(t *testing.T) {
    t.Parallel()
```

```
    exp := []string{
        "a.txt",
        "b.txt",
        "e/f/g.txt",
        "e/f/h.txt",
        "e/j.txt"
    }

    cab := os.DirFS("data")

    act, err := Walk(cab)
    if err != nil {
        t.Fatal(err)
    }

    es := strings.Join(exp, ", ")
    as := strings.Join(act, ", ")

    if es != as {
        t.Fatalf("expected %s, got %s", es, as)
    }
}
```

```
$ go test -v
=== RUN   Test_Walk
=== PAUSE Test_Walk
=== CONT  Test_Walk
--- PASS: Test_Walk (0.00s)
PASS
ok      demo    0.704s
```
```
Go Version: go1.19
```

14.14 模拟文件系统

为文件系统提供接口的最大好处之一是，它允许我们在测试时自行模拟文件系统。我们不再需要把文件放在磁盘上，或者在测试我们的代码之前创建这些文件。相反，我们只需要提供一个已经包含这些信息的 fs.FS 接口的实现即可。

为了使测试更简单，我们可以使用 fstest 包。特别是我们可以使用 fstest.MapFS 类型来模拟一个使用 map 的文件系统，如清单 14.65 所示。

清单 14.65　fstest.MapFS 类型

```
$ go doc fstest.MapFS
```

```
package fstest // import "testing/fstest"

type MapFS map[string]*MapFile
    A MapFS is a simple in-memory file system for use in tests, represented
    ➥as a map from path names (arguments to Open) to information about the
    ➥files or directories they represent.

    The map need not include parent directories for files contained in the
    ➥map; those will be synthesized if needed. But a directory can still be
    ➥included by setting the MapFile.Mode's ModeDir bit; this may be
    ➥necessary for detailed control over the directory's FileInfo or to
    ➥create an empty directory.

    File system operations read directly from the map, so that the file
    ➥system can be changed by editing the map as needed. An implication is
    ➥that file system operations must not run concurrently with changes to
    ➥the map, which would be a race. Another implication is that opening or
    ➥reading a directory requires iterating over the entire map, so a MapFS
    ➥should typically be used with not more than a few hundred entries or
    ➥directory reads.

func (fsys MapFS) Glob(pattern string) ([]string, error)
func (fsys MapFS) Open(name string) (fs.File, error)
func (fsys MapFS) ReadDir(name string) ([]fs.DirEntry, error)
func (fsys MapFS) ReadFile(name string) ([]byte, error)
func (fsys MapFS) Stat(name string) (fs.FileInfo, error)
func (fsys MapFS) Sub(dir string) (fs.FS, error)
```

Go Version: go1.19

如清单 14.66 所示，fstest.MapFile 类型可用来帮助在内存中创建文件，并且它实现了 fs.File 接口。

清单 14.66   fstest.MapFile 类型

```
$ go doc fstest.MapFile

package fstest // import "testing/fstest"

type MapFile struct {
        Data    []byte          // file content
        Mode    fs.FileMode     // FileInfo.Mode
        ModTime time.Time       // FileInfo.ModTime
        Sys     any             // FileInfo.Sys
}
    A MapFile describes a single file in a MapFS.
```

Go Version: go1.19

使用 MapFS

因为 Walk 函数已经使用了 fs.FS 接口，所以可以使用 fstest.MapFS 类型来创建一个文件系统，该文件系统中有测试所需的文件。

在清单 14.67 中，我们创建了一个辅助函数，它可以创建一个 fstest.MapFS 类型的值，并将我们需要的文件放入其中，如清单 14.68 所示。

清单 14.67 创建辅助函数来填充一个 fstest.MapFS 类型的文件

```go
func createTestFS(t testing.TB) fstest.MapFS {
    t.Helper()

    cab := fstest.MapFS{}

    files := []string{
        ".hidden/d.txt",
        "a.txt",
        "b.txt",
        "e/f/_ignore/i.txt",
        "e/f/g.txt",
        "e/f/h.txt",
        "e/j.txt",
        "testdata/c.txt"}
    }

    for _, path := range files {
        cab[path] = &fstest.MapFile{
            Data: []byte(strings.ToUpper(path)),
        }
    }
    return cab
}
```

如果我们直接看一下文件系统，可以看到磁盘上没有额外的文件供我们在测试中使用。如清单 14.68 所示，我们通过 fstest.MapFS 类型来提供所需要的文件。

清单 14.68 使用 fstest.MapFS 类型后，不需要额外的测试文件

```
$ tree -a

.
|---- demo.go
|---- demo_test.go
'---- go.mod

0 directories, 3 files
```

在测试中，我们可以使用辅助函数来获取 fstest.MapFS 类型并将其传递给 Walk 函数，而不是传入我们之前使用的 os.DirFS 实现。

从清单 14.69 的测试输出中可以看出，我们现在能够测试代码了，且不必关心磁盘上的文件。

清单 14.69   使用辅助函数来获取 fstest.MapFS 类型

```
func Test_Walk(t *testing.T) {
    t.Parallel()

    cab := createTestFS(t)

    exp := []string{
        "a.txt",
        "b.txt",
        "e/f/g.txt",
        "e/f/h.txt",
        "e/j.txt"}
    }

    act, err := Walk(cab)
    if err != nil {
        t.Fatal(err)
    }

    es := strings.Join(exp, ", ")
    as := strings.Join(act, ", ")

    if es != as {
        t.Fatalf("expected %s, got %s", es, as)
    }
}
```

```
$ go test -v

=== RUN    Test_Walk
=== PAUSE Test_Walk
=== CONT   Test_Walk
--- PASS: Test_Walk (0.00s)
PASS
ok      demo    0.272s
```

```
Go Version: go1.19
```

14.15   嵌入文件

正如前文所提到的，引入 fs 包和随后对标准库的修改是为了嵌入文件，如将 HTML、JavaScript 和 CSS 等嵌入最终的二进制文件中。

要想使用这个功能，你可以使用 embed 包和//go:embed 指示符来定义要嵌入的文件，如清单 14.70 所示。

清单 14.70 embed 包

```
$ go doc embed

package embed // import "embed"

Package embed provides access to files embedded in the running Go program.

Go source files that import "embed" can use the //go:embed directive to
➥initialize a variable of type string, []byte, or FS with the contents of
➥files read from the package directory or subdirectories at compile time.
➥...
```

Go Version: go1.19

14.15.1 使用嵌入文件

根据文档可知，我们可以将单个文件作为一个 string 或 byte 切片嵌入。但我们的需求经常是嵌入多个文件，所以我们需要通过一个 fs.FS 接口的实现来保存这些文件。如清单 14.71 所示，embed.FS 类型实现了 fs.FS 接口，并为嵌入的文件提供了一个只读的文件系统。

清单 14.71 embed.FS 类型

```
$ go doc embed.FS

package embed // import "embed"

type FS struct {
        // Has unexported fields.
}
    An FS is a read-only collection of files, usually initialized with a
    ➥//go:embed directive. When declared without a //go:embed directive, an
    ➥FS is an empty file system.

    An FS is a read-only value, so it is safe to use from multiple goroutines
    ➥simultaneously and also safe to assign values of type FS to each other.

    FS implements fs.FS, so it can be used with any package that understands
    ➥file system interfaces, including net/http, text/template, and
    ➥html/template.

    See the package documentation for more details about initializing an FS.

func (f FS) Open(name string) (fs.File, error)
func (f FS) ReadDir(name string) ([]fs.DirEntry, error)
```

```
func (f FS) ReadFile(name string) ([]byte, error)
```
Go Version: go1.19

在清单 14.72 中，我们定义了一个 embed.FS 类型的全局变量，并使用//go:embed 指示符来定义要嵌入的目录和文件。

清单 14.72　//go:embed 指示符

```
//go:embed data
var DataFS embed.FS
```

//go:embed data 指示符用于告诉 Go 程序将 data 目录的内容填入 DataFS 变量。以.和_开头的文件会被//go:embed 指示符忽略。

在清单 14.73 所示的测试中，我们可以将 DataFS 变量传递给 Walk 函数。

清单 14.73　测试将 embed.FS 类型作为 fs.FS 接口使用

```
func Test_Walk(t *testing.T) {
    t.Parallel()

    exp := []string{
        "data/a.txt",
        "data/b.txt",
        "data/e/f/g.txt",
        "data/e/f/h.txt",
        "data/e/j.txt"}
    }

    act, err := Walk(DataFS)
    if err != nil {
        t.Fatal(err)
    }

    es := strings.Join(exp, ", ")
    as := strings.Join(act, ", ")

    if es != as {
        t.Fatalf("expected %s, got %s", es, as)
    }
}
```

从清单 14.74 所示的输出中可以看到，我们想要的文件被成功嵌入并添加到了 DataFS 变量中。

清单 14.74　使用 embed.FS 类型后测试通过

```
$ go test -v

=== RUN   Test_Walk
=== PAUSE Test_Walk
```

```
=== CONT  Test_Walk
--- PASS: Test_Walk (0.00s)
PASS
ok      demo      0.869s
```
Go Version: go1.19

14.15.2　将文件嵌入二进制文件中

为了看到嵌入的效果，我们可以编写一个小应用程序来使用我们的程序。

在清单 14.75 中，我们从 main 函数中调用了 demo.Walk 函数，并传入了 demo.DataFS 变量，该变量是一个 embed.FS 的实现。然后，打印了 Walk 函数返回的结果。

清单 14.75　main 函数

```
func main() {
    files, err := demo.Walk(demo.DataFS)
    if err != nil {
        log.Fatal(err)
    }

    for _, file := range files {
        fmt.Println(file)
    }
}
```

如清单 14.76 所示，当使用 go run 命令来运行该应用程序时，我们看到的输出和预期一致。

清单 14.76　go run 命令的输出

```
$ go run .

data/a.txt
data/b.txt
data/e/f/g.txt
data/e/f/h.txt
data/e/j.txt
```
Go Version: go1.19

在清单 14.77 中，我们编译了一个应用程序的二进制文件。可使用 go build 命令将该二进制文件输出到 bin 目录中。

清单 14.77　构建带有嵌入文件的二进制文件

```
$ go build -o bin/demo
```
Go Version: go1.19

运行该二进制文件时，我们看到的输出与预期一致，如清单 14.78 所示。我们定义的文件成功嵌入到程序中了。我们现在有一个完全独立的应用程序，它不仅包含了在预期的 GOOS 和 GOARCH 上执行二进制文件所需的运行时，还包含我们定义的文件。

清单 14.78　嵌入二进制文件中的文件

```
$ bin/demo

data/a.txt
data/b.txt
data/e/f/g.txt
data/e/f/h.txt
data/e/j.txt
```

14.15.3　修改嵌入的文件

虽然前面只需要嵌入一个目录，但我们也可以嵌入多个目录和文件。这可以通过多次使用 //go:embed 指示符来做到，如清单 14.79 所示。

清单 14.79　//go:embed 指示符

```
//go:embed data
//go:embed cmd
//go:embed go.mod
var DataFS embed.FS
```

从清单 14.80 的测试输出中可以看到，//go:embed 指示符嵌入了我们不想要的文件，因此测试失败。

清单 14.80　多次使用//go:embed 指示符后的测试输出

```
$ go test -v

=== RUN Test_Walk
=== PAUSE Test_Walk
=== CONT Test_Walk
    demo_test.go:29: expected data/a.txt,
        data/b.txt,
        data/e/f/g.txt,
        data/e/f/h.txt,
        data/e/j.txt, got cmd/demo/main.go,
        data/a.txt,
        data/b.txt,
        data/e/f/g.txt,
        data/e/f/h.txt,
        data/e/j.txt,
        go.mod
--- FAIL: Test_Walk (0.00s)
FAIL
```

```
exit status 1
FAIL demo 0.303s
```

```
Go Version: go1.19
```

14.15.4 将文件作为 string 或者 byte 切片嵌入

除了将文件和目录嵌入 embed.FS 中，我们还可以将文件的内容作为 string 或[]byte 类型的全局变量嵌入程序中，如清单 14.81 所示。这使得访问文件的内容更为简单。

清单 14.81 //go:embed 指示符和 string 及[]byte 搭配使用

```
package demo

import _ "embed"

//go:embed data/LICENSE
var LICENSE string

//go:embed data/LICENSE
var LICENSE_BYTES []byte
```

14.16 本章小结

在这一章中，我们深入研究了在 Go 中如何使用文件。本章首先展示了如何创建文件、读取文件，以及将内容追加到文件中。然后讨论了 fs.FS 和 fs.File 接口，这两个接口使得使用只读文件系统更加容易。接着介绍了为了测试如何模拟文件系统、如何读取和遍历目录。最后介绍了如何使用 embed 包来将文件嵌入我们的 Go 二进制文件中。